制造工艺丛书

焊接工艺及应用

贺文雄　张洪涛　周利　主编

国防工业出版社

·北京·

内 容 简 介

本书分为 15 章,前 8 章主要介绍焊接基础知识,内容包括焊接方法、焊接电源、工艺参数、接头组织性能、常用材料焊接、填充材料与保护方式、焊接应力与变形、焊接结构类型与接头形式等。后 7 章以工厂焊接生产工艺过程为主线,着重介绍了焊接在生产中的应用,内容包括母材的下料与坡口加工、母材的成形、焊接工艺装备、焊接操作方法、焊接缺陷的检测与修复,以及典型焊接结构的制造、焊接安全防护等。本书对焊接基础知识的介绍比较简明,对焊接生产过程的介绍比较全面,特别是介绍了一些基本的焊接操作方法和一些典型焊接结构的焊接实例。

本书适合企业的工艺人员、工程技术人员和高职高专学生阅读,也可作为上岗和初级工在职培训的教材。

图书在版编目(CIP)数据

焊接工艺及应用/贺文雄,张洪涛,周利主编 . —北京:国防工业出版社,2010.11
(制造工艺丛书)
ISBN 978-7-118-07096-5

Ⅰ.①焊... Ⅱ.①贺...②张...③周... Ⅲ.①焊接工艺 Ⅳ.①TG44

中国版本图书馆 CIP 数据核字(2010)第 201699 号

※

国防工业出版社出版发行
(北京市海淀区紫竹院南路 23 号 邮政编码 100048)
北京奥鑫印刷厂印刷
新华书店经售

*

开本 787×1092 1/16 印张 17½ 字数 427 千字
2010 年 11 月第 1 版第 1 次印刷 印数 1—4000 册 定价 36.00 元

(本书如有印装错误,我社负责调换)

国防书店:(010)68428422 发行邮购:(010)68414474
发行传真:(010)68411535 发行业务:(010)68472764

前　言

制造业是一个国家的支柱产业,制造业的技术水平反映一个国家的科技发展水平和经济竞争实力。改革开放 30 多年来,我国已经发展成为制造业大国,正要向制造业强国迈进。国防工业出版社推出的这套《制造工艺丛书》正是在我国制造业快速发展以至对技术和人才大量需求之际应运而生的。

焊接作为一种重要的制造工艺,已广泛应用于机械制造、石油化工、交通运输、海洋船舶、建筑桥梁、采矿冶金、能源动力、航空航天、电子信息等工业部门。随着科学技术的不断发展,焊接已发展成为一门独立的学科。

早期的焊接,是把两块熟铁(钢)加热到红热状态以后用锻打的方法连接在一起的锻接。用火烙铁加热低熔点铅锡合金的软钎焊,已经有几百年甚至更长的应用历史。但是,目前工业生产中广泛应用的焊接方法几乎都是 19 世纪末至 20 世纪中期的现代科学技术,特别是电子工业技术迅速发展以后所带来的现代工业的产物。这些焊接方法与金属切削加工、压力加工、铸造、热处理等其它金属加工方法一起构成的金属加工技术是现代一切机器制造工业的基本生产技术。可以毫不夸张地说,没有现代焊接技术的发展,就不会有现代工业。一个国家的焊接技术发展水平往往反映一个国家工业和科学技术发展的水平。

当前,我国的钢产量已高居世界第一,如按 40% 的钢铁材料需经过焊接加工才能成为可用的构件和产品计算,我国不仅是钢铁生产与消费大国,也是世界上最大的焊接产品制造国。由此可见,焊接产品制造业在经济发展、财富创造、国民生活、劳动就业以及国防建设中的重要性。

《焊接工艺及应用》一书作为制造工艺丛书的一个分册,内容包括焊接基础知识和焊接在生产中的应用两大部分。焊接基础知识部分包括焊接方法、焊接电源、工艺参数、接头组织性能、常用材料焊接、填充材料与保护方式、焊接应力与变形、焊接结构类型与接头形式等。焊接在生产中的应用部分以工厂焊接生产工艺过程为主线,内容包括母材的下料与坡口加工、母材的成形、焊接工艺装备、焊接操作方法、焊接缺陷的检测与修复,以及典型焊接结构的制造、焊接安全防护等。特别是介绍了一些基本的焊接操作方法和一些典型焊接结构的焊接实例。

本书在简要介绍焊接基本理论知识的基础上,广泛吸纳了国内焊接生产企业的成熟技术和生产实践经验,力求贴近生产、贴近工程实践,最大限度地反映我国焊接产品制造技术和装备的现状以及一些新工艺、新设备的应用;同时,根据企业对从事焊接的工程技术人才的需求,通过实例分析和操作技巧介绍,突出实用性。与目前已有的各种焊接培训教材相比,本书体系更完整,而内容简明扼要,便于自学,适合培训;使读者能尽快掌握焊接的基本知识,了解工厂焊接生产的工艺过程,并学会基本的焊接操作方法。

本书第 1、5、8 章由哈尔滨工业大学(威海)张洪涛博士编写,第 4、7、13 章由哈尔滨工业大学(威海)周利博士编写,其余各章由哈尔滨工业大学(威海)贺文雄副教授编写,全书由贺文雄副教授统稿。在编写过程中获得了胡代刚、杨学勤、付荣真、张君发、崔宣东、李道亮、郭俊飞、张永利、施伟鹏、吕志军、张华等焊接界同仁的帮助和支持,在此深表感谢! 本书参阅了大量的文献资料,在此一并向援引参考文献的作者表示衷心的感谢!

本书适合企业的工艺人员、工程技术人员和高职高专学生阅读,也可作为上岗和初级工在职培训的教材。

由于作者水平有限,书中的疏漏与错误之处在所难免,敬请使用本书的读者批评指正。

编者

2010 年 8 月

目　　录

第1章　焊接方法概述 ………………………………………………… 1

　1.1　焊接方法的分类 ……………………………………………… 1

　1.2　熔化焊 …………………………………………………………… 2

　　1.2.1　焊条电弧焊 ……………………………………………… 2

　　1.2.2　埋弧焊 …………………………………………………… 3

　　1.2.3　钨极氩弧焊 ……………………………………………… 5

　　1.2.4　熔化极氩弧焊 …………………………………………… 6

　　1.2.5　CO_2 气体保护焊 ………………………………………… 7

　　1.2.6　等离子弧焊 ……………………………………………… 8

　　1.2.7　电渣焊 …………………………………………………… 10

　　1.2.8　电子束焊 ………………………………………………… 11

　　1.2.9　激光焊 …………………………………………………… 12

　1.3　压力焊 …………………………………………………………… 14

　　1.3.1　点焊 ……………………………………………………… 14

　　1.3.2　缝焊 ……………………………………………………… 15

　　1.3.3　电阻对焊 ………………………………………………… 17

　　1.3.4　闪光对焊 ………………………………………………… 18

　　1.3.5　对接缝焊 ………………………………………………… 20

　　1.3.6　扩散焊 …………………………………………………… 21

　　1.3.7　摩擦焊 …………………………………………………… 23

　　1.3.8　超声波焊 ………………………………………………… 27

　1.4　钎焊 ……………………………………………………………… 29

　　1.4.1　钎焊原理 ………………………………………………… 30

　　1.4.2　钎料 ……………………………………………………… 30

　　1.4.3　钎剂 ……………………………………………………… 31

　　1.4.4　钎焊方法 ………………………………………………… 31

第2章　焊接电源 …………………………………………………… 33

　2.1　弧焊电源的分类 ……………………………………………… 33

　　2.1.1　交流弧焊电源 …………………………………………… 33

　　2.1.2　直流弧焊电源 …………………………………………… 34

　　2.1.3　脉冲弧焊电源 …………………………………………… 35

　　　2.1.4　各种弧焊电源的对比 ……………………………………………… 35
　2.2　对弧焊电源的要求 …………………………………………………………… 36
　　　2.2.1　对弧焊电源外特性的要求 ………………………………………… 36
　　　2.2.2　对弧焊电源调节性能的要求 ……………………………………… 39
　　　2.2.3　对弧焊电源动特性的要求 ………………………………………… 42
　2.3　焊接电源的选择与使用 ……………………………………………………… 42
　　　2.3.1　焊接电源的选择 ……………………………………………………… 42
　　　2.3.2　弧焊电源的安装 ……………………………………………………… 44
　　　2.3.3　弧焊电源的使用 ……………………………………………………… 45
　2.4　典型弧焊电源介绍 …………………………………………………………… 45
　　　2.4.1　ZX5-400 型弧焊整流器 …………………………………………… 45
　　　2.4.2　MZ-1250 型 IGBT 逆变式弧焊电源 ……………………………… 46
　　　2.4.3　WSME-500 多用气体保护焊机 …………………………………… 47
　　　2.4.4　TPS 4000 数字化焊机 ……………………………………………… 48

第 3 章　焊接工艺参数 ……………………………………………………………… 50
　3.1　焊接工艺参数与熔滴过渡 …………………………………………………… 50
　　　3.1.1　熔滴过渡的种类与特点 …………………………………………… 50
　　　3.1.2　焊接工艺参数对熔滴过渡的影响 ………………………………… 51
　3.2　焊接工艺参数与焊缝成形 …………………………………………………… 52
　　　3.2.1　焊缝成形 ……………………………………………………………… 52
　　　3.2.2　焊接工艺参数对焊缝成形的影响 ………………………………… 52
　3.3　焊接工艺参数的选择 ………………………………………………………… 55
　　　3.3.1　焊条电弧焊工艺参数的选择 ……………………………………… 55
　　　3.3.2　CO_2 气体保护焊工艺参数的选择 ………………………………… 56
　　　3.3.3　钨极氩弧焊工艺参数的选择 ……………………………………… 57
　　　3.3.4　熔化极氩弧焊工艺参数的选择 …………………………………… 60
　　　3.3.5　埋弧焊工艺参数的选择 …………………………………………… 60

第 4 章　焊接接头的组织与性能 ………………………………………………… 64
　4.1　焊接接头的特点 ……………………………………………………………… 64
　　　4.1.1　焊接过程 ……………………………………………………………… 64
　　　4.1.2　焊接接头 ……………………………………………………………… 64
　　　4.1.3　影响焊接接头的因素 ………………………………………………… 65
　4.2　焊接接头的组织 ……………………………………………………………… 65
　　　4.2.1　焊缝金属的组织 ……………………………………………………… 65
　　　4.2.2　焊接热影响区的组织 ………………………………………………… 67
　4.3　焊接接头组织性能测试方法 ………………………………………………… 69
　　　4.3.1　焊接接头的金相检验 ………………………………………………… 69
　　　4.3.2　焊接接头的力学性能 ………………………………………………… 70

      4.3.3 焊接接头的抗腐蚀性能 ···································· 70

  4.4 焊接接头组织与性能的改善 ···································· 71

      4.4.1 焊缝组织对接头性能的影响 ···························· 71

      4.4.2 焊缝组织的改善 ·· 71

第5章 常用金属材料的焊接 ·· 74

  5.1 金属材料的焊接性及其试验方法 ································ 74

      5.1.1 金属材料的焊接性 ···································· 74

      5.1.2 焊接性试验方法 ······································ 74

  5.2 碳素钢的焊接 ·· 75

      5.2.1 低碳钢的焊接 ·· 75

      5.2.2 中碳钢的焊接 ·· 76

  5.3 低合金结构钢的焊接 ·· 76

      5.3.1 合金结构钢 ·· 76

      5.3.2 热轧、正火钢的焊接 ·································· 77

      5.3.3 低碳调质钢的焊接 ···································· 78

  5.4 不锈钢与耐热钢的焊接 ·· 79

      5.4.1 奥氏体钢与双相钢的焊接 ······························ 79

      5.4.2 铁素体钢及马氏体钢的焊接 ···························· 83

      5.4.3 珠光体钢与奥氏体钢的焊接 ···························· 84

  5.5 铸铁的焊接 ·· 86

      5.5.1 铸铁的种类 ·· 86

      5.5.2 铸铁焊接性分析 ······································ 86

  5.6 铝及铝合金的焊接 ·· 88

      5.6.1 铝及其合金类型和特性 ································ 88

      5.6.2 铝及铝合金的焊接性分析 ······························ 89

      5.6.3 铝及其合金的焊接工艺 ································ 92

  5.7 铜及其合金的焊接 ·· 94

      5.7.1 铜及其合金的分类与性能简介 ·························· 94

      5.7.2 铜及其合金的焊接性分析 ······························ 95

      5.7.3 纯铜及黄铜的焊接工艺要点 ···························· 96

  5.8 钛及其合金的焊接 ·· 97

      5.8.1 钛及其合金的种类 ···································· 97

      5.8.2 钛及其合金的焊接性分析 ······························ 98

      5.8.3 工业纯钛及 TC1 钛合金焊接工艺特点 ···················· 100

第6章 焊接填充材料与保护方式 ···································· 102

  6.1 焊条 ·· 102

      6.1.1 焊条的组成及作用 ···································· 102

      6.1.2 焊条的分类 ·· 103

6.1.3 焊条的牌号与型号 ·· 103

6.1.4 焊条的选用 ··· 104

6.2 焊丝 ··· 106

6.2.1 焊丝的分类 ··· 106

6.2.2 焊丝的牌号与型号 ·· 108

6.3 焊剂 ··· 111

6.3.1 钢用焊剂分类 ··· 111

6.3.2 焊剂型号及牌号 ··· 113

6.3.3 焊剂的选配 ··· 114

6.4 保护气体 ··· 116

6.4.1 各种保护气体的性质 ·· 116

6.4.2 保护气体的类型 ··· 118

6.4.3 保护气体的选用 ··· 118

第7章 焊接应力与变形 ·· 122

7.1 焊接应力及变形产生的原因和影响因素 ·· 122

7.1.1 焊接应力与焊接变形的概念 ··· 122

7.1.2 焊接应力与焊接变形的形成 ··· 122

7.1.3 影响焊接变形与焊接应力的因素 ·· 123

7.2 焊接变形的种类和应力分布 ·· 125

7.2.1 焊接变形的种类 ··· 126

7.2.2 焊接残余应力分布 ·· 127

7.3 焊接变形的控制与矫正 ·· 134

7.3.1 焊接变形的危害 ··· 134

7.3.2 焊接变形的控制 ··· 134

7.3.3 焊接变形的矫正 ··· 136

7.4 焊接残余应力的控制与消除 ··· 138

7.4.1 减小焊接应力的几种方法 ··· 138

7.4.2 消除焊接残余应力的方法 ··· 140

第8章 焊接结构类型与焊接接头形式 ··· 142

8.1 焊接结构的类型 ·· 142

8.1.1 焊接结构的特点 ··· 142

8.1.2 焊接结构的分类 ··· 142

8.2 焊接接头的形式 ·· 143

8.2.1 对接接头 ··· 143

8.2.2 T形接头 ··· 143

8.2.3 搭接接头 ··· 144

8.2.4 角接接头 ··· 145

8.2.5 端接接头 ··· 145

  8.3　焊缝的表示方法 ··· 145
    8.3.1　焊缝的图示法 ·· 145
    8.3.2　焊缝符号 ··· 145
    8.3.3　焊缝的标注方法 ·· 149

第9章　母材的下料与坡口加工 ······································ 151
  9.1　机械切割方法及设备 ······································ 151
    9.1.1　剪裁 ··· 151
    9.1.2　锯切 ··· 153
  9.2　热切割方法及设备 ·· 153
    9.2.1　气体火焰切割(简称气割) ······························ 153
    9.2.2　等离子弧切割 ·· 155
    9.2.3　激光切割 ··· 158
  9.3　坡口加工方法及设备 ······································ 161

第10章　母材的成形 ·· 164
  10.1　压延成形 ··· 164
    10.1.1　封头的压延工艺过程 ··································· 164
    10.1.2　封头压延成形模具 ····································· 165
  10.2　弯曲成形 ··· 165
    10.2.1　板材压弯变形过程 ····································· 165
    10.2.2　弯曲工艺及设备 ······································· 166
    10.2.3　管材和型材的弯曲 ····································· 168
  10.3　卷制成形 ··· 171
  10.4　水火成形 ··· 174

第11章　焊接工艺装备 ·· 176
  11.1　工件的定位 ··· 176
    11.1.1　工件的定位原理 ······································· 176
    11.1.2　定位器 ··· 177
    11.1.3　零件的定位方法 ······································· 178
    11.1.4　定位焊 ··· 180
  11.2　装配焊接夹具与胎具 ····································· 180
    11.2.1　概述 ··· 180
    11.2.2　装焊夹具 ··· 180
    11.2.3　装焊用胎架 ··· 184
  11.3　焊接变位机械 ··· 184
    11.3.1　焊件变位机械 ··· 184
    11.3.2　焊机变位机械 ··· 190
    11.3.3　焊工变位机械 ··· 192

11.4 焊接机器人简介 ······ 195
 11.4.1 焊接机器人的组成 ······ 195
 11.4.2 机器人的自由度 ······ 196
 11.4.3 机器人与变位机械的配合 ······ 197

第 12 章 焊接操作方法 ······ 198
12.1 焊条电弧焊的操作方法 ······ 198
12.2 半自动 CO_2 气体保护焊的操作方法 ······ 201
 12.2.1 半自动 CO_2 气体保护焊的引弧与收弧 ······ 201
 12.2.2 半自动 CO_2 气体保护焊平焊操作技术 ······ 202
 12.2.3 半自动 CO_2 气体保护焊的各种操作实例 ······ 203
12.3 手工钨极氩弧焊的操作方法 ······ 207
12.4 埋弧焊操作技术 ······ 208

第 13 章 焊接缺陷的检测与修复 ······ 210
13.1 焊接缺陷的产生和预防 ······ 210
 13.1.1 焊接缺陷分类 ······ 210
 13.1.2 焊接缺陷的特征、产生原因及预防措施 ······ 212
13.2 焊接缺陷的检测方法 ······ 216
 13.2.1 外观检查 ······ 217
 13.2.2 密封性检验 ······ 217
 13.2.3 无损探伤 ······ 218
13.3 焊接缺陷的修复 ······ 221
 13.3.1 焊接缺陷的危害 ······ 221
 13.3.2 焊接缺陷的修复 ······ 222

第 14 章 典型焊接结构的制造 ······ 227
14.1 梁柱的焊接 ······ 227
 14.1.1 工字形断面的梁与柱的焊接 ······ 227
 14.1.2 箱形梁的焊接 ······ 231
14.2 压力容器的焊接 ······ 236
 14.2.1 压力容器的结构及特点 ······ 236
 14.2.2 薄壁圆柱形容器的制造 ······ 238
 14.2.3 球形容器的制造 ······ 242
14.3 船体的焊接 ······ 246
 14.3.1 船舶结构的类型及特点 ······ 246
 14.3.2 船舶结构焊接的基本顺序 ······ 248
 14.3.3 整体造船中的焊接工艺 ······ 249
 14.3.4 分段造船中的焊接工艺 ······ 250
14.4 桁架的焊接 ······ 254

第 15 章　焊接安全防护 ·· 258

　15.1　电焊的安全操作要求 ·· 258

　　15.1.1　焊条电弧焊的安全要求 ····································· 258

　　15.1.2　钨极氩弧焊安全技术 ······································· 260

　　15.1.3　熔化极惰性气体保护焊和混合气体保护焊的安全操作技术 ········· 260

　　15.1.4　CO_2 气体保护焊安全操作规程 ······························· 261

　　15.1.5　埋弧焊的安全操作技术 ······································ 261

　15.2　气焊与气割的安全操作要求 ······································ 262

　15.3　其它安全防护措施 ·· 264

参考文献 ··· 266

第1章　焊接方法概述

焊接是一种材料连接工艺,广泛应用于机械制造、交通运输、石油化工、海洋船舶、建筑桥梁、电力电子、航空航天等工业部门。随着科学技术的发展,各种焊接方法不断被完善并被推广应用,带来的经济效益和社会效益更加显著。本章简要介绍各种焊接方法的原理、特点以及应用。

1.1　焊接方法的分类

焊接是一种重要的金属加工工艺方法,随着科学技术的发展,已逐渐发展成为一门独立的学科。焊接就是通过加热、加压或两者并用,并且用(或不用)填充材料,使焊件达到原子结合的一种加工方法。目前国内外对焊接方法的分类,由于采用的角度不同而有不同的分类方法,但是按照各种焊接方法基本特点,总体上可以分为三大类,即熔化焊、压力焊以及钎焊,每一大类又可以分为若干小类,如图 1-1 所示。

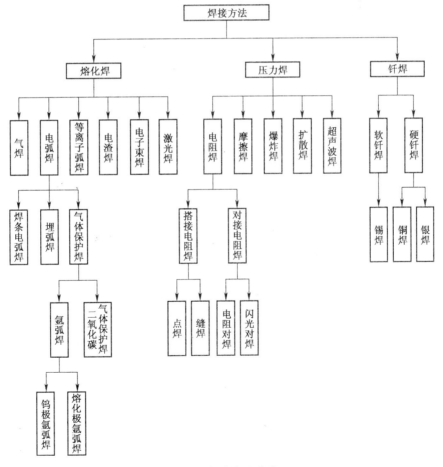

图 1-1　焊接方法分类

1.2 熔 化 焊

1.2.1 焊条电弧焊

焊条电弧焊是各种电弧焊方法中发展最早、目前仍然应用最广泛的一种焊接方法。它是以外部涂有涂料的焊条作电极和填充金属。焊接时电弧在焊条的端部和被焊工件表面燃烧（见图1-2）。利用电弧产生的高温（6000℃～7000℃），使连接处的母材熔化（熔点一般在1500℃左右），此时焊条也逐渐熔化并熔入连接处，冷却后便将连接的母材凝结成一个整体，而在连接的部位就形成了焊缝（见图1-3）。涂料在电弧热的作用下，一方面可以产生气体以保护电弧，另一方面可以产生熔渣覆盖在熔池表面，防止熔化金属与周围气体的相互作用。熔渣更重要的作用是与熔化金属产生物理化学反应或添加合金元素，改善焊缝的性能。

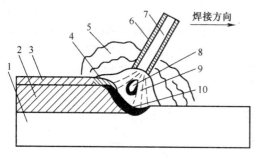

图1-2 焊条电弧焊示意图

1—焊件；2—焊缝；3—渣壳；4—熔渣；5—气体；6—药皮；
7—焊芯；8—熔滴；9—电弧；10—熔池。

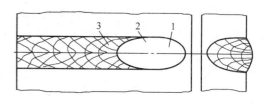

图1-3 焊缝示意图

1—焊接熔池；2—焊缝结晶等温线；3—柱状晶体。

1. 焊缝形成过程

焊条电弧焊接时，首先将电焊机的输出端两极分别与工件和焊钳连接，再用焊钳夹持焊条，如图1-4所示。利用电弧高温将工件与焊条迅速熔化，形成熔池。当焊条向前运动时，旧熔池的金属即冷却凝固，同时又形成新的熔池，这样就形成了连续的焊缝，使分离的工件连成整体。

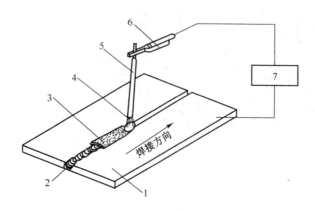

图1-4 焊条电弧焊焊缝形成过程

1—工件；2—焊缝；3—渣壳；4—电弧；5—焊条；6—焊钳；7—电源。

2

2. 焊条电弧焊的特点

优点:灵活性好,操作方便,对焊前装配要求低,可焊材料广。

缺点:生产率低;人为因素影响大。

3. 焊条电弧焊设备

焊条电弧焊(手工电弧焊)的主要设备是电焊机,它是焊接电弧的电源。常用的电焊机分交流和直流两大类。详见"2.1 弧焊电源的分类"。

4. 焊条电弧焊焊条

焊条电弧焊焊条对于焊缝的成形以及焊后接头的性能至关重要,总体来讲对焊条电弧焊焊条的基本要求主要包括以下几点:电弧容易引燃,在焊接过程中能够稳定燃烧;药皮应均匀熔化,无成块脱落现象,其熔化速度稍慢于焊芯的熔化速度,从而有利于金属熔滴过渡;焊接过程中不应有较大烟雾和过多飞溅;保证熔敷金属具有一定的抗裂性以及所需的力学性能和化学成分;焊后焊缝成形正常,焊渣容易清除。详见"6.1 焊条"。

1.2.2 埋弧焊

埋弧焊是当今生产效率较高的机械化焊接方法之一,它的全称是埋弧自动焊,又称焊剂层下自动电弧焊。

1. 埋弧焊的原理、特点及应用

1)埋弧焊的原理及特点

埋弧焊过程如图 1-5 所示。焊剂由漏斗流出后,均匀地堆敷在装配好的焊件上,焊丝由送丝机构经送丝滚轮和导电嘴送入焊接电弧区。焊接电源的两端分别接在导电嘴和焊件上。送丝机构、焊剂漏斗及控制盘通常都装在一台小车上以实现焊接电弧的移动。焊接过程是通过操作控制盘上的按钮开关等来实现自动控制的。

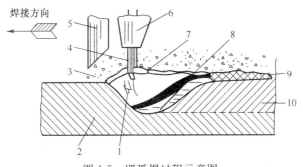

图 1-5 埋弧焊过程示意图

1—电弧;2—母材;3—焊剂;4—焊丝;5—焊剂漏斗;6—导电嘴;7—熔渣;8—金属熔池;9—渣壳;10—焊缝。

埋弧焊的电弧是掩埋在颗粒状焊剂下面的(见图 1-6)。当焊丝和焊件之间引燃电弧,电弧热使焊件、焊丝和焊剂熔化以致部分蒸发,金属和焊剂的蒸发气体形成了一个气泡,电弧就在这个气泡内燃烧。气泡的上部被一层烧化了的焊剂—熔渣所构成的外膜所包围,这层外膜不仅很好地隔离了空气与电弧和熔池的接触,而且使有碍操作的弧光辐射不再散射出来。

(1)埋弧焊的优点:首先埋弧焊的生产效率高。埋弧焊焊丝导电长度缩短,电流和电流密度提高,因此电弧的熔深能力和焊丝熔敷效率都大大提高。其次埋弧焊焊缝质量高。另外焊接参数可以通过自动调节保持稳定,对焊工技术水平要求不高,焊缝成分稳定,力学性能比较好。同时埋弧焊劳动条件好,减轻了焊条电弧焊操作的劳动强度,并且没有弧光辐射。

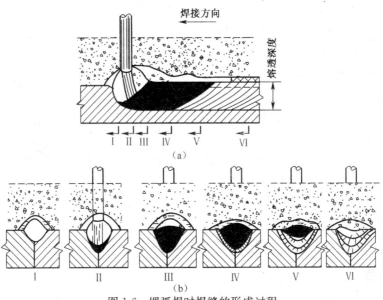

图 1-6 埋弧焊时焊缝的形成过程

(2)埋弧焊的缺点：首先由于埋弧焊是依靠颗粒状焊剂堆积形成保护条件，因此主要适用于水平面(俯位)焊缝焊接。其次由于受埋弧焊焊剂成分的限制，很难用来焊接铝、钛等氧化性强的金属及其合金。再次埋弧焊由于机动灵活性差，焊接设备也比焊条电弧焊复杂，因此只适于长焊缝的焊接。最后由于埋弧焊电弧的电场强度较大，电流小于 100 A 时电弧的稳定性不好，因此不适合焊接厚度小于 1mm 的薄板。

2)埋弧焊的应用

埋弧焊有许多优点，至今仍然是工业生产中最常用的一种自动焊方法，目前主要用于焊接各种钢板结构。可焊接的钢种包括碳素结构钢、低合金结构钢、不锈钢、耐热钢及其复合钢材等。埋弧焊在造船、锅炉、化工容器、桥梁、起重机械及冶金机械制造业中应用最为广泛。

2. 埋弧焊的冶金特点

1)埋弧焊用的焊剂和焊丝

埋弧焊用焊丝与焊条电弧焊焊条钢芯同属一个国家标准，即焊接用钢丝。不同牌号焊丝应分类妥善保管，不能混用。焊前应对焊丝仔细清理，去除铁锈和油污等杂质，防止焊接时产生气孔等缺陷。

实际焊接中，欲获得高质量的埋弧焊焊接接头，正确选用焊剂是十分重要的。焊剂与焊丝的选配参见"6.3.3 焊剂的选配"。

2)埋弧焊的冶金特点

埋弧焊的冶金过程包括液态金属、液态熔渣与各种气相之间的相互作用，包括液态熔渣与已凝固金属之间的作用。埋弧焊与焊条电弧焊的冶金过程基本相似，但又有自己的特点。埋弧焊时，所用的熔炼焊剂中不含有造气剂，也就不可能形成气罩来隔绝空气，而是利用焊剂在电弧热作用下形成一个熔融的液态焊剂薄膜(也有称此薄膜为瓢或气泡)，紧紧地将焊接区包住，隔开外界空气。因此，埋弧焊隔气效果好，焊缝含氮量比焊条电弧焊低。同时，埋弧焊时金属处于液态的时间要比焊条电弧焊时间长几倍，这样就加强了液态金属与熔渣之间的相互作用，因而冶金反应充分，气孔、夹渣易析出。再次，埋弧焊时的焊接参数(焊接电流、电压及焊接速度)比焊条电弧焊稳定，这样焊缝的化学成分比较稳定。

1.2.3 钨极氩弧焊

钨极氩弧焊(TIG)是气体保护焊的一种。钨极氩弧焊是使用纯钨或活化钨(如钍钨、铈钨等)作为非熔化电极,采用氩气作为保护气体,借助钨棒与焊件之间产生的电弧来熔化焊件及焊丝,待冷却凝固后形成焊缝。

1. 钨极氩弧焊原理与特点

钨极氩弧焊原理如图1-7所示。钨电极被夹持在电极夹上,从钨极氩弧焊焊枪喷嘴中伸出一定长度,在钨电极端部与被焊母材间产生电弧对母材(焊缝)进行焊接,在钨电极的周围通过喷嘴送进保护气,保护钨电极、电弧以及熔池免受大气的危害。焊接时,需要填充金属到熔池时,可以采用手动或者自动的方式进行,按照一定的速度向熔池中填充焊丝,焊丝熔化以后与熔化金属混合,共同凝固后形成焊缝。所以钨极氩弧焊可以分为手工钨极氩弧焊和自动钨极氩弧焊,其中自动钨极氩弧焊需要专用的送丝机。

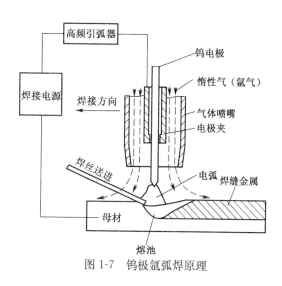

图1-7 钨极氩弧焊原理

钨极氩弧焊的优点归纳如下:焊接过程稳定;焊接质量好;适于薄板焊接、全位置焊接以及不加衬垫的单面焊双面成形工艺;焊接过程易于实现自动化;焊缝区无熔渣,焊工可清楚地看到熔池和焊缝成形过程。

当然钨极氩弧焊也具有明显的缺点。钨极氩弧焊利用气体进行保护,抗侧向风的能力较差。由于采用惰性气体进行保护,无冶金脱氧或去氢作用,为了避免气孔、裂纹等缺陷,焊前必须严格去除工件上的油污、铁锈等。而且由于钨极的载流能力有限,致使钨极氩弧焊的熔透能力较低,焊接速度小,焊接生产率低。

2. 钨极氩弧焊的焊接材料

钨极氩弧焊的材料主要包括保护气体、电极材料与填充材料等。

1) 保护气体

钨极氩弧焊常用氩气,其电弧稳定,引弧特性好,焊缝成形好。有时钨极氩弧焊也采用氦气,其传导性能比氩气好,能实现更快的焊接速度,焊铝时气孔更少,熔深和熔宽增加。焊枪结构一般安上节流装置,保护气流进入焊枪喷嘴前通过该装置,使进入喷嘴的气流紊乱程度减小并具有束流特征,使在喷嘴内易于建立起较厚的近壁层层流流态。

2) 电极材料

钨极氩弧焊电极的作用是导通电流、引燃电弧并维持电弧稳定燃烧,因此要求电极材料具有不熔化、电流容量大、引弧及稳弧性能好等特点。几种常用材料的逸出功如表1-1所列。

表1-1 几种常用材料的逸出功

材料	铝	钨	钍钨	铈钨
逸出功/eV	3.95	4.31~5.16	2.63	1.36

3)填充材料

填充金属的主要作用是填满坡口,并调整焊缝成分,改善焊缝性能。目前我国尚无专用钨极氩弧焊焊丝标准,一般选用熔化极气体保护焊用焊丝或焊接用钢丝。

3. 钨极氩弧焊电流的极性与种类

钨极氩弧焊可以使用交流、直流和脉冲电源。采用哪种电源是根据被焊材料来选择的。表1-2是焊接材料与电源类别和极性选择之间的关系。

表1-2 材料与电源类别和极性的选择

材料	直流		交流	材料	直流		交流
	正极性	反极性			正极性	反极性	
铝(2.4mm 以下)	×	○	△	合金钢	○	×	△
铝(2.4mm 以上)	×	×	△	高碳钢、低碳钢、低合金钢	△	×	○
铝青铜、铍青铜	×	○	△	镁(3mm 以下)	×	○	△
铸铝	×	×	△	镁(3mm 以上)	×	○	△
黄铜、铜基合金	△	×	○	镁铸件	×	○	△
铸铁	△	×	○	高合金、镍与镍基合金	△	×	○
无氧铜	△	×	×	钛	△	×	○
异种金属	△	×	○	银	△	×	○
注:△—最佳,○—良好,×—最差							

从表1-2可以看出,除铝、镁及其合金以外,其他金属一般选用直流正极性为好,铝、镁及其合金则选用交流焊接为好。

手工钨极氩弧焊的主要规范参数是指电流种类、极性和电流的大小。自动钨极氩弧焊的规范参数还包括电弧电压(弧长)、焊速及送丝速度等。规范参数的选择可参见“3.3.3 钨极氩弧焊工艺参数的选择”。

1.2.4 熔化极氩弧焊

熔化极氩弧焊是在钨极氩弧焊基础上发展起来的一种焊接方法。不熔化的钨极被连续自动送进并被熔化的焊丝代替,从而提高了焊接生产率,可进行中等厚度及大厚度板焊接。

熔化极氩弧焊是一种应用比较广泛的焊接方法。在此方法中,焊接热量来自于焊丝与工件间的电弧。实芯焊丝(或药芯焊丝)被连续送进焊接区,焊丝金属熔化后进入熔池成为填充金属。焊丝端部熔化形成的熔滴、电弧及熔池在焊接过程中由氩气予以保护,以避免空气侵入。氩气通过焊枪中的喷嘴送入焊接区。熔化极氩弧焊原理如图1-8所示。

以 Ar 或 Ar＋He 混合气体作保护气体时,称 MIG 焊接(Metal Inert Gas arc Welding)。如果用 Ar＋O_2、Ar＋CO_2 或者 Ar＋CO_2＋O_2 等混合气体作保护气体时,则称 MAG 焊接(Metal Active Gas arc Welding)。上述气体一般为富 Ar 混合气体,电弧性质仍呈氩弧特性,有时统称 MIG 焊接。

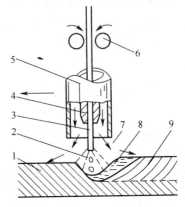

图1-8 熔化极氩弧焊原理示意图
1—母材;2—电弧;3—焊丝;4—导电嘴;5—喷嘴;
6—送丝轮;7—保护气体;8—熔池;9—焊缝金属。

与焊接电弧焊、埋弧焊等其他熔化极电弧焊相比,熔化极氩弧焊有如下特点:和钨极氩弧焊一样,几乎可以焊接所有的金属,尤其适合于焊接铝及其合金、铜及其合金以及不锈钢等材料;焊接时由于采用焊丝作为电极,因此母材熔深大,填充金属熔敷速度快,焊接厚板时生产率高;并且可以采用直流反接,在焊接铝及其合金时有良好的阴极雾化作用。当然,熔化极氩弧焊也有明显的缺点,比如由于使用氩气保护,焊接成本比 CO_2 电弧焊高,焊接生产率也低于 CO_2 电弧焊;其次,焊接准备工作要求严格,包括对焊接材料的清理和焊接区的清理等;再次,厚板焊接中的封底焊焊缝成形不如钨极氩弧焊质量好。

1.2.5 CO_2 气体保护焊

CO_2 气体保护焊是以 CO_2 气体作为保护气体,填充金属丝作为电极的一种熔化极气体保护焊(简称 CO_2 焊),其原理与熔化极氩弧焊相似。如图 1-9 所示为半自动 CO_2 气体保护焊设备的组成,主要包括焊接电源、送丝机构、焊枪、供气系统和控制系统。

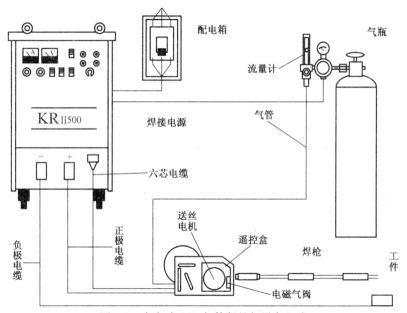

图 1-9 半自动 CO_2 气体保护焊设备组成

1. CO_2 气体保护焊的特点和应用

CO_2 气体保护焊是一种高效、优质的焊接方法,现在已在国内外获得广泛应用。和其它电弧焊相比,它有以下一些特点:

(1)生产率高。

(2)焊接成本低。

(3)能耗低。

(4)适用范围广。

(5)抗锈能力较强,焊缝含氢量低,抗裂性能好。

(6)有利于实现焊接过程的机械化和自动化。

(7)飞溅是不足之处。

2. CO_2 气体保护焊的冶金特点

CO_2 气体是一种活泼气体,具有较强的氧化性,特别在电弧高温下,CO_2 会分解出原子氧,具有强烈的氧化作用,这就使得 CO_2 焊在冶金特点上,存在着合金元素的烧损、气孔及飞溅等问题。

(1)合金元素的烧损、脱氧措施及焊缝金属的合金化。CO_2 电弧可以从两个方面使铁及其他合金元素氧化。铁及其他合金元素可以直接与 CO_2 发生化学反应生成 CO 和金属氧化物;同时,铁及其他合金元素还可以与高温分解出的原子氧发生化合反应生成金属氧化物。

(2)CO_2 气体保护焊中的气孔问题。CO_2 气体保护焊时,熔池表面没有熔渣覆盖,CO_2 气流又有冷却作用,因而熔池凝固速度比较快,容易在焊缝中产生气孔。可能产生的气孔主要有三种:一氧化碳气孔、氢气孔和氮气孔。

3. CO_2 气体保护焊减小焊接飞溅的措施

金属飞溅是 CO_2 气体保护焊最主要的缺点,目前减少飞溅的措施主要有以下几方面:

(1)正确选择工艺参数。

(2)颗粒过渡时在 CO_2 中加入 Ar。

(3)限制短路过渡时的电流上升速度和短路峰值电流。

(4)采用低飞溅率焊丝。

1.2.6 等离子弧焊

1. 等离子弧的热源特性

等离子弧是电弧的一种特殊形式。焊接时,借助水冷喷嘴的外部拘束条件使电弧的弧柱区横截面受到限制时,电弧的温度、能量密度、等离子流速度都显著增大,这种用外部拘束条件使弧柱受到压缩的电弧就是通常所说的等离子弧。等离子弧按电源供电方式不同分为转移型和非转移型两种基本形式(见图 1-10(a),(d))。前者电弧在电极和工件之间燃烧,水冷喷嘴不接电源,仅起冷却拘束作用;后者电弧直接在电极和喷嘴之间燃烧,水冷喷嘴既是电弧的电极,又起冷壁拘束作用,而工件却是不接电源的。因此非转移型等离子弧又称为等离子焰。转移型弧和非转移型弧也可以同时存在,称为混合型等离子弧。转移型弧难以直接形成,必须先引燃非转移弧,然后使电弧另一极从喷嘴转移到工件才能成为转移型弧。为了提高、控制等离子弧的温度、能量密度及其稳定性,喷嘴中常通以径向或切向流动的离子气流(见图 1-10(b),(c))。

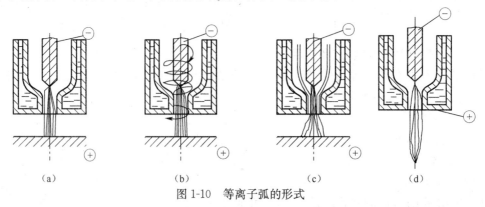

(a)　　　　　　　(b)　　　　　　　(c)　　　　　　　(d)

图 1-10　等离子弧的形式

从本质上讲,等离子弧仍然是一种电弧放电的气体导电现象,所用电极主要仍是铈钨或钍钨电极。一般均采用直流正极性(钨棒接负极),电源外特性应为下降或垂直下降特性。电流上限一般不超过 600A～1000A,但下限可延伸到 1A～2A 以下。

2. 等离子弧焊接方式

1）穿孔型等离子弧焊接

穿孔型等离子弧焊接是利用等离子弧能量密度和等离子流力大的特点，可在适当参数条件下实现熔化穿孔型焊接。这时等离子弧把工件完全熔透并在等离子流力作用下形成一个穿透工件的小孔，熔化金属被排挤在小孔周围，随着等离子弧在焊接方向移动，熔化金属沿电弧周围熔池壁向熔池后方移动，于是小孔也就跟着等离子弧向前移动。稳定的小孔焊接过程是不采用衬垫实现单面焊双面一次成形的好方法。一般大电流等离子弧焊(100A～300A)大都采用这种方法(见图1-11)。穿孔效应只有在足够的能量密度条件下才能形成。板厚增加时所需能量密度也增加。由于等离子弧的能量密度难以进一步提高，因此穿孔型等离子弧焊接只能在有限板厚内进行。目前生产应用的板厚范围为碳钢 7mm，不锈钢 8mm～10mm，钛 10mm～12mm。

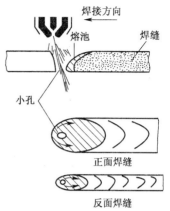

图1-11 穿孔型等离子弧焊接

穿孔型等离子弧焊接应该先按所需电流确定喷嘴孔径，如表1-3所列。离子气流量增加可使等离子流力和穿透能力增大，在其它条件给定时，为形成穿孔效应需有足够的离子气流量，但过大时不能保证焊缝成形，应根据焊接电流、焊速及喷嘴尺寸、高度等参数条件来确定。焊接电流增加，等离子弧熔透能力提高。电流过小，小孔直径减小甚至不能形成小孔；电流过大，小孔直径过大，熔池坠落，也不能形成稳定的穿孔焊接过程。焊速增加，焊缝热输入减小，熔孔直径减小，只能在一定焊速范围内获得小孔焊接过程。为了获得小孔焊接过程，离子气流量、焊接电流和焊速这三个参数应该保持适当的匹配。同时，保护气流量应与离子气流有一个恰当的比例，保护气流量太大会造成气流的紊乱，影响等离子弧的稳定性和保护效果。

表1-3 喷嘴孔径与许用电流

喷嘴孔径/mm	许用电流/A		喷嘴孔径/mm	许用电流/A	
	焊接	切割		焊接	切割
0.6	≤5	—	2.8	≈180	≈240
0.8	1～25	≈14	3.0	≈210	≈280
1.2	20～60	≈80	3.5	≈300	≈380
1.4	30～70	≈100	4.0	—	>400
2.0	40～100	≈140	4.5-5.0	—	>450
2.5	≈140	≈180			

穿孔型等离子弧焊接最适用于焊接 3mm～8mm 不锈钢，12mm 以下钛合金，2mm～6mm 低碳或低合金结构钢，以及铜、黄铜、镍及镍基合金的对接缝。

2）熔入型等离子弧焊接

当等离子弧的离子气流量减小、穿孔效应消失时，等离子弧仍可进行对接、角焊接。这种熔入型等离子弧焊接方法基本上跟钨极氩弧焊相似，适用于薄板、多层焊缝的盖面及角焊缝，可填加或不加填充焊丝，优点是焊速较快。

电流在15A～30A的熔入型等离子弧焊通常称为微束等离子弧焊接，这种焊接方法由于喷嘴的拘束作用和维弧电流同时存在，等离子弧非常稳定，已经成为焊接金属薄箔的有效方法。除此之外，还有脉冲等离子弧、熔化极等离子弧以及变极性等离子弧焊接。

等离子弧焊接设备主要由电源、气路系统以及控制系统所组成。

1.2.7 电渣焊

1. 电渣焊的基本原理

电渣焊是一种以电流通过熔渣所产生的电阻热作为热源的熔化焊接方法,如图 1-12 所示。

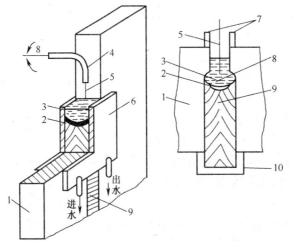

1—工件;
2—金属熔池;
3—渣池;
4—导电嘴;
5—焊丝;
6—强迫成形装置;
7—引出板;
8—金属溶滴;
9—焊缝;
10—引弧板。

图 1-12 电渣焊过程示意图

焊前先把工件垂直放置,在两工件间留有一定间隙(一般为 20mm～40mm),在工件下端装好引弧板,上端装好引出板,并在工件两侧表面装好强迫成形装置。开始焊接时,使焊丝与引弧板短路起弧,不断加入少量焊剂,利用电弧的热量使之熔化,形成液态熔渣,待渣池达到一定深度时,增加焊丝送进速度并降低焊接电压,使焊丝插入渣池,电弧熄灭,转入电渣焊接过程。由于高温熔渣具有一定的导电性,当焊接电流从焊丝端部经过渣池流向工件时,在渣池内产生的大量电阻热将焊丝和工件边缘熔化,熔化的金属沉积到渣池下面形成金属熔池。随着焊丝的送进,熔池不断上升并冷却凝固而形成焊缝。由于溶渣始终浮于金属熔池的上部,这不仅保证了电渣过程的顺利进行,而且对金属熔池起到了良好的保护作用。随着焊接熔池的不断上升和焊缝的形成,焊丝送进机构和强迫成形装置也不断向上移动,从而保证了焊接过程连续进行。

电渣焊主要有以下几类:

①丝极电渣焊;②板极电渣焊(见图 1-13);③熔嘴电渣焊(见图 1-14);④管极电渣焊(见图 1-15);⑤窄间隙电渣焊。

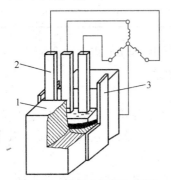

图 1-13 板极电渣焊示意图
1—工件;2—极板;3—强迫成形装置。

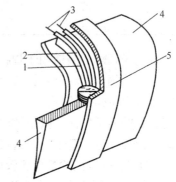

图 1-14 熔嘴电渣焊示意图
1—熔嘴;2—导丝管;3—焊丝;4—工件;
5—强迫成形装置。

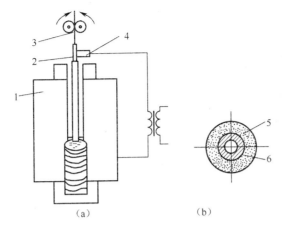

1—工件;
2—涂料管极;
3—焊丝;
4—导电板;
5—涂料;
6—钢管。

图 1-15 管极电渣焊示意图
(a)管极电渣焊;(b)管极断面。

2. 电渣焊的优缺点

电渣焊与一般电弧焊相比较,具有下述优点:

(1)电渣焊可以一次焊接很厚的工件从而提高了焊接生产率。

(2)电渣焊时,工件不需要开坡口,只要使工件边缘之间保持一定的装配间隙即可,因而可以节约大量金属和加工时间。

(3)由于电渣焊时金属熔池上面始终存在着一定体积的高温渣池,使熔池中的气体和杂质较易析出,故电渣焊焊缝一般不易产生气孔和夹渣等缺陷。

(4)由于电渣焊焊接速度缓慢,其热源的热量集中程度远较电弧焊弱,所以使近缝区加热和冷却速度缓慢,这对焊接易淬火的钢种时,减少了近缝区产生淬火裂缝的可能性。

(5)因为电渣焊的母材熔深较易调整和控制,所以使焊缝金属中的填充金属和母材金属的比例可在很大范围内调整(可在 10%～70%内变化),这对于调整焊缝金属的化学成分及降低焊缝金属中的有害杂质具有特殊意义。

由于电渣焊热源的特点和焊接速度缓慢,也使这种方法存在着一个主要缺点,这就是因焊缝金属和近缝区在高温(1000℃以上)停留时间长,易于引起晶粒粗大,造成焊接接头冲击韧性大大降低,所以往往要求工件焊后进行正火热处理,以细化晶粒提高冲击韧性,这对于大型工件来说是比较困难的。因此,如何提高电渣焊在焊态时的接头冲击韧性是目前电渣焊技术发展中的一个重要课题。

1.2.8　电子束焊

电子束焊是利用加速和聚焦的电子束轰击置于真空或非真空中的焊件所产生的热能进行焊接的方法。电子束撞击工件时,其动能的 96% 可转化为焊接所需的热能,能量密度高达 $(10^3～10^5)kW/cm^2$,而焦点处的最高温度达 5930℃。电子束焊是一种先进的焊接方法,在工业上的应用不到 60 年的历史,首先用于原子能及航天工业,继而扩大到航空、汽车、电子、电器、机械、医疗、石油化工、造船、能源等工业部门,创造了巨大的社会及经济效益,并日益受到人们的关注。

1. 电子束焊的特点

电子束具有很多优于传统焊接的特点:

（1）焊缝深宽比高。电子束斑点尺寸小，功率密度大，可实现高深宽比的焊接，深宽比达60：1，可一次焊透厚度 0.1mm～300mm 的不锈钢板。

（2）焊接速度快，焊缝组织性能好。能量集中，熔化和凝固过程快；高温时间短，合金元素烧损少，能避免晶粒长大，改善了接头的组织性能，焊缝抗蚀性好。

（3）焊件热变形小。功率密度高，输入焊件热量少，焊接变形小。

（4）焊缝纯度高。真空对焊缝具有良好的保护作用。

（5）工艺适应性好。工艺参数易于精确调节，便于偏转，对焊接结构有广泛的适应性。

（6）可焊材料多。不仅能焊接金属和异种金属的接头，也可焊接非金属和复合材料。

（7）可简化加工工艺。

2. 电子束焊的分类

电子束焊按被焊工件所处的环境真空度可分为三类：高真空电子束焊、低真空电子束焊和非真空电子束焊。

1）高真空电子束焊接

高真空电子束焊接是把被焊工件放在压强为 $10^{-4}Pa$～$10^{-1}Pa$ 的工作室中完成的。这种方法是目前电子束焊接应用最广的一种方法，但也存在若干缺点，例如被焊工件的大小受工作室尺寸的限制，真空系统相对庞杂，抽真空时间长，这既降低了生产率也增加了焊接的成本。

2）低真空电子束焊接

低真空电子束焊接是使电子束通过隔离阀及气阻孔道进入工作室，工作室的压强在 $10^{-1}Pa$～$10Pa$。电子束流进入低真空工作室后，虽然有些散射，但只要适当提高束流的加速电压，基本上仍然保持着电子束焊方法所具有的特点。它与高真空电子束焊接方法相比，其优点是：简化了真空机组，省去了扩散泵，因而降低了焊接成本；启动快，工作室抽真空的时间短，因而提高了生产率；能采用局部真空室，因而简化了电子束焊接大型工件的工艺及设备；减弱了焊接时的金属蒸发，降低了由此而产生的工作室内壁、工件表面及观察系统的污染。

3）非真空电子束焊接

非真空电子束焊接亦称大气压电子束焊接，它是将在真空条件下形成的束流，引入到大气压力的环境中对工件进行施焊。为了保护焊缝金属不受污染和减少电子束的散射，束流在进入到大气中时先经过充满氦的气室，然后与氦气一起进入到大气中去。这种焊接方法的最大优点是摆脱了工作室的限制，因而扩大了电子束焊接技术的应用范围，并推动着这一新技术向更高阶段自动化的方向发展。

3. 电子束焊的设备与装置

1）电子束焊机的分类

电子束焊设备可按真空状态和加速电压分类。按真空状态分类为高真空型、低真空型、非真空型；根据电子枪加速电压的高低，电子束焊机分为高压型（60kV～150kV）、中压型（40kV～60kV）、低压型（<40kV）。

2）电子束焊机的组成

真空电子束焊机通常由电子枪、高压电源及控制系统、真空工作室、真空系统、工作台以及辅助装置等几大部分组成，如图 1-16 所示。

1.2.9　激光焊

激光焊是利用高能量密度的激光束作为热源进行焊接的一种高效精密的焊接方法。随着

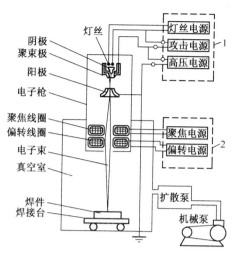

图 1-16　真空电子束焊机的组成

工业生产的迅猛发展和新材料的不断开发,对焊接结构的性能要求越来越高,激光焊以其高能量密度、深穿透、高精度、适应性强等优点日益得到广泛应用。

1. 激光焊的原理、分类和特点

激光是激发电子或分子使其在转换成能量的过程中产生集中且相位相同的光束。世界上的第一个激光束于 1960 年利用闪光灯泡激发红宝石晶粒所产生,因受限于晶体的热容量,只能产生很短暂的脉冲光束且频率很低。虽然瞬间脉冲峰值能量高达 10^6 W,但仍属于低能量输出。

1)激光焊原理

激光焊接时,激光照射到被焊材料的表面,与其发生作用,一部分被反射,一部分被吸收,进入材料内部。

激光焊接的原理是:光子轰击金属表面形成蒸气,蒸发的金属可防止剩余能量被金属反射掉。如果被焊金属具有良好的导热性,则会有较大的熔深。激光在材料表面的反射、透射和吸收,本质上是光波的电磁场与材料相互作用的结果。激光光波入射材料时,材料中的带电粒子依着光波矢量的步调振动,使光子的辐射变成了电子的动能。物质吸收激光后,首先产生的是某些质点的过量能量,如自由电子的动能、束缚电子的激发能等,这些原始激发能经过一定过程再转化为热能。

2)激光焊的分类

按照激光发生器的工作性质不同,激光有固体、半导体、液体、气体激光之分。根据激光对工件的作用方式和输出器输出能量不同,激光焊分为连续激光焊和脉冲激光焊。根据激光聚焦后光斑作用在工件上的功率密度不同,激光焊分为传热焊和深熔焊。

3)激光焊的特点

(1)激光焊的主要优点:

①可将热输入量降到最低的需要量,热影响区组织变化范围小,且因热传导所导致的变形最低。

②不需使用电极,没有电极污染或受损的顾虑,且因不属于接触式焊接,机具的耗损及变形都可降至最低。

③激光束易于聚焦、对准及受光学仪器所导引,可放置在离工件适当距离,且可在工件周围的机具或障碍间再导引,其他焊接法则因受到上述的空间限制而无法发挥。

(2)激光焊的主要缺点:

①焊件位置需非常精确,务必在激光束的聚焦范围内。

②焊件需使用夹具时,必须确保焊件的最终位置与激光束对准。

③最大可焊厚度受功率限制。

④设备昂贵。

2. 激光焊的设备

无论哪一种激光焊设备,基本组成大致相似。完整的激光焊设备由 N/C 装置、操作盘、工作台、焊枪、激光器、电源控制装置等组成,如图 1-17 所示。

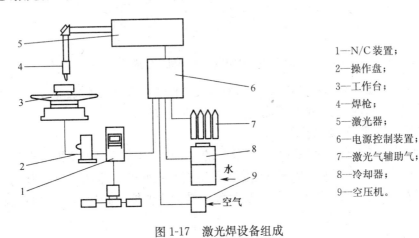

1—N/C 装置;
2—操作盘;
3—工作台;
4—焊枪;
5—激光器;
6—电源控制装置;
7—激光气辅助气;
8—冷却器;
9—空压机。

图 1-17　激光焊设备组成

1.3　压　力　焊

1.3.1　点焊

焊件装配成搭接接头,并压紧在两电极之间,利用电流通过焊件时产生的电阻热熔化母材金属,冷却后形成焊点,这种电阻焊方法称为点焊,如图 1-18 所示。

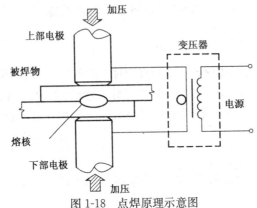

图 1-18　点焊原理示意图

点焊过程包含三个彼此衔接的阶段:焊件预先压紧、通电并把焊接区加热到熔点以上和在电极压力下凝固冷却。点焊时由于使用一定直径的电极加压,焊件产生一定的变形,焊件间的电流通道主要局限于两电极间的部分焊件区,从而局部电流密度高,达到局部熔化而形成焊点的目的。

1. 点焊的热源

点焊的热源由电极与焊件间的接触电阻 R_{ew}、焊件本身电阻 R_w 和焊件结合面上的接触电阻 R_c 三类电阻热组成(见图 1-19)。

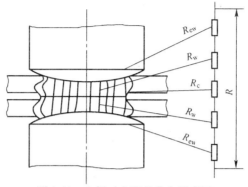

图 1-19　电焊时电阻的分布示意图

1)R_{ew} 上产生的热量

R_{ew} 上产生的热量在电极和焊件上的分配,与各自的热导率成正比。通常点焊时,电极采用高热导率的铜合金,焊件则为低热导率的被焊金属,因此分配给焊件的这部分热量对焊件的加热贡献甚微,可以忽略。

2)R_w 上产生的热量

当电流从电极经接触面进入焊件后,大部分流经两电极间所对应的圆柱,但亦有部分流经圆柱体外侧焊件,这种现象称为边缘效应。由于边缘效应,R_w 值小于圆柱体电阻,为此计算 R_w 值时一般可在圆柱体的电阻上乘以小于1的系数 K。K 值随电极直径 d 增大而增大,随板厚 δ 增加而减小,一般在 $0.7\sim0.9$ 之间。因此 R_w 上产生的热量将是圆柱体电阻计算值的 $70\%\sim90\%$。

3)R_c 上产生的热量

(1)异种材料点焊时 R_c 值由较软材料决定。

(2)焊件表面状态对 R_c 值的波动影响甚大,因此加工和清理方法以及存放时间均能导致 R_c 值的变动。

2. 点焊时的规范参数

焊接规范是焊接过程中调节和控制的各个工艺参数的总称。在电阻焊时确定焊接规范的依据首先是待焊金属的品种、形状和厚度,然后是所用焊接设备的性能。在各种资料中所介绍的焊接规范仅是一种参考性数据,在实际生产中需要通过试焊作出调整,最终目的是获得所要求的焊接质量。

1.3.2　缝焊

1. 缝焊基本原理

缝焊是点焊的一种演变。用圆形焊轮取代点焊电极,在焊轮连续或断续滚动并通以连续或断续电流脉冲时,形成由一系列焊点组成的缝焊焊缝,其原理如图 1-20 所示。当点距较大时,形成的不连续焊缝与点焊类似,称为应点焊,用以提高生产率。

2. 缝焊的分类

根据焊轮旋转方式(连续或断续)与通电方式(连续或断续)的机—电配合,可将缝焊分为三种基本类型。

(1)连续缝焊。焊件在两焊轮间连续移动(即焊轮连续旋转),焊接电流也连续通过,每半周形成一个焊点(见图1-21(a))。

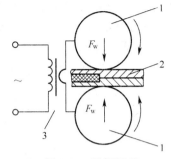

图 1-20　缝焊原理
1—电极;2—工件;3—变压器。

连续缝焊所用设备简单,生产率高,焊接速度达(10～20)m/min。但是焊轮易于发热而磨损,且熔核附近及工件表面易过热甚至烧伤,焊缝易下凹。故这种方法的实际可用性很有限。

(2)断续缝焊。焊件连续移动,而焊接电流断续接通,每"通—断"一次,形成一个焊点(见图1-21(b))。这时焊轮有冷却机会,可克服连续缝焊的缺点,故应用最为广泛。但在熔核冷却过程中,焊轮已一定程度地离开,因而没有充分的锻压过程,在焊接某些金属时易生成缩孔甚至裂缝。

(3)步进缝焊。焊件断续移动(即焊轮间歇式旋转),焊接电流在焊件静止时接通(见图1-21(c))。这时由于熔核在整个结晶过程中有锻压力存在,所以焊缝比较致密。缺点是必须有使焊轮间歇旋转的比较复杂的机械装置。

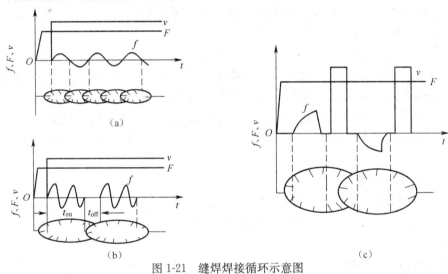

图 1-21　缝焊焊接循环示意图
(a)连续缝焊;(b)断续缝焊;(c)步进缝焊。

若按使用焊接电流的不同也可将缝焊分为高频交流缝焊、低频交流缝焊、中频交流(120Hz～400Hz)缝焊、二次整流(工频整流或逆变整流)缝焊、直流冲击缝焊及电容储能缝焊等。

缝焊与点焊一样,除通用的双面缝焊外,尚有单面缝焊(单缝或双缝)、小直径圆周缝焊、垫箔带对接缝焊、挤压缝焊、垫丝对接缝焊等。

缝焊的接头形式一般为搭接接头,但垫箔带对接缝焊、垫丝对接缝焊和挤压缝焊则为对接接头。在焊接(包括卷边焊)时,材料的厚度通常不超过下列数值:酸洗过的低碳钢为3mm;热轧低碳钢为2.5mm;黄铜和硅青铜为1.5mm;铝合金为3mm;钛合金为2mm。当板厚更大时,电弧焊往往比缝焊更经济。

16

1.3.3 电阻对焊

1. 电阻对焊的过程分析

电阻对焊过程分为预压、加热、顶锻、维持和休止等程序。其中前三个程序参与电阻对焊接头的形成,后两个则是操作中的必要辅助程序。等压式电阻对焊时,顶锻与维持合一,较难区分。

(1)预压。预压的目的是建立良好且分布均匀的物理接触点。为此,焊件的连接面及其电流导入的表面应很好地清理干净,其连接面平行度的误差应尽可能小些,以保证初始接触点尽可能均布。对某些旋转体对称截面的焊件可做如图1-22所示的焊前加工,这种加工有利于造成初始对称分布温度场,有利于温度较快地达到均匀分布。

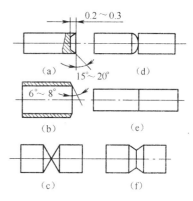

图 1-22 旋转体对成形焊件端面的加工

(2)加热。加热是电阻对焊的主要阶段,在机械力与电阻热的综合作用下,接触点迅速加热变形,导致接触面积增加,最后扩展到整个结合面,从而接触电阻趋向于零。焊件电阻则随温度上升而增大。在热传导作用下端面温度渐趋均匀,而沿焊件端部纵深则形成一定的温度分布,同时在压力作用下焊件渐渐产生塑性变形而缩短。

(3)顶锻。当焊件端面温度达到均匀且沿焊件纵深温度分布合适时,塑性变形速度会明显地加快,进入顶锻阶段,此时应切断电流。顶锻彻底排除端面的氧化物等杂质,使后续纯净金属在获得一定的塑性变形下导致金属界面消失,组成共晶粒,从而形成接头。当采用等压式电阻对焊时,顶锻力与加热力相同,因此两阶段的区分不清晰。当采用变压式电阻对焊时,顶锻力大于加热力。顶锻除彻底排除氧化物等杂质外还能获得足够的塑性变形。

(4)维持。维持的目的是使焊件在加压下冷却,避免收缩应力所产生的缺陷。

(5)休止。用于设备的复位。

2. 电阻对焊的优缺点及适用范围

(1)优点:

①设备简单,焊接参数少,便于掌握。

②焊件的缩短量小,节约材料,毛刺少,有利于简化后道工序。

(2)缺点:

①热效率低,比功率高,目前一般仅适用于焊接截面积小于 $250mm^2$ 的零件。

②焊件端面上先导电的接触点比后导电的接触点通电时间长,其温差只能靠热传导来达到均化,故端面加热不均匀性大,因此仅能焊接紧凑截面的零件,如丝、棒及窄的带钢。

③热影响区较宽,晶粒长大较快,接头的冲击韧度低等。

④由于电阻对焊的焊接温度低于熔点,塑性变形阻力大,对其面上氧化物的排除较困难,尤其当氧化物为固态时更难将其挤出接口,故电阻对焊的可焊品种远少于闪光对焊。目前仅适用于碳钢、纯(紫)铜、黄铜、纯铝及少数低合金钢等的焊接。

(3)适用范围。当前电阻对焊主要用于各种线材的焊接,直径小于20mm棒料的对接,以及生产由线材或窄带钢制造的环形零件,如小形链条和带锯等。

1.3.4 闪光对焊

闪光对焊分为连续闪光对焊和预热闪光对焊两种。后者比前者多一个预热阶段。闪光对焊的基本程序有预热、闪光(亦称烧化)和顶锻三个阶段。连续闪光对焊时无预热阶段。

1. 预热

只有预热闪光对焊才有预热阶段。

1)目的

(1)提高焊件的端面温度,以便在较高的起始温度或较低的设备功率下顺利地开始闪光,并减少闪光留量,节约材料。

(2)使纵深温度分布较缓慢,加热区增宽,焊件冷却速度减慢,以使顶锻时产生塑性变形,并使液态金属及其面上的氧化物较易排除,同时亦可减弱焊件的淬硬倾向。

2)实质

预热闪光对焊是在闪光阶段之前先以断续的电流脉冲加热焊件,利用短接时的快速加热和间隙时的匀热过程使焊件端面较均匀地加热到预定温度,然后进入闪光和顶锻阶段。一般预热时焊件的接近速度大于连续闪光初期速度,焊件短接后稍延时即快速分开呈开路,即进入匀热期,匀热延时后再原速接近,如此反复直至加热到预定温度。

2. 闪光

闪光阶段是闪光对焊加热过程的核心。

1)目的

(1)通过闪光阶段的发热和传热,不但使焊件端面温度均匀上升,并使焊件沿纵深加热到合适且稳定的温度分布状态。实验和理论显示,当闪光量超过某一临界值后(见图1-23中$\Delta_f/2$),焊件上以瞬时闪光面为动坐标原点的温度分布趋于稳定,称为准稳定状态。临界值Δ_f与位移曲线形态(暂称其为"闪光模式")及有否预热有关。连续闪光焊时焊件从室温上升至略高于熔点(见图1-23中T_m)。而预热闪光焊时则从预热结束温度(见图1-23(b)中T_{pr})上升至略高于熔点,因此其临界值较小。

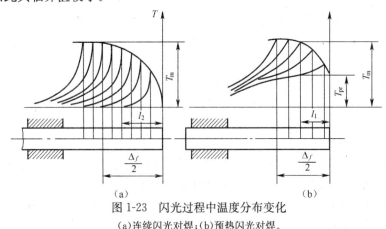

图1-23 闪光过程中温度分布变化

(a)连续闪光对焊;(b)预热闪光对焊。

(2)通过闪光过程中的过梁爆破,将焊件端面上的夹杂物随液态金属一起抛出;利用爆破时所产生的金属蒸气和其它气氛(如碳钢的碳元素烧损而形成的CO气体)排挤大气,减少端面氧化,并于闪光末期在端面形成一薄层液态金属保护层。所以希望爆破频率愈高愈好,尤其在临近顶锻前瞬间希望每半周内均有几次爆破。

18

2)实质

闪光的实质是称作过梁的液态金属在焊件的间隙中形成和快速爆破的交替过程。在任何时间过梁的总截面仅占焊件截面的极小部分,因此过梁上通过的电流密度极高,很快就达到爆破阶段。图1-24为一过梁的示意图。过梁上受到电磁收缩力(见图1-24(a)中F_{em})和表面张力(见图1-24(a)中σ)的交互作用,前者趋向于使过梁收缩,后者则相反。当前者作用超过后者时,过梁收缩,其截面减小,电流密度升高,加速发热而爆破。部分热量导入焊件纵深而加热焊件。爆破时部分液态金属连同其表面的氧化物一起呈飞溅物抛出接口。过梁之间的力F_b及其与变压器间的力F_t(见图1-24(b))使过梁在焊件端面的间隙中作横向运动,一般可延缓爆破时间,但处于焊件边缘的过梁在它与变压器作用下,可能将过梁推出间隙,会加速过梁的爆破。

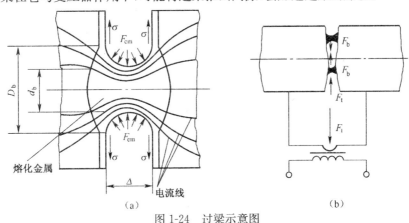

图1-24 过梁示意图

(a)过梁的内力;(b)过梁间的力及其与变压器间的力。

3. 顶锻

顶锻是实现焊接的最后阶段。

1)目的

(1)封闭焊件端面的间隙,排除液态金属层及表面的氧化物杂质。

(2)对焊接区的金属施加一定的压力,使其获得必要的塑性变形,从而使焊件界面消失,形成共同晶粒。

2)实质

顶锻是一个快速的锻击过程。它的前期是封闭焊件端面的间隙,防止再氧化。这段时间愈快愈好,一般受焊机机械部分运动加速度的限制,然后是把液态金属挤出,对后续的高温金属进行加压,以便形成共同晶粒。为达到上述目的,常在顶锻的初期继续进行通电,称为有电顶锻,以补充热量。顶锻留量包括间隙、爆破留下的凹坑、液态金属层尺寸及变形量。加大顶锻留量有利于彻底排除液态金属和夹杂物,保证足够的变形量。但焊件一般为轧制产品,具有方向性,如轧制纤维扭曲过大,力学性能较差的部分将处在受力方向,有时还会出现径向裂纹。一般建议最大扭曲角不应超过80°,使液态金属刚挤出接口呈"第三唇"即可,顶锻对接头的影响见图1-25。

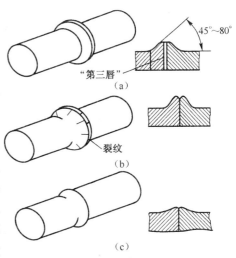

图1-25 顶锻对接头的影响

(a)合适;(b)过大;(c)不足。

1.3.5 对接缝焊

对接缝焊时焊件采用对接形式,包括低频对接缝焊和高频对接缝焊两种。对接缝焊又称缝对焊,主要用来制造有缝金属管材。

1. 低频对接缝焊

低频对接缝焊原理如图 1-26 所示。

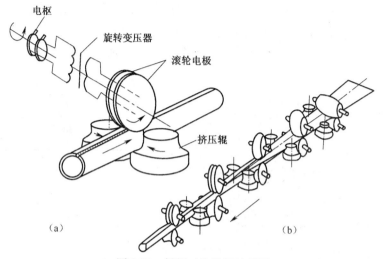

图 1-26　低频对接缝焊过程图
(a)焊接原理图;(b)焊前毛坯的成形。

带钢经低频焊接机组的若干对成形轧辊后,成形为管状并使二板边对接为焊口进入两大滚轮电极之下。由旋转变压器二次绕组、距离很近而又相互绝缘的两个大滚轮电极和焊口构成焊接回路。接通电源后,由于焊口的接触电阻和焊件内部电阻较高而被流过的低频大电流急速加热,当温度达到 1300℃~1400℃时,在挤压辊的挤压力作用下,焊口即发生焊合。

低频对接缝焊的特点是焊接电流连续通过焊接区,与连续缝焊原理相似,每半个周波形成一个焊点。因此,焊接速度不能太快,否则在交流电过零时将形成跳焊缺陷。为此,常采用 3 倍、6 倍工频频率的电源,这时将在旋转变压器前使用一组电动机-发电机以便获得平衡线路及提高频率,焊接速度可达 60m/min。

2. 高频对接缝焊

高频对接缝焊是利用高频电流的趋表效应和邻近效应,使金属薄层加热,同时加压力而进行连接的方法,包括高频接触焊和高频感应焊两种,电流频率采用 350kHz~450kHz。

高频对接缝焊不仅可焊接有缝金属管材,而且可焊接翼片管材、结构梁(I 型、H 型、T 型和特殊形状)、公用电视天线金属护皮电缆等,焊件材料可为钢、有色金属。

(1)高频接触焊。如图 1-27 所示,焊接时,电流从电极直接输入,沿管坯对口表面形成 V 形回路(负载回路),同时沿管坯内、外表面构成两个分流回路。由于焊接电流仅流经 V 形口的全长,因而焊透性极好,V 形口的最佳角度是 4°~7°。如果 V 形口太宽,邻近效应减弱使加热效率减小;V 形口太窄会使顶端偏移而改变焊缝宽度并在口的尖端易产生电弧。为集中 V 形回路磁场、增大管坯内表面感抗而减小分流,需在管坯内安置阻抗器(采用铁氧体磁芯),其位置在挤压辊中心线略靠下。

(2)高频感应焊。如图 1-28 所示,焊接时,感应器通过高频电流而在管坯外表面感应出涡流,涡流同样沿管坯对口表面和外表面形成 V 形回路(负载回路)。同时,沿管坯内表面构成分流(循环电流)。由于焊接电流不仅流经 V 形口的全长,还要流经管坯外表面,从而造成较大的功率损耗,因此与高频接触焊比较,同样生产量所需功率和电压都更高些,随着管坯直径的增加也更加明显。高频感应焊时使用一种成组的簇式阻抗器(采用铝质集管),安装时使它的下游端超越线圈顶端以上,但不需要一直达到 V 形口的顶端。

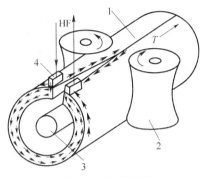

图 1-27　高频接触焊接管材原理图

HF—高频电源;T—管坯运动方向。
1—工件;2—挤压辊轮;3—阻抗器;
4—触头接触位置。

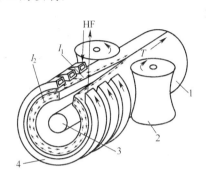

图 1-28　高频感应焊接管材原理图

HF—高频电源;T—管坯运动方向;
I_1—焊接电流;I_2—无效电流;
1—管坯;2—挤压辊轮;3—阻抗器;4—感应圈。

(3)高频对接缝焊加热特点。由于管坯对口表面形成 V 形回路而使邻近效应逐渐加强,在邻近会合点处电流密度最大,加热最强烈,有时甚至金属熔化形成液体过梁使两边缘搭上并出现连续喷射的细滴火花(与连续闪光焊时的闪光相似,但较弱)。这就使焊口获得了需要的焊接温度,给挤压焊接创造了条件。

1.3.6　扩散焊

近年来,新材料在生产中的广泛应用,经常遇到新材料与其他材料的连接问题。一些新材料如陶瓷、金属间化合物、非晶态材料及单晶合金等可焊性差,用传统熔焊方法很难实现可靠的连接。因此,连接所涉及的范围远远超出传统熔焊的概念。为了适应这种要求,近年来,作为固相连接方法之一的扩散连接技术引起人们的重视,成为连接领域新的研究热点。

1. 扩散焊的特点和分类

1)扩散焊的特点

(1)扩散焊的优点:

①接合区域无凝固组织,不生成气孔、宏观裂纹等熔焊时的缺陷。

②同种材料接合时,可获得与母材性能相同的接头,几乎不存在残余应力。

③可以实现难焊材料的连接。

④精度高,变形小,精密接合。

⑤可以进行大面积板及圆柱的连接。

⑥采用中间层可减少残余应力。

(2)扩散焊的缺点:

①无法进行连续式批量生产。

②时间长,成本高。

③接合表面要求严格。

21

④设备一次性投资较大,且连接工件的尺寸受到设备的限制。

2)扩散焊的分类

根据是否添加中间层,扩散焊可分为加中间层扩散焊和不加中间层扩散焊;根据保护介质的不同可以分为气体保护扩散焊、真空扩散焊以及溶剂保护扩散焊;根据扩散焊时的状态不同可分为超塑性成形—扩散连接、瞬时液相扩散连接、固态扩散连接和烧结—扩散连接。

(1)固相扩散焊接过程。

第一阶段为物理接触阶段,这是保证整个表面都可靠接触,只有接触面达到一定的距离,原子间才能相互作用形成原子间的结合,才能形成可靠的连接。在高温下微观不平的表面,在外加压力的作用下,总有一些点首先达到塑性变形,在持续压力的作用下,接触面逐渐增大,从而达到整个面的可靠接触。

第二阶段是接触表面原子间的相互扩散,形成牢固的结合层。

第三阶段是在接触部分形成的结合层逐渐向体积方向发展,形成可靠的连接接头。

上述过程相互交叉进行,最终在连接界面处由于扩散、再结晶等生成固溶体及共晶体,有时生成金属间化合物,形成可靠的连接接头。

(2)液相扩散焊接基本原理。通常采用比母材熔点低的材料作中间夹层,在加热到连接温度时,中间层熔化,在结合面上形成瞬间液膜,在保温过程中,随着低熔点组元向母材的扩散,液膜厚度随之减小直至消失,再经一定时间的保温而使成分均匀化(见图1-29)。

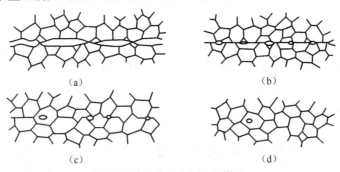

(a)   (b)

(c)   (d)

图1-29 扩散连接的阶段模型

(a)凹凸不平的初始接触;(b)变形和形成部分界面阶段;

(c)元素相互扩散和反应阶段;(d)体积扩散及微孔消除阶段。

(3)超塑成形扩散连接基本原理。超塑性是指在一定的温度下,对于等轴细晶粒组织,当晶粒尺寸、材料的变形速率小于某一数值时,拉伸变形可以超过100%甚至达到数千倍,这种行为叫做材料的超塑性行为。材料的超塑性成形和扩散连接的温度在同一温度区间,因此可以把成形与连接放在一起进行,构成超塑成形扩散连接工艺。

2. 扩散焊接的参数

扩散焊接参数主要有温度、压力、时间、气氛环境和试件的表面状态,这些因素之间相互影响、相互制约,在选择焊接参数时应统筹考虑。此外,扩散连接时还应考虑中间层材料的选用。

3. 扩散焊接的设备

为了保证实现各类材料的扩散焊接,扩散焊机一般包括加热工件的加热系统、向工件施加压力的加压系统和在加热加压过程中保护工件不被氧化污染的真空或可控气氛的保护系统等三大主要组成部分。此外还必须配备温度、压力和真空度等工艺参数测量与控制的控制系统。见图1-30。

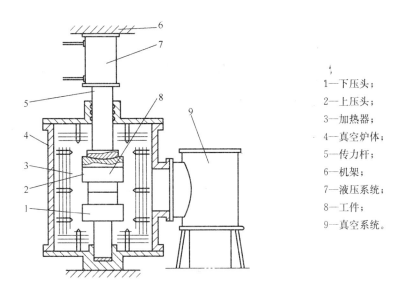

1—下压头；

2—上压头；

3—加热器；

4—真空炉体；

5—传力杆；

6—机架；

7—液压系统；

8—工件；

9—真空系统。

图 1-30　电阻辐射加热真空扩散连接设备结构

1.3.7　摩擦焊

摩擦焊是利用焊件相对摩擦运动产生热量来实现材料可靠连接的一种压力焊方法,其焊接过程是在压力的作用下,待焊材料之间产生摩擦使界面及其附近温度升高并达到热塑性状态,随着顶锻力的作用,界面氧化膜破碎,材料发生塑性变形与流动,通过界面元素扩散及再结晶而形成接头。

1. 摩擦焊的原理

两个圆截面工件摩擦焊接时,其焊接原理如图 1-31 所示,这是摩擦焊的一种最普通的形式。

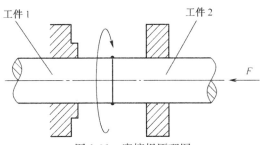

图 1-31　摩擦焊原理图

工件 1 夹持在可以高速旋转的夹头上。焊接开始时,工件 1 首先高速旋转,然后工件 2 向工件 1 方向移动、接触,并施加一定的轴向压力,即摩擦压力,这时摩擦加热过程开始。当通过一段选定的摩擦时间或达到规定的摩擦变形量以后,立即停止工件 1 的转动,同时对接头施加较大的顶锻压力。接头在预锻压力的作用下产生一定的塑性变形,即顶锻变形量。在保持一段时间以后,松开两个夹头,取出焊件,全部焊接过程结束。

2. 摩擦焊的分类

按接头的摩擦运动形式,摩擦焊主要分为连续驱动摩擦焊、惯性摩擦焊、相位摩擦焊、径向摩擦焊、线性摩擦焊和搅拌摩擦焊等。在实际生产中,连续驱动摩擦焊、惯性摩擦焊、相位摩擦焊和搅拌摩擦焊应用得比较普遍。

1)连续驱动摩擦焊

这是最普通的摩擦焊方法,焊接两个圆形横断面工件时,首先使一工件以中心线为轴高速旋转,然后将另一工件向旋转工件施加轴向压力,开始摩擦加热。达到给定的摩擦焊时间或规定的摩擦变形量,即接头加热到焊接温度时,立即停止工件的转动,同时施加更大的轴向压力,进行顶锻焊接。通常,全部焊接过程只要几秒钟。连续驱动摩擦焊接过程分析如图 1-32 所示。摩擦焊接过程的一个周期可分成摩擦加热过程和顶锻焊接过程两部分。摩擦加热过程可以分成四个阶段,即初始摩擦、不稳定摩擦、稳定摩擦和停车阶段。顶锻焊接过程也可以分为纯顶锻和顶锻维持两个阶段。

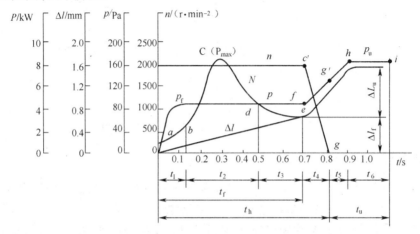

图 1-32　连续驱动摩擦焊接过程

n—工作转速;p—轴向应力;p_f—摩擦压力;p_u—顶锻压力;Δl_f—摩擦变形量;

Δl_u—顶锻变形量;P—摩擦加热功率;P_{max}—摩擦加热功率峰值;t—时间;

Δt_f—摩擦时间;t_h—实际摩擦加热时间;t_u—实际顶锻时间。

在整个摩擦焊接过程中,待焊的金属表面经历了从低温到高温摩擦加热,连续发生了塑性变形、机械挖掘、粘接和分子连接的过程变化,形成了一个存在于全过程的高速摩擦塑性变形层,摩擦焊接时的产热、变形和扩散现象都集中在变形层中。在停车阶段和顶锻焊接过程中,摩擦表面的变形层和高温区金属被部分挤碎排出,焊缝金属经受锻造,形成了质量良好的焊接接头。

2)惯性摩擦焊

惯性摩擦焊是近年来快速发展并应用于飞行器制造中新型材料、新型结构件固相焊接方法的一种。与其它焊接方法相比,特别适合于焊接异种材料。惯性摩擦焊的焊接过程如图1-33所示。

工件的旋转端被夹持在飞轮里,焊接过程开始时,首先将飞轮和工件的旋转端加速到一定的转速,然后飞轮与主电机脱开,同时,工件的移动端向前移动,工件接触后,开始摩擦加热。在摩擦加热过程中,飞轮受摩擦扭矩的制动作用,转速逐渐降低,当转速为零时,焊接过程结束。

惯性摩擦焊的主要特点是恒压、变速,它将连续驱动摩擦焊的加热和顶锻结合在一起。在实际生产中,可通过更换飞轮或不同尺寸飞轮的组合而改变飞轮的转动惯量,从而改变加热功率。

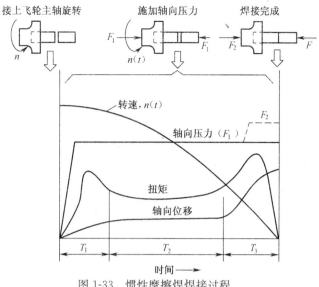

图 1-33 惯性摩擦焊焊接过程

3)相位摩擦焊

相位摩擦焊主要用于相对位置有要求的工件,如六方钢、八方钢、汽车操纵杆等,要求工件焊后棱边对齐、方向对正或相位满足要求。在实际应用中,主要有机械同步相位摩擦焊、插销配合摩擦焊和同步驱动摩擦焊。

机械同步相位摩擦焊原理:焊接前压紧校正凸轮,调整两工件相位并夹持工件,将静止主轴制动后松开并校正凸轮,然后开始进行摩擦焊接。摩擦结束时,切断电源并对驱动主轴制动,在主轴接近停止转动前松开制动器,此时立即压紧校正凸轮,工件间的相位得到保证,然后进行顶锻,如图 1-34 所示。

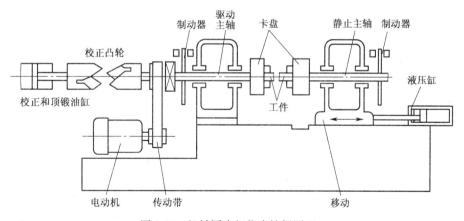

图 1-34 机械同步相位摩擦焊原理

4)径向摩擦焊

在石油与天然气输送管道连接方面,径向摩擦焊具有广阔的应用前景。一对开有坡口的管子紧紧地压接在一起,内部有个可膨胀的垫圈,起对中及平衡焊接时径向压力的作用。管子接头处套上一个带有斜面的圆环。焊接时,圆环在径向力及扭矩作用下高速旋转,摩擦界面上产生的摩擦热把接头区域加热到焊接温度。在径向力与高温作用下,利用圆环将两侧管子焊接在一起。焊接过程中,管子本身并不转动,管子内部不产生飞边,焊接过程很短,因此这种方法适用于长管的现场焊接,可用于陆地和海上管道铺设、水下修复和连接。

径向摩擦焊另一种应用形式是将一个圆环或薄壁套管焊接到轴类或管类零件上。在兵器行业中,采用该项技术实现了薄壁紫铜弹带与钢弹体的连接,更新改造了传统的弹带装配及加工工艺。

5)线性摩擦焊

线性摩擦焊是摩擦焊的一种,它是利用工件接触端面相对直线往复运动,并在一定压力下相互摩擦所产生的热使端面材料达到热塑性状态,迅速顶锻完成焊接。线性摩擦焊适用于非圆截面零件之间的连接。该方法的主要优点是不管工件是否对称,均可进行焊接。近年来,线性摩擦焊的研究较多,主要用于飞机发动机涡轮盘和叶片的焊接,还用于大型塑料管道的现场焊接安装。线性摩擦焊工作原理如图 1-35 所示。

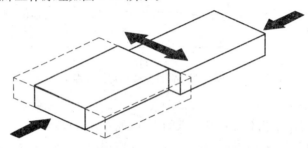

图 1-35　线性摩擦焊工作原理

6)搅拌摩擦焊

搅拌摩擦焊(Friction Stir Welding)是由英国焊接研究所(TWI)于 1991 年发明(专利覆盖了中国市场)的一种固相连接技术。

搅拌摩擦焊采用特型搅拌头在待焊工件中旋转、摩擦生热,并挤压以形成焊缝,属于一种崭新的固态连接方法,其原理如图 1-36 所示。采用搅拌摩擦焊取代传统的氩弧焊,不仅能完成材料的对接、搭接、丁字型连接等多种接头形式,而且能用于高强铝合金、铝锂合金的焊接,大大提高了焊接接头的力学性能,并且排除了熔焊缺陷产生的可能性。

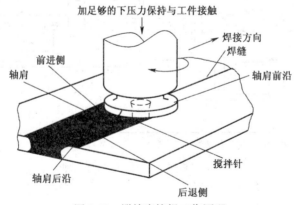

图 1-36　搅拌摩擦焊工作原理

3. 摩擦焊的特点

1)摩擦焊的优点

(1)焊接质量好而且稳定。锅炉蛇形管和汽车排气门摩擦焊的废品率,由原来闪光焊的 10% 和 1.4% 分别下降到 0.01%。焊件尺寸精度高。焊接的柴油机预燃室全长的最大误差为 ±0.1mm。

（2）焊接生产率高。发动机排气门双头自动摩擦焊机的生产率可达到（800～1200）件/h。

（3）生产费用低。由于焊机功率小，焊接时间短，故可节省电能。摩擦焊与闪光焊比较，节省电能80%～90%。此外工件焊接余量小；焊前工件不需特殊加工清理；有时焊接飞边不必去除；不需填充材料和保护气体等。因此加工成本与电弧焊比较，可以降低30%左右。

（4）摩擦焊机容易实现机械化和自动化。操作简单，容易掌握和维护。工作场地卫生，没有火花弧光及有害气体。

2）缺点与局限性

（1）摩擦焊主要是一种工件旋转的对焊方法。对于非圆形横断面工件的焊接是很困难的。盘状工件和薄壁管件由于不容易夹固也很难焊接。

（2）由于受到摩擦焊机主轴电动机功率和压力不足的限制，目前最大的焊接断面仅能达到200cm²。

（3）摩擦焊机的一次性投资较大。因此只有当大批量集中生产时，才能降低生产成本。

1.3.8 超声波焊

超声波焊接是利用超声波的高频振动，在静压力的作用下，将弹性振动能量转变为工件间的摩擦功和形变能，对焊件进行局部清理和加热焊接的一种压焊方法。主要用于连接同种或异种金属、半导体、塑料及金属陶瓷等材料。

1. 超声波焊接原理

超声波焊接原理如图1-37所示。待焊工件6被夹持在上声极5和下声极7之间，并施加一定的压力进行焊接。所需的焊接热能是通过一系列能量转换及传递环节而获得的，超声波发生器是一个变频装置，它将工频电流转变为超声频率（15kHz～60kHz）的振荡电流。换能

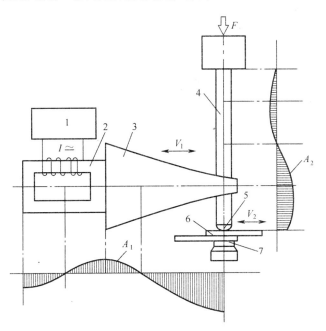

图1-37 超声波焊接示意图

1—发生器；2—换能器；3—聚能器；4—耦合杆；5—上声极；6—工件；7—下声极。

A—振幅分布；I—发生器馈电；F—静压力；V—振动方向。

器则利用逆压电效应转换成弹性机械振动能。传振杆、聚能器用来放大振幅,并通过耦合杆、上声极传递到工件。换能器、传振杆、聚能器、耦合杆及上声极构成一个整体,称为声学系统。声学系统各个组元的自振频率将按同一个频率设计。当发生器的振荡电流频率与声学系统的自振频率一致时,系统即产生谐振(共振),并向工件输出弹性振动能。

超声波焊接时,超声波发生器 1 产生每秒几万次的高频振动,通过换能器 2、聚能器 3 和耦合杆 4 向焊件输入超声波频率的弹性振动能。两焊件的接触界面在静压力和弹性振动能量的共同作用下,通过摩擦、温升和变形,使氧化膜或其它表面附着物被破坏,并使纯净界面之间的金属原子无限接近,实现可靠连接。

超声波焊接过程与电阻焊类似,由预压、焊接和维持三个步骤形成一个焊接循环。

2. 超声波焊接特点

超声波焊接的主要优点:

(1)可焊的材料范围广。可用于同种金属材料特别是高导电、高导热性的材料(如金、银、铜、铝等)和一些难熔金属的焊接,也可用于性能(如导热、硬度、熔点等)、相差悬殊的异种金属材料、金属与非金属、塑料等材料的焊接,还可以实现厚度相差悬殊以及多层箔片等特殊结构的焊接。

(2)焊件不通电,不需要外加热源。接头中不出现宏观的气孔等缺陷,不生成脆性金属间化合物,不发生像电阻焊时易出现的熔融金属的喷溅等问题。

(3)焊缝金属的物理和力学性能不发生宏观变化。超声波焊接头的静载强度和疲劳强度都比电阻焊接头的强度高,且稳定性好。

超声波焊接的主要缺点是受现有设备功率的限制,因而与上声极接触的工件厚度不能太厚,接头形式只能采用搭接接头,对接接头还无法应用。

3. 超声波焊接的分类

1)超声波焊接的两种形式

按照超声波弹性振动能量传入焊件的方向,超声波焊接的基本类型可以分为两类:一类是振动能由切向传递到焊件表面而使焊接界面产生相对摩擦(见图 1-38(a)),这种方法适用于金属材料的焊接;另一类是振动能由垂直于焊件表面的方向传入焊件(见图 1-38(b)),主要是用于塑料材料的焊接。

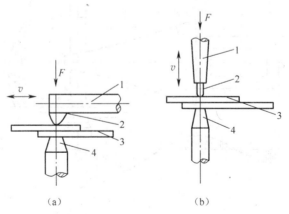

图 1-38 超声波焊接的两种形式

(a)切向传递;(b)垂直传递。

v—振动方向;1—聚能器;2—上声极;3—工件;4—下声极。

2)超声波焊接的分类

(1)超声点焊。点焊是应用最广的一种焊接形式,根据振动能量的传递方式,可以分为单侧式、平行两侧式和垂直两侧式。振动系统根据上声极的振动方向也可以分为纵向振动系统、弯曲振动系统以及介于两者之间的轻型弯曲振动系统。功率500W以下的小功率焊机多采用轻型结构的纵向振动,千瓦以上的大功率焊机多采用重型结构的弯曲振动系统,而轻型弯曲振动系统适用于中小功率焊机,它兼有两种振动系统的优点。

(2)超声环焊。超声环焊主要用于一次成形的封闭形焊缝,能量传递采用的是扭转振动系统。焊接时,耦合杆带动上声极作扭转振动,振幅相对于声极轴线呈对称分布,轴心区振幅为零,边缘位置振幅最大。该类焊接方法最适合于微电子器件的封装工艺,有时环焊也用于对气密要求特别高的直线焊缝的场合,用来代替缝焊。由于环焊的一次焊缝的面积较大,需要有较大的功率输入,因此常常采用多个换能器的反向同步驱动方式。

(3)超声缝焊。和电阻焊中的缝焊类似,超声波缝焊实质上是由局部相互重叠的焊点形成一条连续焊缝。缝焊机的振动系统按其焊盘振动状态可分为纵向振动、弯曲振动以及扭转振动等三种形式,其中最常见的是纵向振动形式,只是滚盘的尺寸受到驱动功率的限制。缝焊可以获得密封的连续焊缝,通常工件被夹持在上下焊盘之间,在特殊情况下可采用平板式下声极。

(4)超声线焊。它是点焊方法的一种延伸,利用线状上声极,在一个焊接循环内形成一条狭窄的直线状焊缝,声极长度就是焊缝的长度,现在可以达到150mm长,这种方法最适用于金属薄箔的封口。

1.4 钎 焊

钎焊是利用熔点比母材(被钎焊材料)熔点低的填充金属(称为钎料或焊料),在低于母材熔点、高于钎料熔点的温度下,利用液态钎料在母材表面润湿、铺展和在母材间隙中填缝,与母材相互溶解与扩散,从而实现零件间连接的焊接方法。较之熔焊,钎焊时母材不熔化,仅钎料熔化;较之压焊,钎焊时不对焊件施加压力。钎焊形成的焊缝称为钎缝。钎焊所用的填充金属称为钎料。

钎焊过程:表面清洗好的工件以搭接形式装配在一起,把钎料放在接头间隙附近或接头间隙之间。当工件与钎料被加热到稍高于钎料熔点温度后,钎料熔化(工件未熔化),并借助毛细管作用被吸入和充满固态工件间隙之间,液态钎料与工件金属相互扩散溶解,冷凝后即形成钎焊接头。钎焊前对工件必须进行细致加工和严格清洗,除去油污和过厚的氧化膜,保证接口装配间隙。间隙一般要求在0.01mm～0.1mm之间。

钎焊的特点:

(1)钎焊加热温度较低,接头光滑平整,组织和力学性能变化小,变形小,工件尺寸精确。

(2)可焊异种金属,也可焊异种材料,且对工件厚度差无严格限制。

(3)有些钎焊方法可同时焊多焊件、多接头,生产率很高。

(4)钎焊设备简单,生产投资费用少。

(5)接头强度低,耐热性差,且焊前清整要求严格,钎料价格较贵。

1.4.1　钎焊原理

钎焊时,熔化的钎料与固态母材接触,液态钎料必须很好润湿母材表面才能填满钎缝。从物理化学得知,将某液滴置于固体表面,若液滴和固体界面的变化能使液-固体系自由能降低,则液滴将沿固体表面自动流开铺平,呈如图 1-39 所示状态,这种现象称为铺展。图 1-39 中 θ 称为润湿角;σ_{SG}、σ_{LG}、σ_{LS} 分别表示固-气、液-气、液-固界面间的界面张力。铺展终了时,在 O 点处这几个力应该平衡。即:

$$\sigma_{SG}=\sigma_{LG}+\sigma_{LG}\cos\theta \tag{1-1}$$

$$\cos\theta=(\sigma_{SG}-\sigma_{LS})/\sigma_{LG} \tag{1-2}$$

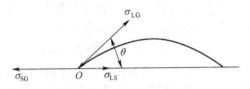

图 1-39　气-液-固界面示意图

θ 角大于还是小于 90°,须视 σ_{SG} 与 σ_{LS} 的大小而定。若 $\sigma_{SG}>\sigma_{LS}$,则 $\cos\theta>0$,即 $0°<\theta<90°$,此时我们认为液体能润湿固体;若 $\sigma_{SG}<\sigma_{LS}$,则 $\cos\theta<0$,即 $180°>\theta>90°$,这种情况称为液体不润湿固体。这两种状态的极限情况是:$\theta=0°$,称为完全润湿;$\theta=180°$,为完全不润湿。因此,润湿角是液体对固体润湿程度的量度。钎焊时希望钎料的润湿角小于 20°。

1.4.2　钎料

1. 对钎料的基本要求

钎料即钎焊时用做填充金属的材料。钎焊时,焊件是依靠熔化的钎料凝固后连接起来的。因此,钎焊接头的质量在很大程度上取决于钎料。为了满足工艺要求和获得高质量的钎焊接头,钎料应满足以下几项基本要求:

(1)钎料应具有合适的熔点。它的熔点至少应比钎焊金属的熔点低几十度。二者熔点过于接近,会使钎焊过程不易控制,甚至导致钎焊金属晶粒长大、过烧以及局部熔化。

(2)钎料应具有良好的润湿性,能充分填满钎缝间隙。

(3)钎料与钎焊金属的扩散作用,应保证它们之间形成牢固的结合。

(4)钎料应具有稳定和均匀的成分,尽量减少钎焊过程中的偏析现象和易挥发元素损耗等。

(5)所得到的接头应能满足产品的技术要求,如力学性能(常温、高温或低温下的强度、塑性、冲击韧性等)和物理化学性能(导电、导热、抗氧化性、抗腐蚀性等)方面的要求。

此外,也必须考虑钎料的经济性,应尽量少用或不用稀有金属和贵重金属。

2. 钎料的分类

根据熔点不同,钎料分为软钎料和硬钎料。

软钎料即熔点低于 450℃ 的钎料,有锡铅基、铅基($T_m<150℃$,一般用于钎焊铜及铜合金,耐热性好,但耐蚀性较差)、镉基(软钎料中耐热性最好的一种,$T_m=250℃$)等合金。硬钎料即熔点高于 450℃ 的钎料,有铝基、铜基、银基、镍基等合金。硬钎料主要用于焊接受力较大、工作温度较高的工件。

1.4.3 钎剂

钎剂又称钎焊熔剂或熔剂。钎剂的作用可归结为:

(1)清除母材和钎料表面的氧化物及其它杂质。

(2)以液态薄膜的形式覆盖在工件金属和钎料的表面上,隔离空气起保护作用,保护钎料及焊件不被氧化。

(3)改善液态钎料对工件金属的浸润性,增大钎料的填充能力。

钎剂通常分为软钎剂、硬钎剂和铝、镁、钛用钎剂三大类。软钎剂按其成分可分为无机软钎剂和有机软钎剂两类。按其残渣对钎焊接头的腐蚀作用可分为腐蚀性、弱腐蚀性和无腐蚀性三类,其中无机软钎剂均系腐蚀性钎剂;有机软钎剂属于后两类。常用的软钎剂有磷酸水溶液(只限于 300℃以下使用,是钎焊含 Cr 不锈钢或锰青铜的适宜钎剂)、氯化锌水溶液和松香(只能用于 300℃以下钎焊表面氧化不严重的金、银、铜等金属)等。常用的硬钎剂有硼砂、硼酸(活性温度高,均在 800℃以上,只能配合铜基钎料使用,去氧化物能力差,不能去除 Cr、Si、Al、Ti 等的氧化物)、KBF_4(氟硼酸钾,熔点低,去氧化能力强,是熔点低于 750℃银基钎料的适宜钎剂)等。

1.4.4 钎焊方法

1. 烙铁钎焊

烙铁钎焊是最简便的软钎焊方法,在无线电及仪表等工业部门得到广泛的应用。它是依靠烙铁头的热传导加热母材和熔化钎料来进行钎焊,由于热量有限,对于钎焊温度高的硬钎焊及热容量大的工件是不适用的。

2. 火焰钎焊

火焰钎焊应用很广。它通用性大,工艺过程较简单,又能保证必要的钎焊质量;所用设备简单轻便,又容易自制;燃气来源广,不依赖电力供应。主要用于以铜基钎料、银基钎料钎焊碳钢、低合金钢、不锈钢、铜及铜合金的薄壁和小型焊件,也用于铝基钎料钎焊铝及铝合金。这种钎焊方法是用可燃气体或液体燃料的气化产物与氧或空气混合燃烧所形成的火焰来进行钎焊加热的。

3. 电阻钎焊

电阻钎焊的基本原理与电阻焊相同,是依靠电流通过焊件的钎焊处所产生的电阻热加热焊件和熔化钎料而实现钎焊的。电阻钎焊的优点是加热迅速,生产率高,劳动条件好,但加热温度不易控制,接头尺寸不能太大,形状不能很复杂,这是它的缺点。目前主要用于钎焊刀具、电机的定子线圈、导线端头以及各种电气元件上的触点等。

4. 感应钎焊

感应钎焊时焊件钎焊处的加热是依靠它在交变磁场中产生的感应电流的电阻热来实现的。导体内的感应电流与交流电的频率成正比。随着所用的交流电频率的提高,感应电流增大,焊件的加热变快,基于这一点,感应加热大多使用高频交流电。

感应钎焊所用设备主要由两部分组成,即交流电源和感应圈,如图 1-40 所示。另外,为了夹持和定位焊件,还需使用辅助夹具。

5. 浸沾钎焊

浸沾钎焊是把焊件局部或整体地浸入熔化的盐混合物或钎料中来实现钎焊过程的。这种

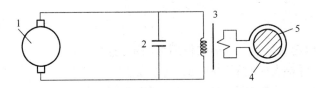

图 1-40　感应钎焊装置原理图

1—交流电源；2—电容；3—变压器；4—感应圈；5—焊件。

钎焊方法，由于液体介质热容量大，导热好，能迅速而均匀地加热焊件，钎焊过程的持续时间一般不超过 2min。因此，生产率高，焊件的变形、晶粒长大和脱碳等都不显著。钎焊过程中液体介质隔绝空气，保护焊件不受氧化。并且钎焊过程容易实现机械化，有时还能同时完成淬火、渗碳、氰化等热处理过程。因此工业上广泛用来钎焊各种合金。浸沾钎焊按所用的液体介质不同分为两类：盐浴浸沾钎焊和熔化钎料中浸沾钎焊。

6. 炉中钎焊

炉中钎焊利用电阻炉来加热焊件。按钎焊过程中焊件所处的气氛不同，可分为四种，即空气炉中钎焊、还原性气氛保护炉中钎焊、惰性气氛炉中钎焊和真空炉中钎焊。

第2章 焊接电源

电弧焊是焊接方法中应用最为广泛的一种焊接方法。不同材料、不同结构的工件,需要采用不同的电弧焊工艺方法,而不同的电弧焊工艺方法则需用不同的电弧焊机。弧焊电源是电弧焊机中的主要部分(核心部分),是对焊接电弧提供电能的一种装置,它必须具备电弧焊所要求的主要电气特性。

2.1 弧焊电源的分类

根据输出波形分为,直流、交流、脉冲弧焊电源,详见图2-1。

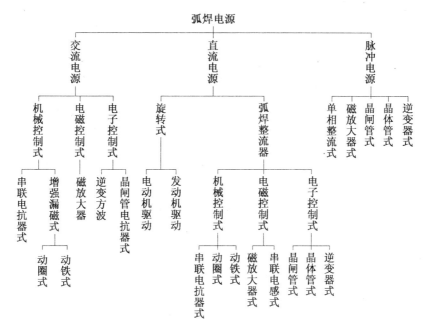

图2-1 弧焊电源的分类

2.1.1 交流弧焊电源

1. 弧焊变压器

(1)原理:将电网的交流电变成适宜于弧焊的交流电,由主、次级相隔的主变压器及所需的调节和指示装置等组成。

(2)优点:结构简单、易造易修、成本低、磁偏吹很小、空载损失小、噪声小。

(3)缺点:电弧稳定性差(相对于直流电源)、功率因数较低。

(4)应用:它一般应用于质量要求不高的场合,手工电弧焊(使用酸性焊条)、埋弧焊(大容量的弧焊变压器)和钨极氩弧焊(需加稳弧脉冲,见图2-2)等。

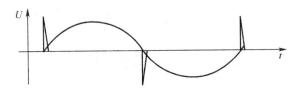

图 2-2 交流钨极氩弧焊电压过零时加稳弧脉冲

2. 方波交流电源

1) 原理

逆变式方波交流电源的原理框图如图 2-3 所示。

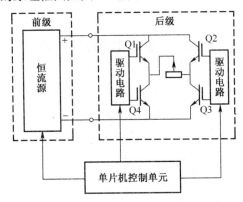

图 2-3 逆变式方波交流电源原理框图

2) 优点

(1) 电弧稳定,电流过零时再引燃电弧容易,不必加特殊的稳弧器,消除了传统的高频干扰,有利于由计算机参与的自动化焊接系统正常工作。

(2) 通过调节正负半波时间比、幅值比,在保证必要的阴极雾化作用条件下,最大限度地减少钨极为正半波的时间,使整个焊接过程向钨极接负的直流正接方法靠近,延缓了钨极的烧损,这对于自动化焊接提高生产率有利。

(3) 由于采用电子技术控制,可以方便地改变电弧形态、电弧作用力及对母材的热输入能量,从而有效地控制熔深及正反面成形。

2.1.2 直流弧焊电源

1. 直流弧焊发电机

(1) 原理:一般由特种直流发电机以及获得所需外特性的调节装置等组成。直流弧焊发电机是由电动机驱动的;直流弧焊柴(汽)油发电机是由柴(汽)油机驱动的。

(2) 优点:过载能力强,输出脉冲小,电网电压波动的影响小。

(3) 缺点:噪声及空载损失较大,效率稍低而价格较高。

(4) 应用:它可用作各种弧焊的电源。

2. 弧焊整流器

(1) 原理:交流电经整流装置获得直流电的弧焊电源。一般由初、次级绕组相隔的主变压器、半导体整流元件组以及为获得所需外特性的调节装置等组成。晶闸管整流弧焊机简要原理框图如图 2-4 所示。

（2）优点：制造方便、价格低、空载损耗小、噪声小、焊接性能好、控制方便等。

（3）应用：它可作各种弧焊的电源。

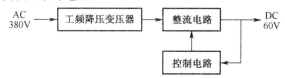

图 2-4 晶闸管整流弧焊机简要原理框图

3. 逆变弧焊电源

（1）原理：逆变弧焊机简要原理框图如图 2-5 所示。

图 2-5 逆变弧焊机简要原理框图

（2）优点：体积小，是传统焊机 1/3；重量轻，是传统焊机的 1/5；效率高达 85％～95％，比传统焊机节能 40％；功率因数高达 0.99；微秒级的响应速度，故动特性非常好，焊接质量较传统焊机有很大的提高。

（3）应用：它可作各种弧焊的电源。

2.1.3 脉冲弧焊电源

（1）原理：焊接电流以低频调制脉冲方式输出。脉冲波形如图 2-6 所示。

（2）优点：效率高，输入线能量较小，可在较宽范围内控制线能量等。

（3）应用：它主要用作气体保护焊和等离子弧焊以及手工弧焊的电源，适用于热敏感性大的高合金材料、薄板和全位置焊接等场合。

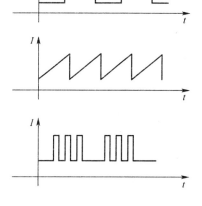

图 2-6 几种脉冲电流波形图

2.1.4 各种弧焊电源的对比

各种弧焊电源的对比如表 2-1 所列。

表 2-1 各种弧焊电源的对比

型号	ZX7-250	ZX5-250	ZX3-250	ZX-250	AX-250
型式	逆变式	晶闸管	动圈式	磁放大器	发电机
额定输入容量/kVA	9.8	14	15	18.45	15.3
额定输入功率/kW	8.3	10	9	11.5	13.48
额定焊接电流/A	250	250	250	250	250
负载持续率/%	60	60	60	60	60
空载损耗/W	50	250	320	250	1900
效率	0.9	0.75	0.83	0.65	0.56
功率因数	0.94	0.75	0.6	0.62	0.83
重量/kg	32	150	182	225	250

2.2 对弧焊电源的要求

1. 弧焊工艺对电源的要求

弧焊电源需具备对弧焊工艺的适应性,即满足弧焊工艺对弧焊电源的下述要求:

(1)保证引弧容易。

(2)保证电弧稳定。

(3)保证焊接参数稳定。

(4)具有足够宽的焊接参数调节范围。

2. 弧焊电源的电气性能

为满足上述工艺要求,弧焊电源的电气性能应考虑以下四个方面:

(1)对弧焊电源空载电压的要求。

(2)对弧焊电源外特性的要求。

(3)对弧焊电源调节性能的要求。

(4)对弧焊电源动特性的要求。

2.2.1 对弧焊电源外特性的要求

弧焊电源和焊接电弧是一个供电与用电系统。在稳定状态下,弧焊电源的输出电压 U_y 和输出电流 I_y 之间的关系,称为弧焊电源的外特性,或弧焊电源的伏安特性,其数学函数式为

$$U_y = f(I_y) \tag{2-1}$$

对于直流电源,U_y 和 I_y 为平均值,对于交流电源则为有效值。一般直流电源的外特性方程式为

$$U_y = E - I_y r_0 \tag{2-2}$$

式中,E 为电源的电动势;r_0 为电源内部电阻。

1. 弧焊电源外特性形状的分类

1)下降特性

这种外特性的特点是,当输出电流在运行范围内增加时,其输出电压随着输出电流的增加而下降。其工作部分每增加 100A 电流,其电压下降一般应大于 7V。根据斜率的不同又分为垂直下降(恒流)特性、陡降特性和缓降特性等。

(1)垂直下降(恒流)特性。垂直下降特性也叫恒流特性。其特点是,在工作部分当输出电压变化时输出电流几乎不变。有的在接近短路时施加推力电流,称为恒流带外拖特性。

(2)陡降特性。其特点是输出电压随输出电流的增大而迅速下降。

(3)缓降特性。其特点是输出电压随输出电流的增大而缓慢下降。

2)平特性

平特性有两种:一种是在运行范围内,随着电流增大,电弧电压接近于恒定不变(又称恒压特性)或稍有下降,电压下降率小于 7V/100A;另一种是在运行范围内随着电流增大,电压稍有增加(有时称上升特性),电压上升率应小于 10V/100A。

弧焊电源的几种外特性曲线如图 2-7 所示。

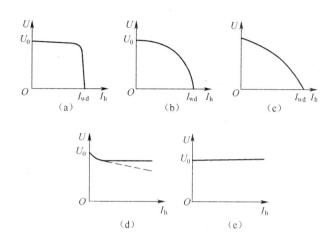

图 2-7　弧焊电源的几种外特性曲线

(a)垂直下降特性;(b)陡降特性;(c)缓降特性;(d)平特性(恒压特性);(e)平特性(稍上升)。

3)双阶梯形特性

这种特性的弧焊电源用于脉冲电弧焊。维弧阶段工作于"L"形特性上,而脉冲阶段工作于"⌐"形特性上。由这两种外特性切换而成双阶梯形特性,或称框形特性,如图 2-8 所示。

2. 对弧焊电源外特性工作区段形状的要求

(1)焊条电弧焊。焊条电弧焊一般是工作于电弧静特性的水平段上。采用下降外特性的弧焊电源,便可以满足系统稳定性的要求。但是怎样下降的外特性曲线才更合适,还得从保证焊接工艺参数稳定来考虑。图 2-9 中曲线 1、2、3 是陡降度不同的三条电源外特性曲线,分析图 2-9 可见,当弧长变化时,电源外特性下降的陡度越大,电流偏差就越小,焊接电弧和工艺参数稳定。但外特性陡降度过大时,稳态短路电流过小,影响引弧和熔滴过渡;陡降度过小的电源,其稳态短路电流又过大,焊接时产生的飞溅大,电弧不够稳定。

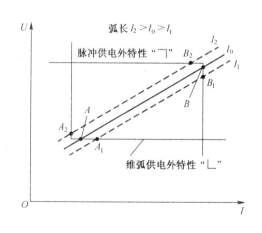

图 2-8　双阶梯形特性

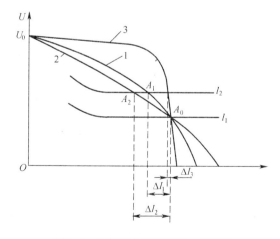

图 2-9　弧长变化时引起的电流偏移

1、2—缓降外特性;3—恒流外特性;l_1、l_2—电弧静特性。

因此,焊条电弧焊最好是采用恒流带外拖特性的弧焊电源,如图 2-10 所示。它既可体现恒流特性焊接工艺参数稳定的特点,又通过外拖增大短路电流,提高了引弧性能和电弧熔透能力。

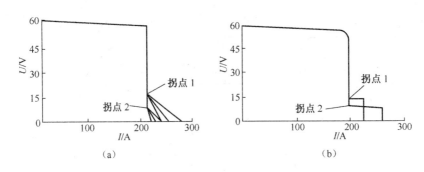

图 2-10　电源恒流带外拖特性曲线示意图

(a)外拖为下倾斜线；(b)外拖为阶梯曲线。

（2）熔化极弧焊。熔化极电弧焊包括埋弧焊、熔化极氩弧焊（MIG）、CO_2 气体保护焊和含有活性气体的混合气体保护焊（MAG）等。这些焊接方法，在选择合适的电源外特性工作部分的形状时，既要根据其电弧静特性的形状，又要考虑送丝方式。根据送丝方式不同，熔化极电弧焊可分为以下两种：

①等速送丝控制系统的熔化极弧焊。MIG/MAG、CO_2 焊或细丝（焊丝直径≤3mm）的直流埋弧焊，电弧静特性均是上升的。弧焊电源外特性为下降、平、微升（但上升的陡度需小于电弧静特性上升的陡度）都可以满足"电源—电弧"系统稳定条件。对于这些焊接方法，特别是半自动焊，电弧的自身调节作用较强，焊接过程的稳定是靠弧长变化时引起焊接电流和焊丝熔化速度的变化来实现的。弧长变化时，如果引起的电流偏移越大，则电弧自身调节作用就越强，焊接工艺参数恢复得就越快。因此以平特性电源为最佳，如图 2-11 所示。

②变速送丝控制系统的熔化极弧焊。通常的埋弧焊（焊丝直径大于 3mm）和一部分MIG 焊，它们的电弧静特性是平的，下降外特性电源都能满足要求。这类焊接方法的电流密度较小，自身调节作用不强，不能在弧长变化时维持焊接工艺参数稳定，应该采用变速送丝控制系统，利用电弧电压作为反馈量来调节送丝速度。当弧长增加时，电弧电压增大，电压反馈迫使送丝速度加快，使弧长得以恢复；当弧长减小时，电弧电压减小，电压反馈迫使送丝速度减慢，使弧长得以恢复。显然，陡降度较大的外特性电源，在弧长或电网电压变化时所引起的电弧电压变化较大，电弧均匀调节的作用也较强。因此，在电弧电压反馈自动调节系统中应采用具有陡降外特性曲线的电源，这样电流偏差较小，有利于焊接工艺参数的稳定，如图 2-11 所示。

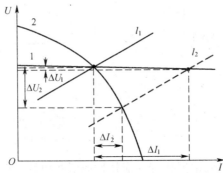

图 2-11　电弧静特性为上升形状时电源外特性对电流偏差的影响

1—平外特性；2—陡降外特性；l_1、l_2—电弧静特性。

(3)非熔化极弧焊。这种弧焊方法包括钨极氩弧焊(TIG)、等离子弧焊以及非熔化极脉冲弧焊等。它们的电弧静特性工作部分呈平的或略上升的形状,影响电弧稳定燃烧的主要参数是电流,而弧长变化不像熔化极电弧那样大。为了尽量减小由外界因素干扰引起的电流偏移,应采用具有陡降特性的电源,见图2-7(a)、(b)。

(4)熔化极脉冲弧焊。一般采用等速送丝,维弧阶段和脉冲阶段分别工作于两条电源外特性上。根据不同的焊接工艺要求,脉冲电弧和维弧电弧的工作点也可以分别在恒压和恒流特性段,利用"电源—电弧"系统的自身调节作用来稳定焊接参数。以双阶梯形外特性电源最佳,见图2-8。

3. 对弧焊电源空载电压的要求

(1)弧焊电源空载电压的确定应遵循以下几项原则:

①保证引弧容易。

②保证电弧的稳定燃烧。

③保证电弧功率稳定。

④要有良好的经济性。

⑤保证人身安全。

(2)对于通用的交流和直流弧焊电源的空载电压规定如下:

交流弧焊电源:为了保证引弧容易和电弧的连续燃烧,通常采用

$$U_0(空载电压) \geqslant (1.8 \sim 2.25)U_f(工作电压) \tag{2-3}$$

焊条电弧焊电源:$U_0 = 55V \sim 70V$

埋弧焊电源:$U_0 = 70V \sim 90V$

直流弧焊电源:直流电弧比交流电弧易于稳定。但为了容易引弧,一般也取接近于交流弧焊电源的空载电压,只是下限减少10V。

综合考虑引弧、稳弧工艺需要,空载电压通常具体要求如下:

弧焊变压器:$U_0 \leqslant 80V$

弧焊整流器、弧焊逆变器:$U_0 \leqslant 85V$

弧焊发电机:$U_0 \leqslant 100V$

一般规定空载电压不得超过100V,在特殊用途中,若超过100V时必须备有自动防触电装置。

4. 对弧焊电源稳态短路电流的要求

当电弧引燃和金属熔滴过渡到熔池时,经常发生短路。如果稳态短路电流过大,会使焊条过热,药皮易脱落,使熔滴过渡中有大的积蓄能量而增加金属飞溅。但是,如果短路电流不够大,会因电磁压缩推动力不足而使引弧和焊条熔滴过渡产生困难。对于下降特性的弧焊电源,一般要求稳态短路电流 I_{wd} 对焊接电流 I_f 的比值范围为

$$1.25 < \frac{I_{wd}}{I_f} < 2 \tag{2-4}$$

2.2.2 对弧焊电源调节性能的要求

焊接时,由于工件的材料、厚度及几何形状不同,选用的焊条(或焊丝)直径及采用的熔滴过渡形式也不同,因而需要选择不同的焊接工艺参数,即选择不同的电弧电压 U_f 和焊接电流 I_f 等。为满足上述要求,电源必须具备可以调节的性能。弧焊电源这种外特性可调的性能,

称弧焊电源的调节特性。

1. 弧焊电源的调节性能

电弧电压和电流是由电弧静特性和弧焊电源外特性曲线相交的一个稳定工作点决定的。同时,对应于一定的弧长,只有一个稳定工作点。因此,为了获得一定范围所需的焊接电流和电压,弧焊电源的外特性必须可以均匀调节,以便与电弧静特性曲线在许多点相交,从而得到一系列的稳定工作点。

在稳定工作的条件下,电弧电流 I_f、电压 U_f、空载电压 U_0 和等效阻抗 Z 之间的关系,可用下式表示:

$$\dot{U}_f = \dot{U}_0 - \dot{I}_f Z \tag{2-5}$$

或者

$$\dot{I}_f = \frac{\dot{U}_0 - \dot{I}_f}{Z} \tag{2-6}$$

(1)改变等效阻抗时的外特性如图 2-12 所示。

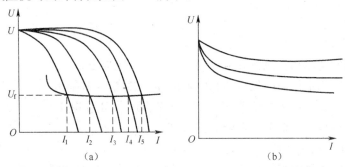

图 2-12　改变等效阻抗时的外特性
(a)下降外特性;(b)平外特性。

(2)改变空载电压时的外特性如图 2-13 所示。

(3)同时改变空载电压和等效阻抗时的外特性如图 2-14 所示。

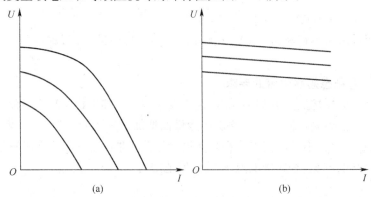

图 2-13　改变空载电压时的外特性
(a)下降外特性;(b)平外特性。

2. 可调参数

1)下降外特性弧焊电源的可调参数

下降外特性电源的可调参数有:①工作电流 I_f;②工作电压 U_f;③最大焊接电流 I_{fmax};

④最小焊接电流I_{fmin};⑤电流调节范围。其可调参数曲线如图 2-15 所示。

焊条电弧焊和埋弧焊国家标准规定的负载特性为:

当 $I_f < 600A$ 时,$U_f = (20 + 0.04I_f)V$;

当 $I_f > 600A$ 时,$U_f = 44V$。

TIG 焊国家标准规定的负载特性为:

当 $I_f < 600A$ 时,$U_f = (10 + 0.04I_f)V$;

当 $I_f > 600A$ 时,$U_f = 34V$。

2)平外特性弧焊电源的可调参数

平外特性电源的可调参数有:①工作电流 I_f;

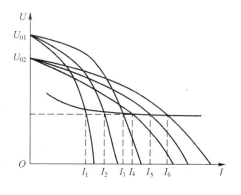

图 2-14　改变空载电压和等效阻抗的
电源外特性(理想调节特性)

②工作电压U_f;③最大工作电压U_{fmax};④最小工作电压U_{fmin};⑤工作电压调节范围。其可调参数曲线如图 2-16 所示。

国家标准规定的负载特性为:

当 $I_f \leqslant 600A$ 时,$U_f = (14 + 0.05I_f)V$;

当 $I_f \geqslant 600A$ 时,$U_f = 44V$。

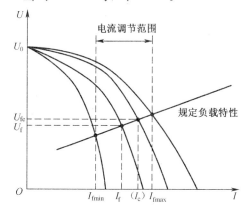

图 2-15　下降外特性弧焊电源的可调参数

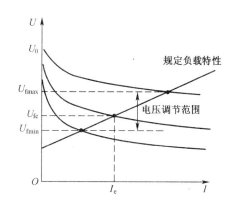

图 2-16　平外特性弧焊电源的可调参数

3. 弧焊电源的负载持续率与额定值

弧焊电源能输出多大功率与它的温升有着密切的关系。

弧焊电源的温升除取决于焊接电流的大小外,还决定于负荷的状态,即长时间连续通电还是间歇通电。

负载持续率 FS:

$$FS = \frac{\text{负载持续运行时间}}{\text{负载持续运行时间} + \text{休止时间}} \times 100\% = \frac{t}{T} \times 100\% \qquad (2-7)$$

式中,T 为电源工作周期,是负载运行持续时间 t 与休止时间之和。

焊条电弧焊的周期 T 为 10min;埋弧焊或手工埋弧焊电源的周期 T 为 20min、10min、5min。

负载持续率额定级按国家标准规定有 35%、60%、100% 三种。焊条电弧焊电源负载持续率:普通型 60%,轻便型:35%、20%;自动或半自动焊电源负载持续率:100%、80%、60%。

弧焊电源铭牌上规定的额定电流 I_e 就是指在规定的环境条件下,按额定负载持续率 FS

规定的负载状态工作,即符合标准规定的温升限度下所允许的输出电流值。与额定焊接电流相对应的工作电压为额定工作电压 U_e。

2.2.3 对弧焊电源动特性的要求

1. 动特性问题的提出

用熔化极进行电弧焊时,电极(焊条或焊丝)在被加热形成金属熔滴进入熔池时,经常会出现短路,这样就会使电弧长度、电弧电压和电流产生瞬间的变化。因而,在熔化极弧焊时,焊接电弧对供电的弧焊电源来说是一个动态负载。这就需要对弧焊电源动特性提出相应的要求。

所谓弧焊电源的动特性,是指电弧负载状态发生突然变化时,弧焊电源输出电压与电流的响应过程,可以用弧焊电源的输出电流和电压对时间的关系即 $u_f = f(t)$ 和 $i_f = f(t)$ 来表示,它说明弧焊电源对负载瞬变的适应能力。只有当弧焊电源的动特性合适时,才能获得预期有规律的熔滴过渡,电弧稳定,飞溅小和良好的焊缝成形。

2. 对弧焊电源动特性的要求

(1)合适的瞬时短路电流峰值。焊条电弧焊时,从有利于引弧、加速金属的熔化和过渡、缩短电源处于短路状态的时间等方面考虑,希望短路电流峰值大一些好;但短路电流峰值过大,会导致焊条和焊件过热,甚至使焊件烧穿,并会使飞溅增大。因此必须要有合适的瞬时短路电流峰值。

(2)合适的短路电流上升速度。短路电流上升速度太小,不利于熔滴过渡;短路电流上升速度太大,飞溅严重。所以,必须要有合适的短路电流上升速度。

(3)合适的恢复电压最低值。在进行直流焊条电弧焊开始引弧时,当焊条与工件短路被拉开后,即在由短路到空载的过程中,由于焊接回路内电感的影响,电源电压不能瞬间就恢复到空载电压,而是先出现一个尖峰值(时间极短),紧接着下降到电压最低值,然后再逐渐升高到空载电压。这个电压最低值就叫恢复电压最低值。如果过小,即焊条与工件之间的电场强度过小,则不利于阴极电子发射和气体电离,使熔滴过渡后的电弧复燃困难。

综上所述,为保证电弧引燃容易和焊接过程的稳定,并得到良好的焊缝质量,要求弧焊电源应具备对负载瞬变的良好反应能力,即良好的动特性。

2.3 焊接电源的选择与使用

2.3.1 焊接电源的选择

弧焊电源在焊接设备(焊机)中是决定电气性能的关键部分。尽管弧焊电源具有一定的通用性,但不同类型的弧焊电源,在结构、电气性能和主要技术参数等却各有不同。如表2-2、表2-3所列,交流弧焊电源和直流弧焊电源的特点和经济性是有很大差别的。因而,在应用时只有合理地选择才能确保焊接过程的顺利进行,既经济又获得良好的焊接效果。

一般应根据如下几个方面来选择弧焊电源:
(1)焊接材料与工件材料。
(2)焊接电流的种类。
(3)焊接工艺方法。
(4)弧焊电源的功率。

(5)工作条件和节能要求。

(6)工件重要程度和经济价值。

表 2-2　交流、直流弧焊电源特点比较

项目	交流	直流	项目	交流	直流
电弧稳定性	低	高	构造和维修	简单	复杂
极性可换性	不存在	存在	噪声	不大	整流器小,逆变器更小
磁偏吹	很小	较大	成本	低	高
空载电压	较高	较低	供电	一般单相	一般三相
触电危险	较大	较小	质量	较轻	较重,逆变器最轻

表 2-3　交流、直流弧焊电源经济性比较

主要指标	弧焊变压器	弧焊整流器	弧焊逆变器
每千克熔敷金属消耗电能/(kW·h)	3～4	3.4～4.2	2
效率 η	0.65～0.90	0.60～0.75	0.8～0.9
功率因数 $\cos\phi$	0.3～0.6	0.65～0.70	0.85～0.99
空载时功率因数	0.1～0.2	0.3～0.4	0.68～0.86
空载电能消耗/(kW·h)	0.2	0.38～0.46	0.03～0.1
制造材料相对消耗/%	30～35	35～40	8～13
生产弧焊电源的相对工时/%	20～30	50～70	
相对价格	30～40	105～115	

1. 焊接电流种类的选择

焊接电流有直流、交流和脉冲三种基本种类,因而也就有相应的弧焊电源:直流弧焊电源、交流弧焊电源和脉冲弧焊电源,除此之外,还有弧焊逆变器。应按技术要求、经济效果和工作条件来合理地选择弧焊电源的种类。

2. 焊接工艺方法选择弧焊电源

(1)焊条电弧焊。用酸性焊条焊接一般金属结构,可选用动铁式、动圈式或抽头式弧焊变压器(BX1-300、BX3-300-1、BX6-120-1 等);用碱性焊条焊接较重要的结构钢,可选用直流弧焊电源,如弧焊整流器(ZXG-400、ZX1-250、ZX5-250、ZX5-400、ZX7-400 等),在没有弧焊整流器的情况下,也可采用直流弧焊发电机。这些弧焊电源均应为下降特性。

(2)埋弧焊。一般选用容量较大的弧焊变压器。如果产品质量要求较高,应采用弧焊整流器或矩形波交流弧焊电源。这些弧焊电源一般应具有下降外特性。在等速送丝的场合,宜选用较平缓的下降特性,在变速送丝的场合,则选用陡度较大的下降特性。

(3)钨极氩弧焊。钨极氩弧焊要求用恒流特性的弧焊电源,如弧焊逆变器、弧焊整流器。对于铝及其合金的焊接,应采用交流弧焊电源,最好采用矩形波交流弧焊电源。

(4)CO_2 气体保护焊和熔化极氩弧焊。在这些场合可选用平特性(对等速送丝而言)或下降特性(对于变速送丝而言)的弧焊整流器和弧焊逆变器。对于要求较高的氩弧焊必须选用脉冲弧焊电源。

(5)等离子弧焊。最好选用恒流特性的弧焊整流器或弧焊逆变器。如果为熔化极等离子弧焊,则按熔化极氩弧焊选用弧焊电源。

(6)脉冲弧焊。脉冲等离子弧焊和脉冲氩弧焊选用脉冲弧焊电源。在要求高的场合,宜采用弧焊逆变器、晶体管式脉冲弧焊电源。

从上述可见,一种焊接工艺方法并非一定要用某一种型式的弧焊电源。但是被选用的弧焊电源,必须满足该种工艺方法对电气性能的要求。其中包括外特性、调节性能、空载电压和动特性。如果某些电气性能不能满足要求,也可通过改装来实现,这正好体现了弧焊电源具有一定的通用性。

3. 弧焊电源功率的选择

(1)粗略确定弧焊电源的功率。焊接时主要的规范是焊接电流。为简便起见,可按所需的焊接电流对照弧焊电源型号后面的数字来选择容量。例如,BX1-300 中的数字"300"就是表示该型号电源的额定电流为 300A。

(2)不同负载持续率下的许用焊接电流。弧焊电源能输出的电流值主要由其允许温升确定。因而在确定许用焊接电流时,需考虑负载持续率。在额定负载持续率 FS_e 下,以额定焊接电流 I_e 工作时,弧焊电源不会超过它的允许温升。当改变时,弧焊电源在不超过其允许温升情况下使用的最大电流,可以根据"发热相当,达到同样允许温度"的原则进行换算,便可求出不同负载持续率 FS 下的许用焊接电流 I。

$$I = I_e \sqrt{\frac{FS_e}{FS}} \tag{2-8}$$

4. 根据工作条件和节能要求选择弧焊电源

在一般生产条件下,尽量采用单站弧焊电源。但是在大型焊接车间,如船体车间,焊接站数多而且集中,可以采用多站式弧焊电源。由于直流弧焊电源需用电阻箱分流而耗电较大,应尽可能少用。

在维修性的焊接工作情况下,由于焊缝不长,连续使用电源的时间较短,可选用额定负载持续率较低的弧焊电源。例如,采用负载持续率为 40%、25% 甚至 15% 的弧焊电源。弧焊电源用电量很大,从节能要求出发,应尽可能选用高效节能的弧焊电源,如弧焊逆变器,其次是弧焊整流器、变压器,非特别需要,不用直流弧焊发电机。

2.3.2 弧焊电源的安装

1. 弧焊整流器、弧焊逆变器和晶体管式弧焊电源的安装

1)安装前的检查

(1)新的长期未用的电源,在安装前必须检查绝缘情况,可用 500V 绝缘电阻表测定。但在测定前,应先用导线将整流器或硅整流元件、大功率晶体管组短路,以防止硅元件或晶体管被过电压击穿。

焊接回路、二次绕组对机壳的绝缘电阻应大于 2.5MΩ。整流器和一、二次绕组对机壳的绝缘电阻应不小于 2.5MΩ。一、二次绕组之间的绝缘电阻也应不小于 5MΩ。与一、二次回路不相连接的控制回路与机架或其它各回路之间的绝缘电阻不小于 2.5MΩ。

(2)在安装前检查其内部是否有因运输而损坏或接头松动的情况。

2)安装时注意事项

(1)电网电源功率是否够用,开关、熔断器和电缆选择是否正确,电缆的绝缘是否良好。

(2)弧焊电源与电网间应装有独立开关和熔断器。

(3)动力线和焊接电缆线的导线截面和长度要合适,以保证在额定负载时动力线电压降不大于电网电压5%;焊接回路电缆线总压降不大于4V。

（4）机壳接地或接零。对电网电源为三相四线制的,应将机壳接在中性线上;对不接地的三相制,应将机壳接地。

（5）采取防潮措施。

（6）安装在通风良好的干燥场所。

（7）弧焊整流器通常都装有风扇对硅元件和绕组进行通风冷却,接线时一定要保证风扇转向正确。通风窗与阻挡物间距不应小于300mm,以使内部热量顺利排出。

2. 弧焊变压器的安装

接线时首先应注意出厂铭牌上所标的一次电压数值(有380V、220V,也有380V和220V两用)与电网电压是否一致。

弧焊变压器一般是单相的,多台安装时,应分别接在三相电网上,并尽量使三相平衡。其余事项与弧焊整流器安装相同。

2.3.3 弧焊电源的使用

（1）使用前,必须按产品说明书或有关标准对弧焊电源进行检查,了解其基本原理,为正确使用建立一定的理论知识基础。

（2）焊前要仔细检查各部分的接线是否正确,焊接电缆接头是否拧紧,以防过热或烧损。

（3）弧焊电源接电网后或进行焊接时,不得随意移动或打开机壳的顶盖。如要移动,应在停止焊接、切断电源之后方可移动。

（4）空载运转时,首先听其声音是否正常,再检查冷却风扇是否正常鼓风,旋转方向是否正确;另外,空载时焊钳和工件不能接触,以防短路。

（5）机件要保持清洁,定期用压缩空气吹净灰尘,定期检修。机体上不许堆放金属或其它物品,以防短路或损坏机体。

（6）弧焊电源必须在铭牌上规定的电流调节范围内及相应的负载持续率下工作,否则,有可能使温升过高而烧坏绝缘,缩短使用寿命。若必须在最大负荷下工作时,应经常检查弧焊电源的受热情况。若温升过高,应立即停机或采用其它降温措施。

（7）使用弧焊整流器时,应注意硅元件的保护和冷却,以及磁饱和电抗器是否受振动、撞击而影响性能的稳定性。如硅元件损坏,要在排除故障和更换硅元件之后才能继续使用。

（8）调节焊接电流和换挡时应在空载下进行,或在切断电源时进行。

（9）要建立必要的管理使用制度。

2.4 典型弧焊电源介绍

2.4.1 ZX5-400型弧焊整流器

1. 概述

ZX5系列晶闸管弧焊整流器有ZX5-250和ZX5-400等型号,具有下降外特性,它的动态响应迅速,瞬间冲击电流小,飞溅小,空载电压高,引弧方便可靠。此外,具有优良的电路补偿功能和自动补偿环节,还备有远控盒,以便远距离调节电流。广泛适用于焊条电弧焊和碳弧气刨。其原理方框图如图2-17所示。

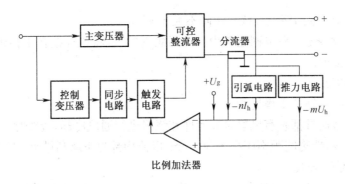

图 2-17　ZX5 系列弧焊整流器原理方框图

ZX5-400 型弧焊整流器的主变压器的一次为星形联结,二次为带平衡电抗器的双反星形联结,如图 2-18 所示。六只晶闸管分为两组,均采用共阳极接法,采用两组以单结晶体管为核心的移相触发电路来控制。

2. 外特性

ZX5-400 型弧焊整流器的外特性曲线如图 2-19 所示。

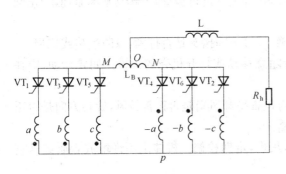

图 2-18　ZX5-400 弧焊整流器的主电路

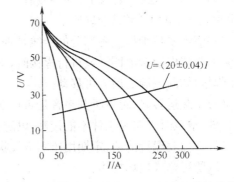

图 2-19　ZX5-400 型弧焊整流器的外特性曲线

3. 主要技术指标

额定焊接电流 400A;功率因数 0.75;额定负载持续率 60％;空载电压 63V。

2.4.2　MZ-1250 型 IGBT 逆变式弧焊电源

1. 原理概述

该弧焊电源为埋弧焊电源,其逆变主电路采用 IGBT 开关器件,其原理框图如图 2-20 所示。三相 380V 交流网路电压经输入整流器和滤波器直接整流为 540V 直流高压,再通过组成逆变电路的大功率开关电力电子元件 IGBT 的交替开关作用,变成 20kHz～25kHz 的中频交流电压,后经中频变压器降为适合于焊接的几十伏交流电压,再经输出整流器整流并经电抗器滤波,把中频交流变为直流输出。IGBT 管采用电压控制,其外特性、调节特性(规范参数调节)和输出波形的获得与控制,是借助于脉宽的变化(变换、调制)来实现。

2. 主要特点

具有恒流/恒压两种电源特性,数显预设焊接电流、焊接电压及小车行走速度,具有手工弧焊功能及碳弧气刨功能,引弧/收弧均采用自动“回抽”控制,小车可“手动/自动”行走,小车机械调节方便,行走稳定,适应多种工况条件,可焊板厚≥5mm。

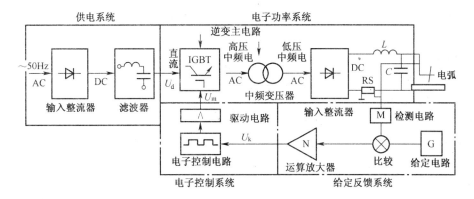

图 2-20 IGBT 逆变式弧焊电源的主要组成与基本原理框图

3. 主要技术指标

网路 380V、三相、50/60Hz;额定焊接电流 1250A;额定电弧电压 44V;空载电压 83V;额定负载持续率 60%;额定输出功率 55kW;效率 86.5%(最大效率 90%);功率因数 0.93(最高 0.96)。其外特性曲线如图 2-21 所示。

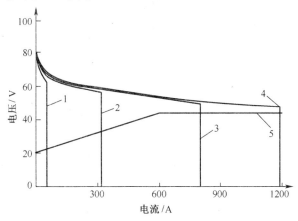

图 2-21 MZ-1250 型弧焊电源的外特性曲线

1、2、3、4—不同规范下的外特性;5—负载特性。

2.4.3 WSME-500 多用气体保护焊机

1. 原理概述

WSME-500 多用气体保护焊机采用软开关弧焊逆变器,其主要组成和工作原理与硬开关弧焊逆变器相似。三相工频交流电经整流、输入滤波逆变为直流电后,经过 IGBT 的逆变、隔离、降压、高频整流输出滤波和低频调制,获得脉冲焊接电流、电压,可以满足脉冲焊工艺需要。软开关采用的是谐振变流技术,其特点是功率器件在零电压或零电流条件下自然开通和关断。从本质上克服了硬开关弧焊电源存在的缺点,解决了功率开关损耗过大的问题。因而软开关技术尤其在弧焊逆变器中应用越来越广泛,从而使弧焊电源的水平又上了一个新台阶。

2. 主要特点

(1)以 IGBT 高频软开关型弧焊逆变器作为弧焊电源,其效率高、体积小、质量小。

(2)采用"AC-DC-AC-DC"和"AC-DC-AC-DC-AC"两种逆变体制,根据需要进行切换,实现直流、直流脉冲、交流矩形波氩弧焊等。

（3）控制调节性能好，具有多种外特性，一机多用，使用方便。

（4）采用无源功率因数校正，功率因数高。

（5）引弧容易，电弧稳定，焊接质量好。

3. 主要技术指标

网路 380V、三相；额定输入电流 31A；额定输入容量 21kVA；焊接电流调节范围 40A～500A；额定负载持续率为 60%；脉冲周期 0～15s；脉冲宽度调节范围 10%～90%；电流上升时间 0.1s～15s；电流下降时间 0.1s～15s；额定效率 77%；功率因数 0.95；质量 98kg。

4. 应用

从焊接方法来说，可用于直流氩弧焊、直流脉冲氩弧焊、交流矩形波氩弧焊和交流脉冲氩弧焊等；从材料角度来说，可用于碳钢、低合金钢、铜、铝、钛及其合金等各种材料进行焊接。

2.4.4 TPS 4000 数字化焊机

1. 性能概述

由 Fronius 公司开发的 TPS 4000 数字化焊机为完全数字化的新型逆变焊机，它带有微处理控制器，由它集中处理所有焊接数据，数字化控制和监测整个焊接过程，并快速对任何焊接过程的变化作出反应，能确保实现理想的焊接效果。由于监控系统对实际焊接参数与设定参数进行数字式的比较并及时调整，因而这种焊机创造了迄今为止独一无二的、无可比拟的精确度，无与伦比的焊接质量，并具最佳的焊接特性。

数字化弧焊电源是将焊接技术与数字信号处理(DSP)技术相融合的产物，其原理框图如图 2-22 所示，其实物图如图 2-23 所示。TPS 4000 数字化焊机的典型特性是具有巨大的适应性能，极其容易地胜任各种各样的任务。这些特性不但在标准化组件设计上能看到，而且在系统提供的错误自检、扩展功能上也能体现。实际上可以让焊机适应任何特殊情况。对于 TPS 4000，它有一个外置的送丝机—VR4000，具有全面的功能和相应的显示，可直接反馈到焊机本身。对于机器人焊接，有一个特殊机器人专用焊枪 JobMaster，该焊枪上带有一附加的驱动系统和一模拟/数字数据线接口。JobMaster 枪是一个集成远程遥控、显示功能为一体的新型焊枪，可以直接从焊枪上读取数据，并对焊接参数作调整。

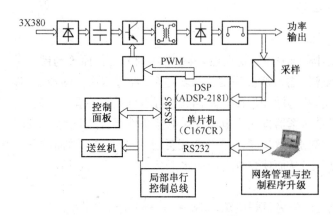

图 2-22　数字化弧焊电源的原理框图

图 2-23　TPS 4000 数字化弧焊电源实物图

2. 使用范围

无论在车间还是在施工现场,TPS 4000 数字化焊机都有着广泛的应用。不论是手工焊、自动焊或机器人焊,数字化电源都是最理想的。在材料方面,最适合各种碳钢、镀锌板、不锈钢的焊接,尤其适合铝及铝合金的焊接。

TPS 4000 的功能强大,可提供 400A 的电流,能满足各种苛刻的工业要求。其设计面向汽车生产、模具制造、化工领域、机器制造以及造船业等。可实现多种焊接方法,不仅可进行 MIG/MAG 焊,同时还可实现 TIG 和手工焊条电弧焊,焊接性能卓越。

3. 技术指标

电源电压:3×400V;

总保险丝:35A;

初级功率(100%暂载率):12.7kVA;

功率因素:0.99;

效率:88%;

焊接电流范围:

    MIG/MAG 焊时:3A～400A;

    手工电弧焊时:10A～400A;

    TIG 焊时:3A～400A;

焊接电流:

    10min/40℃、40%暂载率时:400A;

    10min/40℃、60%暂载率时:365A;

    10min/40℃、100%暂载率时:320A;

空载电压:70V;

工作电压:

    MIG/MAG 焊时:14.2V～34.0V;

    手工电弧焊时:20.4V～36.0V;

    TIG 焊时:10.1V～26V;

尺寸(长×宽×高):625mm×290mm×475mm;

质量:35.2kg。

第3章 焊接工艺参数

焊接之前需要确定焊接工艺参数。电弧焊工艺参数影响熔滴的过渡和焊缝的成形,进而影响焊接接头的组织和性能;工艺参数选取不当还会引起各种焊接缺陷。因此,选取合适的焊接工艺参数对确保合格的焊接质量是至关重要的。本章主要介绍电弧焊中工艺参数对熔滴过渡和焊缝成形的影响,并介绍常用弧焊方法工艺参数的选取。

3.1 焊接工艺参数与熔滴过渡

3.1.1 熔滴过渡的种类与特点

熔滴过渡状态是指焊条或焊丝熔化后滴入熔池的状态。对熔滴过渡产生影响的因素包括焊接工艺参数、焊条或焊丝的成分与直径、保护气体的种类与成分等。

熔滴过渡过程复杂,对电弧的稳定性、焊缝成形和冶金过程均有影响。传统上,通常将熔滴过渡分成自由过渡、接触过渡、渣壁过渡三种主要形式。自由过渡又可以分为滴状过渡、喷射过渡;接触过渡又可以分为短路过渡、搭桥过渡;渣壁过渡是指沿渣壳(埋弧焊)或沿套筒(焊条电弧焊)进行的过渡。下面对几种主要的熔滴过渡方式进行介绍。

1. 短路过渡

消耗电极(焊丝或焊条)前端的熔融部分逐渐变成球状并增大形成熔滴,与母材熔池里的熔融金属相接触,借助于表面张力向母材过渡,称为短路过渡(见图 3-1(a))。短路过渡形式在 CO_2 焊与 MIG 焊的小电流、低电压区焊接时尤为显著,被应用于熔深较浅的薄板焊接。

短路过渡在采用低电流和较小焊丝直径的条件下产生,短路过渡易形成一个较小的、迅速冷却的熔池,适合于全位置焊接,如焊接根部间隙较大的横梁结构。

2. 自由过渡

熔滴从焊丝端头脱落后,通过电弧空间自由运动一段距离后落入熔池的过渡形式称为自由过渡。因条件不同,自由过渡又可分为滴状过渡和喷射过渡两种形式。

1)滴状过渡

焊接电流较小时,熔滴的直径大于焊丝直径,当熔滴的尺寸足够大时,主要依靠重力将熔滴拉断,熔滴落入熔池,熔滴的这种过渡形式称为滴状过渡(见图 3-1(b))。

(1)轴向滴状过渡:焊条电弧焊、富氩混合气体保护焊时,熔滴在脱离焊条(丝)前处于轴向(下垂)位置(平焊时),脱离焊条(丝)后也沿焊条(丝)轴向落入熔池,这种过渡形式称为轴向滴状过渡。

(2)非轴向滴状过渡:多原子气氛(CO_2、N_2、H_2)中,阻碍熔滴过渡的力大于熔滴的重力,熔滴在脱离焊丝之前就偏离轴线,甚至上翘,在脱离焊丝之后,熔滴一般不能沿焊丝轴向过渡,形成飞溅,称为熔滴的非轴向滴状过滤。

2)喷射过渡

熔滴呈细小颗粒并以喷射状态快速通过电弧空间向熔池过渡的形式,称为喷射过渡,喷射过渡可分为射滴过渡和射流过渡两种形式。

(1)射滴过渡:在某些条件下,形成的熔滴尺寸与焊丝直径相近,焊丝金属以较明显的分离熔滴形式和较高的速度沿焊丝轴向射向熔池的过渡形式,称为射滴过渡。

(2)射流过渡:在某些条件下,因电弧热和电弧力的作用,焊丝端头熔化的金属压成铅笔尖状,以细小的熔滴从液柱尖端高速轴向射入熔池的过渡形式,称为射流过渡(见图3-1(c))。这些直径远小于焊丝直径的熔滴过渡,频率很高,看上去好像是在焊丝端部存在一条流向熔池的金属液流。

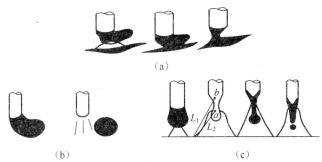

(a)

(b)   (c)

图 3-1   几种熔滴过渡方式

(a)短路过渡;(b)滴状过渡;(c)射流过渡。

3. 熔滴过渡技术的最新发展

近年来,随着逆变技术特别是数字技术在焊接设备上的应用逐渐推广,已经可以对熔滴过渡进行快速、精确的实时控制,在熔化极气体保护焊中出现了如表面张力过渡(STT)、冷金属过渡(CMT)和双脉冲/超脉冲(double pulse/super pulse)过渡等新的熔滴过渡技术。

3.1.2   焊接工艺参数对熔滴过渡的影响

熔滴过渡形式与焊接方法及工艺参数有关。

1. 常见焊接方法的熔滴过渡形式

1)焊条电弧焊

(1)酸性焊条:细滴过渡。

(2)碱性焊条:粗滴过渡、短路过渡。

2)CO_2 焊

滴状过渡(粗丝)、短路过渡、表面张力过渡(STT)(细丝)。

3)MIG 焊(焊铝)

喷射过渡、亚射流过渡。

4)MAG 焊

短路过渡、粗滴过渡、细滴过渡、射滴过渡、射流过渡、旋转射流过渡。

2. 焊接工艺参数对熔滴过渡的影响

焊接工艺参数对熔滴过渡形式有显著的影响,影响熔滴过渡形式的焊接工艺参数主要有焊接电流、电弧电压、焊丝直径,其中焊接电流的影响最大。下面以 MAG 焊为例说明工艺参数对熔滴过渡的影响规律。

在(富氩)电弧中,在正常的焊接电压条件下,随着焊接电流的增加,熔滴过渡形式依次为:短路过渡→粗滴过渡→细滴过渡→射滴过渡→射流过渡→旋转射流过渡。所对应的熔滴体积从大到小,所对应的过渡频率从慢到快。

由滴状过渡向射流过渡转变的突变电流称为射流过渡临界电流,不同直径钢焊丝的射流过渡临界电流如表3-1所列。

表3-1 不同直径钢焊丝的射流过渡临界电流

焊丝直径/mm	0.8	1	1.2	1.6
临界电流/A	190	220	230	265

几种熔滴过渡形式的工艺条件、特点与适用场合如表3-2所列。

表3-2 几种熔滴过渡形式的工艺条件、特点与适用场合

熔滴过渡形式	工艺条件	特 点	适用场合
短路过渡	低电压、较小电流时获得	有短路过程,热输入小	打底/全位置/薄板焊
喷射过渡	电流大于临界电流时易在Ar弧中获得	熔滴细、频率高、熔深大、熔敷快	中厚板的填充、盖面/可全位置焊
脉冲射流过渡	脉冲峰值电流大于临界电流时易在Ar弧中获得(使用脉冲焊机)	可控性最好(尤其一脉一滴)	打底/全位置/厚、薄板/填充、盖面均宜

3.2 焊接工艺参数与焊缝成形

3.2.1 焊缝成形

母材熔化形成熔池,熔池凝固形成焊缝,焊缝质量与熔池形状有关。

焊缝成形的基本参数有熔深、熔宽、余高、焊缝成形系数(熔宽/熔深)。

3.2.2 焊接工艺参数对焊缝成形的影响

焊接工艺参数主要包括焊接电流、电弧电压、焊接速度、焊丝直径和焊丝干伸长等。

1. 焊接电流

当其它条件不变时,增加焊接电流,则熔深和余高都增加,而熔宽则几乎保持不变(或略有增加),如图3-2所示,该图是埋弧自动焊时的实验结果。分析这些现象的原因是:

(1)焊接电流增加时,电弧的热量增加,熔池体积和弧坑深度都增加,因此熔深增加。

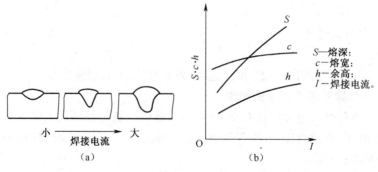

S—熔深;
c—熔宽;
h—余高;
I—焊接电流。

图3-2 焊接电流对焊缝形状的影响
(a)形貌图;(b)曲线图。

（2）焊接电流增加时，焊丝的熔化量也增加，因此焊缝的余高也随之增加。

（3）焊接电流增加时，一方面是电弧截面略有增加，导致熔宽增加；另一方面是电流增加促使弧坑深度增加。由于电压没有改变，所以弧长也不变，导致电弧潜入熔池，使电弧摆动范围缩小，则使熔宽减少。由于两者共同的作用，所以实际上熔宽几乎保持不变。

2. 电弧电压

当其它条件不变时，电弧电压增加，熔宽显著增加，而熔深和余高将略有减少，如图 3-3 所示。这是因为电弧电压增加意味着电弧长度的增加，因此电弧摆动范围扩大而导致熔宽增加。其次，弧长增加后，电弧的热量损失加大，所以用来熔化母材和焊丝的热量减少，相应熔深和余高就略有减小。

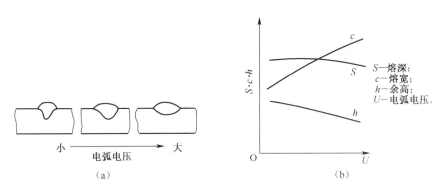

图 3-3 电弧电压对焊缝形状的影响
(a)形貌图；(b)曲线图。

由此可见，电流是决定熔深的主要因素，而电压则是影响熔宽的主要因素。因此，为得到良好的焊缝形状，即得到符合要求的焊缝成形系数，这两个因素是互相制约的，即一定的电流要配合一定的电压，不应该将一个参数在大范围内任意变动。

3. 焊接速度

焊接速度对熔深和熔宽有明显的影响。当焊接速度增加时，熔深和熔宽都大为下降，如图 3-4 所示。这是因为焊接速度增加时，焊缝中单位时间内输入的热量减少了。

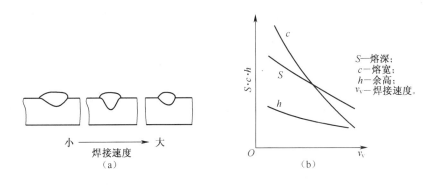

图 3-4 焊接速度对焊缝形状的影响
(a)形貌图；(b)曲线图。

从焊接生产率考虑，焊接速度愈快愈好。但当熔深要求一定时，为提高焊接速度，就得进一步提高焊接电流和电弧电压，所以，这三个工艺参数应该综合在一起进行选用。

4. 其它工艺参数对焊缝形状的影响

电弧焊除了上述三个主要的工艺参数外,其它一些工艺参数对焊缝形状也有一定的影响。

1)电极(焊丝)直径和焊丝干伸长

当其它条件不变时,减小电极(焊丝)直径不仅使电弧截面减小,而且还减小了电弧的摆动范围,所以熔宽减小,而熔深增大,但熔深随电流密度的增加而减弱。

焊丝干伸长是指从焊丝与导电嘴的接触点到焊丝末端的长度,即焊丝上通电部分的长度。当电流在焊丝的干伸长上通过时,将产生电阻热。因此,当焊丝干伸长增加时,电阻热也将增加,焊丝熔化加快,因此余高增加。焊丝直径愈小或材料电阻率愈大时,这种影响愈明显。实践证明,对于结构钢焊丝来说,当焊丝直径小于 3mm 时,焊丝干伸长波动范围超过 5mm~10mm 时,就可能对焊缝成形产生明显的影响。不锈钢焊丝的电阻率很大,这种影响就更大。因此,对细焊丝,特别是不锈钢熔化极弧焊时,必须注意控制干伸长的稳定。

2)电极(焊丝)倾角

当电极(焊丝)的倾角顺着焊接方向时叫前倾;逆着焊接方向时叫后倾,如图 3-5(a)、(b)所示。电极(焊丝)后倾时,电弧力对熔池液体金属后排作用减弱,熔池底部液体金属增厚,阻碍电弧对熔池底部母材的加热,故熔深减小。同时,电弧对熔池前部未熔化母材预热作用加强,因此熔宽增加,余高减小。后倾角度愈大,这一影响愈明显,如图 3-5(c)所示。电极(焊丝)前倾时,情况与上述相反。

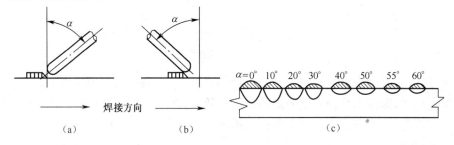

图 3-5　电极(焊丝)倾角对焊缝形状的影响

(a)前倾;(b)后倾;(c)焊丝后倾角度对焊缝形成的影响。

3)焊件倾角

工件倾斜焊接时有上坡焊和下坡焊两种情况,它们对焊缝成形的影响明显不同,如图 3-6所示。上坡焊时(见图 3-6(a)、(b)),若工件斜度 $\beta > 6°$,则焊缝余高过大,两侧出现咬边,

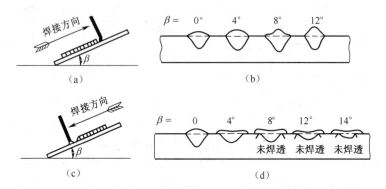

图 3-6　工件斜度对焊缝成形的影响

(a)上坡焊;(b)上坡焊工件斜度的影响;(c)下坡焊;(d)下坡焊工件斜度的影响。

成形明显恶化。实际工作中应避免采用上坡焊。下坡焊的效果与上坡焊相反(见图3-6(c)、(d))。

4)坡口形状

当其它条件不变时,增加坡口深度和宽度时,熔深略有增加,熔宽略有增加,而余高显著减小,如图3-7所示。

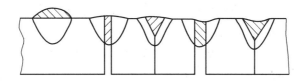

图 3-7　坡口形状对焊缝形状的影响

3.3　焊接工艺参数的选择

3.3.1　焊条电弧焊工艺参数的选择

焊条电弧焊的工艺参数主要有焊条直径、焊接电流、电弧电压、焊接层数、电源种类及极性等。

1. 焊条直径

焊条直径的选择主要取决于焊件厚度、接头形式、焊缝位置和焊接层数等因素。在一般情况下,可根据表3-3按焊件厚度选择焊条直径,并倾向于选择较大直径的焊条。另外,在平焊时,直径可大一些;立焊时,所用焊条直径不超过5mm;横焊和仰焊时,所用直径不超过4mm;开坡口多层焊接时,为了防止产生未焊透的缺陷,第一层焊缝宜采用直径为3.2mm的焊条。

表 3-3　焊条直径与焊件厚度的关系

焊件厚度/mm	≤2	3～4	5～12	≥13
焊条直径/mm	2	3.2	4～5	≥5

2. 焊接电流

焊接电流过大或过小都会影响焊接质量,所以其选择应根据焊条的类型、直径、焊件的厚度、接头形式、焊缝空间位置等因素来考虑,其中焊条直径和焊缝空间位置最为关键。在一般钢结构的焊接中,焊接电流大小与焊条直径关系可用以下经验公式进行试选:

$$I = 10d^2 \tag{3-1}$$

式中:I 为焊接电流(A);d 为焊条直径(mm)。

另外,立焊时,电流应比平焊时小 15%～20%;横焊和仰焊时,电流应比平焊电流小10%～15%。

3. 电弧电压

根据电源特性,由焊接电流决定相应的电弧电压。此外,电弧电压还与弧长有关。电弧长则电弧电压高,电弧短则电弧电压低。一般要求弧长小于或等于焊条直径,即短弧焊。在使用酸性焊条焊接时,为了预热待焊部位或降低熔池温度,有时也将电弧稍微拉长进行焊接,即所谓的长弧焊。

4. 焊接层数

焊接层数应视焊件的厚度而定。除薄板外,一般都采用多层焊。焊接层数过少,每层焊缝的厚度过大,对焊缝金属的塑性有不利的影响。施工中每层焊缝的厚度不应大于4mm～5mm。

5. 电源种类与极性

直流电源由于电弧稳定,飞溅小,焊接质量好,一般用在重要的焊接结构或厚板大刚度结构上。其它情况下,应首先考虑交流电焊机。

根据焊条的形式和焊接特点的不同,利用电弧中的阳极温度比阴极温度高的特点,选用不同的极性来焊接各种不同的构件。用碱性焊条焊接薄板时,采用直流反接(工件接负极);而用酸性焊条时,通常采用正接(工件接正极)。

3.3.2 CO_2 气体保护焊工艺参数的选择

CO_2 气体保护焊的主要工艺参数有焊丝直径、焊接电流、电弧电压、焊接速度、气体流量、焊丝干伸长等。在 CO_2 电弧焊中,为了获得稳定的焊接过程,熔滴过渡通常有短路过渡和细滴过渡两种形式,这两种熔滴过渡形式所对应的工艺参数不同。短路过渡时,采用细焊丝、低电压和小电流;而细滴过渡的电弧电压比较高,焊接电流比较大。

1. 焊丝直径

短路过渡焊接采用较细的焊丝,常用焊丝直径为 0.6mm～1.6mm;而细滴过渡焊接采用较粗的焊丝,常用焊丝直径为 1.2mm～3.0mm。

2. 焊接电流

焊接电流是重要的工艺参数,是决定焊缝熔深的主要因素。在焊丝直径一定时,电流大小主要决定于送丝速度,随着送丝速度的增加,焊接电流也增加,大致成正比关系。焊接电流的大小还与焊丝的干伸长及焊丝直径等有关。短路过渡形式焊接时,使用的焊接电流较小,均在200A 以下。细滴过渡的焊接电流要根据焊丝直径来选择,对应于不同的焊丝直径,实现细滴过渡的焊接电流下限是不同的。

3. 电弧电压

短路过渡的电弧电压一般在 17V～25V 之间。因为短路过渡只有在较低的弧长情况下才能实现,所以电弧电压是一个非常关键的焊接参数,如果电弧电压选得过高(如大于 29V),则无论其它参数如何选择,都不能得到稳定的短路过渡过程。而细滴过渡的电弧电压通常选取在 34V～45V 范围内。

电弧电压的选择与焊丝直径及焊接电流有关,它们之间存在着协调匹配的关系。不同直径焊丝相应选用的焊接电流、电弧电压的数值范围见表 3-4。

表 3-4　CO_2 气体保护焊不同直径焊丝选用的焊接电流与电弧电压范围

焊丝直径/mm	短路过渡		颗粒状过渡	
	焊接电流/A	电弧电压/V	焊接电流/A	电弧电压/V
0.5	30～60	16～18	—	—
0.6	30～70	17～19	—	—
0.8	50～100	18～21	—	—
1.0	70～120	18～22	—	—

焊丝直径/mm	短路过渡		颗粒状过渡	
	焊接电流/A	电弧电压/V	焊接电流/A	电弧电压/V
1.2	90～150	19～23	160～400	25～38
1.6	140～200	20～24	200～500	26～40
2.0	—	—	200～600	27～40
2.5	—	—	300～700	28～42
3.0	—	—	500～800	32～44

4. 焊接速度

焊接速度对焊缝成形、接头的力学性能及气孔等缺陷的产生都有影响。在焊接电流和电弧电压一定的情况下，焊接速度加快时，焊缝的熔深、熔宽和余高均减小。焊速过快时，会在焊趾处出现咬肉，甚至出现驼峰焊道。相反，速度过慢时，焊道变宽，在焊趾处会出现满溢。半自动焊时，短路过渡的焊接速度为 18m/h～36m/h；细滴过渡 CO_2 焊的焊接速度较高，常用的焊速为 40m/h～60m/h。

5. 保护气体流量

气体保护焊时，保护效果不好将发生气孔，甚至使焊缝成形变坏。在正常焊接情况下，短路过渡的保护气体流量通常为 10L/min～25L/min；而细滴过渡保护气流量通常比短路过渡的提高 1 倍～2 倍，常用的气流量范围为 25L/min～50L/min。

6. 焊丝干伸长

在焊接电流相同时，随着焊丝干伸长增加，焊丝熔化速度增加。直径越细、电阻率越大的焊丝这种影响越大。另外，焊丝干伸长太大，电弧不稳，难以操作，同时飞溅较大，焊缝成形恶化，甚至破坏保护而产生气孔。相反，焊丝干伸长过小时，会缩短喷嘴与工件间的距离，飞溅金属容易堵塞喷嘴；同时还妨碍观察电弧，影响焊工操作。适宜的焊丝干伸长与焊丝直径有关，根据经验，焊丝干伸长大约等于焊丝直径的 10 倍。

7. 电源极性

CO_2 电弧焊一般都采用直流反极性。这时电弧稳定，飞溅小，焊缝成形好。并且焊缝熔深大，生产率高。而正极性时，在相同电流下，焊丝熔化速度大大提高，大约为反极性时的 1.6 倍，而熔深较浅，余高较大且飞溅很大。只有在堆焊及铸铁补焊时才采用正极性，以提高熔敷速度。

3.3.3 钨极氩弧焊工艺参数的选择

钨极氩弧焊的工艺参数主要有焊接电流种类及极性、焊接电流、钨极直径及端部形状、保护气体流量等，对于自动钨极氩弧焊还包括焊接速度和送丝速度。

脉冲钨极氩弧焊主要参数有脉冲电流 I_p、脉冲时间 t_p、基值电流 I_b、基值时间 t_b、脉冲频率 f_a、脉幅比 $R_A = I_p/I_b$、脉冲电流占空比 $R_w = t_p/t_b + t_p$。

1. 焊接电流种类及大小

一般根据工件材料选择电流种类，焊接电流大小是决定焊缝熔深的最主要参数，它主要根据工件材料、厚度、接头形式、焊接位置等因素选择。

2. 钨极直径及端部形状

钨极直径根据焊接电流大小、电流种类选择。

钨极端部形状是一个重要工艺参数。根据所用焊接电流种类,选用不同的端部形状。尖端角度α的大小会影响钨极的许用电流、引弧及稳弧性能。表3-5列出了钨极不同尖端尺寸推荐的电流范围。小电流焊接时,选用小直径钨极和小的锥角,可使电弧容易引燃和稳定;在大电流焊接时,增大锥角可避免尖端过热熔化,减少损耗,并防止电弧往上扩展而影响阴极斑点的稳定性。

表3-5 钨极尖端形状和电流范围(直流正接)

钨极直径/mm	尖端直径/mm	尖端角度/(°)	电流/A	
			恒定电流	脉冲电流
1.0	0.125	12	2~15	2~25
1.0	0.25	20	5~30	5~60
1.6	0.5	25	8~50	8~100
1.6	0.8	30	10~70	10~140
2.4	0.8	35	12~90	12~180
2.4	1.1	45	15~150	15~250
3.2	1.1	60	20~200	20~300
3.2	1.5	90	25~250	25~350

钨极尖端角度对焊缝熔深和熔宽也有一定影响。减小锥角,则熔深增大,熔宽减小;反之,焊缝熔深减小,熔宽增大。

3. 气体流量和喷嘴直径

在一定条件下,气体流量和喷嘴直径有一个最佳范围,此时,气体保护效果最佳,有效保护区最大。如气体流量过低,气流挺度差,排除周围空气的能力弱,保护效果不佳;流量太大,容易变成紊流,使空气卷入,也会降低保护效果。同样,在流量一定时,喷嘴直径过小,保护范围小,且因气流速度过高而形成紊流;喷嘴过大,不仅妨碍焊工观察,而且气流流速过低,挺度小,保护效果也不好。所以,气体流量和喷嘴直径要有一定配合。一般手工氩弧焊喷嘴孔径和保护气流量的选用见表3-6。

表3-6 喷嘴孔径与保护气流量选用范围

焊接电流/A	直流正接性		交 流	
	喷嘴孔径/mm	流量/(L/min)	喷嘴孔径/mm	流量/(L/min)
10~100	4~9.5	4~5	8~9.5	6~8
101~150	4~9.5	4~7	9.5~11	7~10
151~200	6~13	6~8	11~13	7~10
201~300	8~13	8~9	13~16	8~15
301~500	13~16	9~12	16~19	8~15

4. 焊接速度

焊接速度的选择主要根据工件厚度决定并和焊接电流、预热温度等配合以保证获得所需的熔深和熔宽。在高速自动焊时,还要考虑焊接速度对气体、保护效果的影响。焊接速度过大,保护气流严重偏后,可能使钨极端部、弧柱、熔池暴露在空气中。因此必须采用相应措施如加大保护气体流量或将焊炬前倾一定角度,以保持良好的保护作用。

5. 喷嘴与工件的距离

距离越大,气体保护效果越差,但距离太近会影响焊工视线,且容易使钨极与熔池接触而短路,产生夹钨,一般喷嘴端部与工件的距离在 8mm～14mm 之间。

表 3-7、表 3-8 列出了两种材料钨极氩弧焊的参考焊接参数。表 3-9、表 3-10 为脉冲钨极氩弧焊参数实例。

表 3-7　铝及铝合金自动钨极氩弧焊焊接参数(交流)

板厚 /mm	焊接层数	钨极直径 /mm	焊丝直径 /mm	焊接电流/A	氩气流量 /(L/min)	喷嘴孔径 /mm	送丝速度 /(cm/min)
1	1	1.5～2	1.6	120～160	5～6	8～10	—
2	1	3	1.6～2	180～220	12～14	8～10	108～117
3	1～2	4	2	220～240	14～18	10～14	108～117
4	1～2	5	2～3	240～280	14～18	10～14	117～125
5	2	5	2～3	280～320	16～20	12～16	117～125
6～8	2～3	5～6	3	280～320	18～24	14～18	125～133
8～12	2～3	6	3～4	300～340	18～24	14～18	133～142

表 3-8　不锈钢钨极氩弧焊焊接参数(单道焊)

板厚 /mm	接头形式	钨极直径 /mm	焊丝直径 /mm	氩气流量 /(L/min)	焊接电流/A (直流正接)	焊接速度 /(cm/min)
0.8	对接	1.0	1.6	5	20～50	66
1.0	对接	1.6	1.6	5	50～80	56
1.5	对接	1.6	1.6	7	65～105	30
1.5	角接	1.6	1.6	7	75～125	25
2.4	对接	1.6	2.4	7	85～125	30
2.4	角接	1.6	2.4	7	95～135	25
3.2	对接	1.6	2.4	7	100～135	30
3.2	角接	1.6	2.4	7	115～145	25
4.8	对接	2.4	3.2	8	150～225	25
4.8	角接	3.2	3.2	9	175～250	20

表 3-9　不锈钢脉冲钨极氩弧焊焊接参数(直流正接)

板厚 /mm	电流/A		持续时间/s		脉冲频率 /Hz	弧长 /mm	焊接速度 /(cm/min)
	脉冲	基值	脉冲	基值			
0.3	20～22	5～8	0.06～0.08	0.06	8	0.6～0.8	50～60
0.5	55～60	10	0.08	0.06	7	0.8～1.0	55～60
0.8	85	10	0.12	0.08	5	0.8～1.0	80～100

表 3-10　5A03、5A06 铝合金脉冲钨极氩弧焊焊接参数(交流)

材料	板厚 /mm	焊丝直径 /mm	电流/A		脉宽比 /%	频率 /Hz	电弧电压 /V	气体流量 /(L/min)
			脉冲	基值				
5A03	2.5	2.5	95	50	33	2	15	5
5A03	1.5	2.5	80	45	33	1.7	14	5
5A06	2.0	2	83	44	33	2.5	10	5

3.3.4 熔化极氩弧焊工艺参数的选择

熔化极氩弧焊(MIG 焊)的焊接参数有焊丝直径、焊接电流、电弧电压、焊接速度、保护气流量等。

1. 焊丝直径

焊丝直径应根据焊件的厚度、焊接层数及位置、接缝间隙大小、所选熔滴过渡形式等因素来综合考虑确定。细焊丝通常多用于短路过渡的薄板/全位置焊,粗丝多用于喷射过渡的中厚板的平位置填充、盖面焊。需要特别指出的是,铝合金的 MIG 焊对杂质敏感,而且铝的材质较软,为最大限度保证焊缝质量和送丝稳定可靠,选用尽可能粗的焊丝进行焊接。

2. 焊接电流

应根据焊件的厚度、焊接层数及位置、焊丝直径大小、所需熔滴过渡形式等因素来综合考虑确定。焊丝直径一定时,可以通过改变电流的大小来获得不同的熔滴过渡形式。

3. 电弧电压

短路过渡的电弧电压较低,喷射过渡的电弧电压相对较高。

4. 焊接速度

焊接速度要与焊接电流相匹配,尤其是自动焊时更应如此。铝合金焊接一般用较快的焊接速度,半自动焊常在 5m/h～60m/h 之间,自动焊约在 25m/h～150m/h 之间。铝合金对接条件下的 I-v 关系可参考图 3-8。

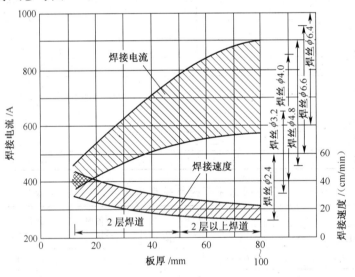

图 3-8 铝合金对接条件下的 I-v 关系

5. 保护气流量

MIG 焊所需的气体流量比 TIG 焊的要大,通常在 30L/min～60L/min,喷嘴孔径也相应地应有所增加,有时甚至要用双层喷嘴、双层气流保护。同时要注意焊丝的伸出长度对保护效果、电弧稳定性和焊缝成形的影响。MAG 焊与 MIG 焊相似,但应着重考虑熔滴过渡形式。

3.3.5 埋弧焊工艺参数的选择

埋弧焊的工艺参数有焊丝直径 ϕ、焊接电流 I、电弧电压 U、焊接速度 v、送丝速度 $v_{送}$、焊丝

干伸长 l 等。

选用参数的一般方法为:根据板厚 δ 选择焊丝直径 ϕ,然后根据 ϕ、焊肉厚度(熔深)选择焊接电流 I,根据所在的层数(熔宽)选择电弧电压 U;在以上基础上,配以合适的送丝速度 $v_{送}$ 和焊接速度 v(可取焊丝干伸长 $l \approx 10\phi$)。下面主要介绍对接接头埋弧焊工艺参数的选择。

1. 对接接头单面焊

对接接头埋弧焊时,工件可以开坡口或不开坡口。开坡口不仅为了保证熔深,而且有时还为了达到其它的工艺目的。如焊接合金钢时,可以控制熔合比;而在焊接低碳钢时,可以控制焊缝余高等。在不开坡口的情况下,埋弧焊可以一次焊透20mm以下的工件,但要求预留5mm～6mm 的间隙,否则厚度超过 14mm～16mm 的板料必须开坡口才能用单面焊一次焊透。

对接接头单面焊可采用以下几种方法:在焊剂垫上焊,在焊剂铜垫板上焊,在永久性垫板或锁底接头上焊,以及在临时衬垫上焊和悬空焊等。

板厚 10mm～20mm 的I形坡口对接接头预留装配间隙并在焊剂垫上进行单面焊的焊接参数,见表 3-11,所用的焊剂垫应尽可能选用细颗粒焊剂。在龙门架焊剂铜垫板上的焊接参数见表 3-12。

表 3-11 对接接头在焊剂垫上单面焊的焊接参数(焊丝直径 5mm)

板厚/mm	装配间隙/mm	焊接电流/A	电弧电压/V		焊接速度/(cm/min)
			交流	直流	
10	3～4	700～750	34～36	32～34	50
12	4～5	750～800	36～40	34～36	45
14	4～5	850～900	6～40	34～36	42
16	5～6	900～950	38～42	36～38	33
18	5～6	950～1000	40～44	36～40	28
20	5～6	950～1000	40～44	36～40	25

表 3-12 在龙门架焊剂铜垫板上单面焊的焊接参数

板厚/mm	装配间隙/mm	焊丝直径/mm	焊接电流/A	电弧电压/V	焊接速度/(cm/min)
3	2	3	380～420	27～29	78.3
4	2～3	4	450～500	29～31	68
5	2～3	4	520～560	31～33	63
6	3	4	550～600	33～35	63
7	3	4	640～680	35～37	58
8	3～4	4	680～720	35～37	53.3
9	3～4	4	720～780	36～38	46
10	4	4	780～820	38～40	46
12	5	4	850～900	39～41	38
14	5	4	880～920	39～41	36

2. 对接接头双面焊

一般工件厚度从 10mm～40mm 的对接接头,通常采用双面焊。接头形式根据钢种、接头性能要求的不同,可不开坡口或采用 I 形、Y 形、X 形坡口。

这种方法对焊接工艺参数的波动和工件装配质量都不敏感,其焊接技术关键是保证第一面焊的熔深,并保证熔池不流溢和不烧穿。焊接第一面的实施方法有悬空法、加焊剂垫法,以及利用薄钢带、石棉绳、石棉板等做成临时工艺垫板法进行焊接。

1)不开坡口双面焊

(1)悬空焊。装配时不留间隙或只留很小的间隙(一般不超过 1mm)。第一面焊接达到的熔深一般小于工件厚度的一半。反面焊接的熔深要求达到工件厚度的 60%～70%,以保证工件完全焊透。不开坡口的对接接头悬空焊的焊接参数如表 3-13 所列。

表 3-13　不开坡口对接接头悬空双面焊的焊接参数

工件厚度 /mm	焊丝直径 /mm	焊接顺序	焊接电流/A	电弧电压/V	焊接速度 /(cm/min)
6	4	正	380～420	30	58
		反	430～470	30	55
8	4	正	440～480	30	50
		反	480～530	31	50
10	4	正	530～570	31	46
		反	590～640	33	46
12	4	正	620～660	35	42
		反	680～720	35	41
14	4	正	680～720	37	41
		反	730～770	40	38
16	5	正	800～850	34～6	63
		反	850～900	36～8	43
17	5	正	850～900	35～37	60
		反	900～950	37～39	48
18	5	正	850～900	36～38	60
		反	900～950	38～40	40
20	5	正	850～900	36～38	42
		反	900～1000	38～40	40
22	5	正	900～950	37～39	45
		反	1000～1050	38～40	40

(2)在焊剂垫上焊接。焊接第一面时采用预留间隙不开坡口的方法最为经济。第一面的焊接参数应保证熔深超过工件厚度的 60%～70%。焊完第一面后翻转工件,进行反面焊接,其参数可以与正面的相同以保证工件完全焊透。预留间隙双面焊的焊接参数如表 3-14 所列。在预留间隙的坡口内,焊前均匀塞填干净焊剂,然后在焊剂垫上施焊,可减少产生夹渣的可能,并可改善焊缝成形。第一面焊道焊接后,是否需要清根,视第一道焊缝的质量而定。

表 3-14　对接接头预留间隙双面焊的焊接参数

（采用交流电，HJ431，第一面在焊剂垫上焊）

工件厚度/mm	装配间隙/mm	焊丝直径/mm	焊接电流/A	焊接电压/V	焊接速度/(cm/min)
14	3～4	5	700～750	34～36	50
16	3～4	5	700～750	34～36	45
18	4～5	5	750～800	36～40	45
20	4～5	5	850～900	36～40	45
24	4～5	5	900～950	38～42	42
28	5～6	5	900～950	38～42	33
30	6～7	5	950～1000	40～44	27
40	8～9	5	1100～1200	40～44	20
50	10～11	5	1200～1300	44～48	17

2）开坡口双面焊

如果工件需要开坡口，坡口形式按工件厚度决定。工件坡口形式及焊接参数如表 3-15 所列。

表 3-15　开坡口工件的双面焊的焊接参数

工件厚度/mm	坡口形式	焊丝直径/mm	焊接顺序	坡口尺寸			焊接电流/A	电弧电压/V	焊接速度/(cm/min)
				α/(°)	h/mm	g/mm			
14		5	正	70	3	3	830～850	36～38	42
			反				600～620	36～38	75
16		5	正	70	3	3	830～850	36～38	33
			反				600～620	36～38	75
18		5	正	70	3	3	830～860	36～38	33
			反				600～620	36～38	75
22		6	正	70	3	3	1050～1150	38～40	30
		5	反				600～620	36～38	75
24		6	正	70	3	3	1100	38～40	40
		5	反				800	36～38	47
30		6	正	70	3	3	1000	36～40	30
			反				900～1000	36～38	33

63

第4章 焊接接头的组织与性能

焊接是一个局部加热、快速冷却的过程。焊接时，熔池中发生短暂而复杂的冶金反应，若以不同的速度冷却结晶，将形成不同的焊缝组织。焊缝两侧部分母材也被加热到不同的温度，其组织也将发生不同的变化。这些微观组织的差异将引起宏观性能的差异，从而影响焊接接头的整体承载能力。因此，为保证焊接质量，必须设法改善焊接接头的组织与性能。

4.1 焊接接头的特点

4.1.1 焊接过程

熔化焊焊接过程的实质是在热源的作用下，母材金属局部熔化并和熔化的填充金属混合而形成焊接熔池，当热源离开后，焊接熔池温度迅速下降，并凝固结晶，形成焊缝。就钢材的熔化焊来说，一般经历以下过程：

加热→熔化→冶金反应→结晶→固态相交→形成接头。

总的来说影响焊接质量的主要过程是焊接热过程、焊接冶金过程、金属结晶和相变过程。

1. 焊接热过程

焊接热过程贯穿焊接过程始终，对焊接应力、变形、冶金、结晶、相变都有直接关系，是影响焊接质量的主要因素。

2. 焊接冶金过程

焊接时在熔化金属、熔渣、气相之间发生一系列冶金反应。如金属的氧化、还原、脱硫、脱磷、渗合金等。这些反应直接影响焊缝金属的化学成分、组织和性能。

3. 金属结晶和相变过程

焊接时金属的结晶及相变是在快速冷却的条件下进行的，因此能产生偏析、夹杂、气孔、裂变和淬硬等缺陷。另外在焊接时，焊缝两侧金属也受到热源作用，也发生组织转变，使其性能受到影响。

4.1.2 焊接接头

根据加热时金属所处的状态以及成分、组织和性能的变化情况，可将焊接接头分为三个区域：焊缝（OA）、熔合区（AB）、热影响区（BC），如图4-1所示。焊缝、熔合区及热影响区统称为

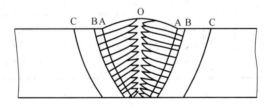

图 4-1 焊接接头组成示意图

焊接接头。焊接接头在整个焊接结构中是一个关键性部位,其性能优劣直接影响整个焊接结构的制造质量和使用安全性。

热影响区是指焊接时,由于热源的作用,母材的织织和性能发生变化的区域。

熔合区是指焊缝金属和母材金属的交界处。此区域很窄,所以也称为熔合线。

4.1.3　影响焊接接头的因素

影响焊接接头的因素很多,归纳起来有以下两个方面:

(1)力学方面的影响因素。主要有接头形状不连续性、焊接缺陷、残余应力和焊接变形。

(2)材质方面的影响因素。热循环引起的组织变化和热塑性变形循环影响的材质变化。此外,焊后热处理和矫正变形等工序也影响接头性能。

4.2　焊接接头的组织

4.2.1　焊缝金属的组织

在焊接热源的作用下,熔化的母材和填充金属形成焊接熔池。当热源离开后熔池中液体金属逐渐冷却凝固成焊缝。这中间经历两次组织转变。第一次是焊接熔池从液相向固相的转变过程,称为焊接熔池的一次结晶。第二次是焊接熔池凝固以后焊缝金属从高温冷却至室温发生的固态相变,这个过程称为焊缝金属的二次结晶。焊缝的组织除与化学成分有关外,在很大程度上取决于焊接熔池的一次结晶和焊缝金属的二次结晶。而焊缝金属的性能又与焊缝金属的织织有着密切的联系。

1. 焊接熔池的一次结晶

(1)焊接熔池一次结晶条件。焊接熔池体积小,周围被冷金属和环境介质所包围,故熔池的冷却速度很大,熔池存在时间短;熔池中的液体金属处于过热状态,如过渡熔滴的平均温度达 2300℃,碳钢和普通低合金钢的熔池平均温度为 1770℃±100℃,冶金反应强烈,合金元素烧损严重;熔池中心和边缘存在着很大的温差;冷却速度快,促使柱状晶发展;熔池随热源而移动,熔池中发生强烈的搅拌,故熔池是在运动状态下进行结晶的。

(2)焊缝的一次结晶组织特征。焊接熔池中的液体金属凝固结晶,通常先从熔池边缘熔合区母材晶粒开始,沿着与散热方向相反的方向向焊接熔池中心生长,直到相互阻碍时停止,成为柱状晶。焊缝金属晶粒总是和熔合区附近的母材晶粒相互连接而长大。焊缝金属的一次结晶的过程如图 4-2 所示。熔化焊时,熔池结晶过程随着电弧移动连续进行。结晶速度等于焊接速度,焊接速度快时,熔池结晶速度也快,晶粒细小,焊缝金属强度及塑性好。反之焊速慢,

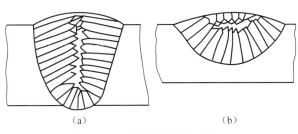

图 4-2　一次结晶的柱状晶体
(a)深熔的焊缝;(b)浅熔的焊缝。

熔池体积大,熔池冷却速度慢,晶粒粗大,使焊缝金属强度及塑性变差。

（3）焊缝中的偏析。焊接熔池中液体金属的一次结晶通常都是在不平衡的冷却条件下进行的。由于焊缝的结晶冷却速度很快,在每一温度下固相内的成分来不及趋于一致,而在相当大的程度上保持着由于结晶先后而产生的成分不均匀性。低碳钢和低合金钢焊接熔池中,除溶有碳外,还溶有锰、硅、钼、铜、钛、钒、铌、铬、镍等合金元素,以及硫和磷等杂质元素,这些元素为溶质元素。在不平衡的冷却条件下结晶时,先结晶的中心部分含溶质元素较低,后结晶的固相表面含溶质元素较高。合金中这种化学成分不均匀性就称为偏析。焊缝中的偏析分为显微偏析、宏观偏析和层状偏析三种。偏析对焊缝质量影响很大,不仅使化学成分不均匀,性能改变,而且也是产生裂纹、夹杂和气孔等缺陷的主要原因之一。

①显微偏析。在低碳钢的晶界上,碳和其它杂质元素的含量比钢的平均含量高,称为晶界偏析或称为显微偏析。一般说来,粗大晶粒比细小晶粒偏析严重,而且集中;硫、磷等杂质元素的偏析比其它合金元素的偏析显著;碳能增加硫的偏析,而锰却可以减少硫的偏析;锰、镍和铬等合金元素容易产生偏析,而硅则不易形成偏析。

②宏观偏析。宏观偏析是在焊缝结晶时,由于柱状晶长大和推移,把溶质或低熔点杂质推向熔池中心,这时使熔池中心溶质或杂质浓度升高,最后凝固时产生的偏析。

③层状偏析。从焊缝的横断面来看,由于化学成分不均匀,形成了颜色深浅不同的分层组织,可称为"结晶层"。分层组织的存在,一般与溶质（主要是硫）的不均匀分布有关。这种分层组织可分为溶质富集区、平均浓度区及溶质贫化区。把这种分层组织称为层状偏析。

2. 焊接熔池的二次结晶

焊缝金属的一次结晶组织在多数情况下是柱状奥氏体。奥氏体进一步转变为什么组织与焊缝金属间化学成分、冷却条件和热处理制度等因素有关。因此,不同钢材在不同焊接工艺条件下所得到的焊缝组织是不同的。

1）低碳钢的焊缝组织

低碳钢的焊缝金属含碳量很低,其组织为粗大的柱状铁素体加少量珠光体,如果高温停留时间过长,铁素体还具有魏氏组织特征。

多层多道焊缝由于后一焊道对前一焊道的再加热作用,部分柱状晶消失,形成细小的晶粒,其组织为细小的铁素体加少量珠光体。

2）低合金高强度钢的焊缝组织

合金元素含量较少的低合金钢,其焊缝组织与低碳钢焊缝相近。在一般冷却条件下为铁素体加少量珠光体;冷却速度增大时也会产生粒状贝氏体。如16Mn钢单面焊双面成形焊缝组织中就会出现少量粒状贝氏体组织。

合金元素含量较多且淬透性较好的低合金高强度钢,其焊缝组织焊态为贝氏体或低碳马氏体,高温回火后为回火索氏体。

3）钼和铬钼耐热钢的焊缝组织

含合金元素较少（含铬小于5%）的耐热钢,在焊前预热,焊后缓冷焊接条件下得到珠光体和部分淬硬组织;高温回火后可得到完全的珠光体组织。

含合金元素较多（含铬5%～9%）的耐热钢,当焊接材料成分与母材相近时,在焊前预热,焊后缓冷焊接条件下,焊缝组织为贝氏体组织,也可能出现马氏体组织。高温回火后可得到回火索氏体组织。当采用奥氏体不锈钢焊接材料时,则焊缝组织主要为奥氏体。

4)低温钢的焊缝组织

含合金元素较少的无镍、铬或含镍的铁素体型低温钢,其焊缝组织为铁素体加少量珠光体。当焊接材料中含合金元素较高时,焊缝组织主要为粒状贝氏体。

含镍9%的低碳马氏体型低温钢,当焊接材料成分与母材相近时,焊缝组织在回火以后为含镍铁素体和富碳奥氏体;当采用镍基合金焊接材料时,焊缝组织主要为奥氏体。

高合金无镍铬或铬镍奥氏体型低温钢,其焊缝组织主要是奥氏体,有时也含有少量铁素体。

5)不锈钢的焊缝组织

奥氏体型不锈钢的焊缝组织一般为奥氏体加少量铁素体(2%~6%)。

铁素体型不锈钢的焊缝组织,当焊接材料成分与母材相近时为铁素体;当采用铬镍奥氏体焊接材料时为奥氏体。

马氏体型不锈钢的焊缝组织,当焊接材料成分与母材相近时,焊态及回火后的组织分别为马氏体和回火马氏休;当采用铬镍奥氏体焊接材料时为奥氏体。

4.2.2　焊接热影响区的组织

焊接过程中,焊缝两侧虽未熔化,但因受热影响而发生金相组织和力学性能变化的区域叫做热影响区或近缝区。熔焊时,焊接接头由两个相互联系、而其组织和性能又有区别的两个部分组成,即焊缝区和热影响区。焊接时,由于焊接热循环的作用,热影响区金属实际上经受了一次相当于热处理的过程。因此,焊后热影响区的组织和性能都要随之发生相应的变化。由于母材的成分不同,热影响区各点经受的热循环不同,所以焊后热影响区发生的组织和性能变化也不相同,实践证明,焊接接头的质量不仅仅决定于焊缝区,同时还决定于热影响区,有时热影响区存在的问题比焊缝区还要复杂,特别是在合金钢焊接时更是如此。所以,研究热影响区在焊接过程中组织和性能的变化有着重要的意义。

用于焊接的结构钢,从热处理特性来看,可分为两类,一类是淬火倾向很小的,如低碳钢及含合金元素很少的普通低合金钢,称为不易淬火钢;另一类是含碳或其它合金元素较多的钢,如中碳钢、低中碳调质高强钢等,称为易淬火钢。由于淬火倾向不同,这两类钢的焊接热影响区的组织和性能也不相同。

1. 不易淬火钢的热影响区组织

不易淬火钢,如低碳钢和含合金元素较少的低合金高强度钢(16Mn、15MnTi、15MnV),其热影响区可分为过热区、正火区、部分相变区和再结晶区等四个区域,如图4-3所示。

(1)过热区。焊接热影响区中,具有过热组织或晶粒显著粗大的区域,对低碳钢为1100℃~1490℃。该区母材中的铁素体和珠光体全部变为奥氏体,所以奥氏体晶粒急剧长大,冷却后使金属的冲击韧性大大降低,一般比基本金属低25%~30%,是热影响区中的薄弱区域。在焊接刚性较大的结构时,常在过热区产生脆化和裂纹。过热区的大小与焊接方法、焊接线能量及母材的板厚等因素有关。

(2)正火区。过热区以下加热温度在Ac₃以上的区域,对低碳钢为900℃~1100℃。该区母材中的铁素体和珠光体全部变为奥氏体,由于温度升得不高,晶粒长大得较慢,空冷后得到均匀而细小的铁素体和珠光体,相当于热处理中的正火组织。正火区由于晶粒细小均匀,既具有较高的强度,又有较好的塑性和韧性,是热影响区中综合力学性能最好的区域。

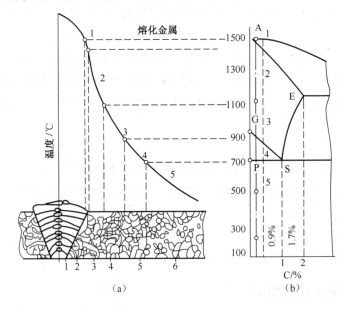

图 4-3 低碳钢热影响区的组织分布

(a)热影响区的组织分布;(b)铁碳合金相图。

1—过热区;2—正火区;3—部分相变区;4—再结晶区;5—部分淬火区;6—回火区。

(3)部分相变区。加热温度在 $Ac_1 \sim Ac_3$ 之间的区域,对低碳钢为 750℃～900℃。该区母材中的珠光体和部分铁素体转变为晶粒比较细小的奥氏体,但仍保留部分铁素体。冷却时,奥氏体转变为细小的铁素体和珠光体,而未熔入奥氏体的铁素体不发生转变,晶粒比较粗大,故冷却后的组织晶粒大小极不均匀,所以力学性能也不均匀,强度有所下降。该区又称不完全重结晶区。

(4)再结晶区。加热温度在 450℃～Ac_1 之间的区域,对低碳钢为 450℃～750℃。对于经过压力加工即经过塑性变形的母材,晶粒发生破碎现象,在此温度区域内发生再结晶。本区域的组织没有变化,仅塑性稍有改善。对于焊前未经塑性变形的母材,本区不出现。

2. 易淬火钢的热影响区组织

易淬火钢,包括中碳钢(35、40、45、50 钢)、低碳调质高强钢(C≤0.25%)、中碳调质高强钢(0.25%＜C≤0.45%)、耐热钢和低温钢等,其热影响区的组织分布与母材焊前的热处理状态有关,如果母材焊前是正火或退火状态,则焊后热影响区的组织可分为完全淬火区和不完全淬火区;如果母材焊前是调质状态,则还要形成一个回火区,如图 4-4 所示。

(1)完全淬火区。当加热温度超过 Ac_3 以上的区域,由于钢种的淬硬倾向较大,故焊后冷却时得到淬火组织马氏体。在靠焊缝附近(相当于低碳钢的过热区),由于晶粒发生严重长大,故为粗大的马氏体;而相当正火区的部分将得到细小的马氏体,当冷却速度较慢或含碳量较低时,会有索氏体和马氏体同时存在,用大线能量焊接时,还会出现贝氏体,从而形成以马氏体为主的共存混合组织。该区由于存在淬火组织,强度和硬度增高,塑性和韧性下降,并且容易产生冷裂纹。

(2)不完全淬火区。母材被加热到 $Ac_1 \sim Ac_3$ 温度之间的热影响区。由于焊接时的快速

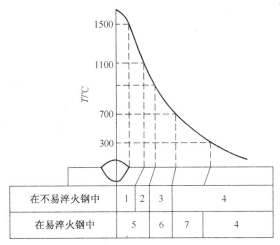

图 4-4　低合金钢热影响区的组织分布
1—过热区;2—正火区;3—不完全重结晶区;4—母材;5—淬火区;
6—不完全淬火区;7—回火区。

加热,母材中的铁素体很少熔解,而珠光体、贝氏体和索氏体等转变为奥氏体。在随后的快速冷却过程中,奥氏体转变为马氏体,原铁素体保持不变,仅有不同程度的长大,最后形成马氏体—铁素体的组织,故称为不完全淬火区。该区的组织和性能很不均匀,塑性和韧性下降。

(3)回火区。如果母材焊前是淬火状态,则在温度低于 Ac_1 的区域,还要发生不同程度的回火处理,称为回火区。由于回火区的温度不同,所得组织也不一样,紧靠 Ac_1 温度区,相当于瞬时高温回火,具有回火索氏体组织;温度越低,则淬火金属的回火程度降低,相应获得回火屈氏体、回火马氏体等组织。

4.3　焊接接头组织性能测试方法

4.3.1　焊接接头的金相检验

金相检验是用来检查焊接接头及母材组织特性及确定内部缺陷的检验方法。金相检验分为宏观金相检验和微观金相检验二种。

(1)宏观金相检验。宏观金相检验通常使试样焊缝表面保持原状,按要求将横断面切取、磨光,经过腐蚀后,用肉眼或借助低倍放大镜(5 倍~10 倍)进行检查。检查内容有:焊缝一次结晶组织的粗细程度和方向性,熔池的形状,各种宏观缺陷,如裂纹、未焊透、气孔、夹渣、偏析及严重的组织不均等。

宏观检验还常采用折断面检查,即沿焊缝纵方向折断焊缝断面。实践证明折断面检查是简单易行的检查方法,在生产和安装现场得到了广泛应用。管子折断面检查是先在环焊缝表面沿焊缝纵方向刻一条尖锐槽(深度为焊缝厚度的 1/3),然后用拉力机或其它方法使焊缝断裂,观察断口上缺陷的性质和大小。折断面检查应用比较广泛,可根据试样断口形貌粗略估计焊缝金属是韧性还是脆性破坏,若断口上有缺陷可直接观察确定其性质。

(2)微观金相检验。微观检验与宏观检验基本相同,也可采用宏观检验的试样。但必须使用机械方法去除腐蚀层,深度不小于 2mm。若焊缝截面较大,可先进行宏观检查,在有缺陷的部位取微观试样。微观试样经磨制腐蚀后,在金相显微镜下对金相组织进行分析,检查焊缝金属中各种显微氧化夹杂物的数量、氢白点的分布、晶粒度、有无过烧组织及淬硬组织等。

4.3.2 焊接接头的力学性能

(1)拉伸试验。拉伸试验可以测得焊缝金属或焊接接头的抗拉强度和屈服强度、延伸率和断面收缩率。在拉伸试验时,还可以发现试棒断口中的某些焊接缺陷。拉伸试样一般有板状试样、圆形试样和管状试样三种。

焊接质量检验中常采用焊接接头抗拉强度试验来检验焊接接头(包括焊缝金属、熔合区和热影响区等)和母材的材料强度和塑性。

高温短时拉伸试验,通常用来测定耐热钢焊接接头在高温条件下的瞬时强度和塑性指标。为了解长期在高温下工作的耐热钢焊接接头的性能需进行高温持久强度试验。

(2)冷弯试验。冷弯试验的目的是测定焊接接头的塑性,并可反应出焊接接头各区域的塑性差别,考核熔合区的熔合质量和暴露焊接缺陷。弯曲试验分面弯、背弯和侧弯三种,可根据产品技术条件选定。背弯易于发现单面焊缝根部缺陷,侧弯能检验焊层与母材之间的结合强度及多层焊时的尾间缺陷。对于试样受拉表层焊接缺陷的检验,冷弯试验是一种较为灵敏的方法。在试验时压头直径、支座间距和加载速度对试验结果都有一定的影响。

(3)冲击韧性试验。冲击韧性试验用来测定焊接接头和焊缝金属的韧性以及脆性转变温度。根据产品的使用要求应在不同的试验温度下进行冲击韧性试验。焊接接头的冲击韧性试验可根据产品的不同需要在焊接接头的不同部位和不同方向取样,试样缺口可以开在焊接接头的不同部位。

(4)硬度试验。硬度试验可检验焊接接头各部位的硬度分布情况,了解区域偏析和近焊缝区的淬硬倾向。

硬度试验设备简单,操作简便,不破坏焊件,仅在焊件表面局部体积内产生很小的压痕,故应用很广。由于热影响区最高硬度与可焊性之间有一定的联系,故热影响区硬度试验结果的最高硬度还可作为选择焊接工艺时的参考。

(5)疲劳强度试验。疲劳强度试验可用来测定焊接接头和焊缝金属在交变载荷作用下的强度。疲劳强度常以在一定交变载荷作用下断裂时的应力 σ_{-1} 和循环次数 N 来表示。疲劳强度试验根据受力的不同分为压疲劳、弯曲疲劳和冲击疲劳试验等。

(6)断裂韧性试验。断裂韧性试验是用具有裂纹的试样来测定材料抵抗裂纹开裂和扩散能力的一种试验方法。

4.3.3 焊接接头的抗腐蚀性能

金属受周围介质的化学和电化学作用而引起的损坏称为腐蚀。有时受到化学因素和机械因素的同时作用,其损坏程度往往更为严重,如应力腐蚀、腐蚀疲劳等。

腐蚀试验的目的在于确定在给定的条件(介质、浓度、温度、腐蚀方法、应力状态等)下金属抵抗腐蚀的能力,估计其使用寿命,分析腐蚀原因,找出防止或延缓腐蚀方法。

腐蚀试验方法根据产品对耐腐蚀性能的要求而定。常用的方法有不锈钢晶间腐蚀试验、应力腐蚀试验、腐蚀疲劳试验、大气腐蚀试验、高温腐蚀试验等。不锈耐酸钢晶间腐蚀倾向试验方法已纳入国家标准,可用于检验奥氏体型和奥氏体—铁素体型不锈钢的晶间腐蚀倾向。

4.4 焊接接头组织与性能的改善

焊接接头的力学性能取决于其微观组织,而焊缝组织可以通过采用合适的方式得到改善。

4.4.1 焊缝组织对接头性能的影响

1. 一次结晶形态对接头性能的影响

焊缝的一次结晶形态对性能的影响是很明显的。一般来讲,粗大的柱状晶不但降低焊缝的强度,而且更重要的是降低焊缝的韧性。例如低碳钢用碱性焊条焊接的焊缝,晶粒越粗大,焊缝的冲击韧性值越低。

柱状晶组织的粗细对一般低碳钢的影响还不太严重,但对不锈钢等材料的影响非常严重。此外,一次结晶形态对裂纹、夹杂、气孔以及耐腐蚀性等也都具有严重的影响。

热裂纹的微观特征一般是沿一次结晶的晶界开裂,故又称结晶裂纹。如纯奥氏体不锈钢,由于存在有明显方向性的粗大枝状晶,因此,焊缝金属的热裂纹倾向十分敏感。此外,粗大柱状晶对于抗晶间腐蚀也有不利影响,对于某些奥氏体不锈钢的焊缝金属,常希望含有 $5\%\sim10\%$ 的铁素体,打乱柱状晶的方向性,从而提高焊缝的抗腐蚀性能。

2. 二次结晶形态对接头性能的影响

由于焊缝的化学成分、焊接工艺条件和热处理方式的不同,焊缝金属的二次结晶组织也各不相同。二次结晶组织直接影响着焊缝金属的性能。

从强度来看,马氏体比其它组织的强度高;贝氏体的强度介于马氏体和铁素体加珠光体组织之间;铁素体和奥氏体的强度则较低。从塑性和韧性来看,奥氏体在温度下降时无明显的脆性转变现象,塑性和韧性较其它组织好;铁素体加珠光体组织次之;粒状贝氏体强度较低,但具有较好的韧性;下贝氏体具有较高的强度,又有良好的韧性;上贝氏体韧性最差;高碳马氏体硬而脆,几乎没有什么韧性;而低碳马氏体则具有相当高的强度和良好的塑性和韧性相结合的特点。从抗裂性来看,铁素体加珠光体组织和奥氏体抗裂性较好,奥氏体加少数铁素体双相组织比单相奥氏体具有更好的抗热裂性能;贝氏体、贝氏体加马氏体则对冷裂纹的敏感性最大。

此外,组织越细越均匀,其性能要比粗大而不均匀的组织好,低碳钢焊缝过热形成粗大的魏氏组织,将使塑性和韧性降低。

4.4.2 焊缝组织的改善

1. 一次结晶组织的改善

具有同样化学成分的焊缝金属,由于结晶形态的不同,在性能上也会有很大差异。在一般情况下,构件焊后就不再进行热处理,特别是一些大型的结构,因此,应尽可能保证一次结晶后就得到良好的焊缝组织。

在生产上用来改善一次结晶的方法很多,但归纳起来大体上有以下两类:

1)变质处理

改善焊缝金属一次结晶的有效方法之一,就是向焊缝中添加某些合金元素,即所谓变质处理。根据目的和要求的不同,可加入不同的合金元素,以提高焊缝金属的某些性能,特别是近年来采用了微量合金元素,大幅度地提高了焊缝强度和韧性。

从近年来的研究结果证明,通过焊接材料(焊条、焊丝和焊剂等)向熔池中加入细化晶粒的合金元素,如钼、钛、铌、锆、铝、硼、氮、稀土等,可以使焊缝晶粒细化,改变结晶形态,既可提高强度和韧性,又可改善抗裂性能。因此,在焊接生产中经常被采用。近年来,国内许多单位研制的超低氢和低氢高韧性焊条已在生产上得到广泛应用。

2)振动结晶

改善焊缝一次结晶组织的另一方法就是振动结晶。通过破坏正在成长的晶粒,从而获得细晶组织。熔池金属在凝固期间如不断受到一定频率的振荡作用,不仅可以使柱状晶全部或部分消除,并且还有利于夹杂物和气体的浮出,也有利于化学成分均匀分布。这种方法虽经多年的研究试验,但始终未能在生产上广泛使用。因为它比起变质处理需要更为复杂的设备,成本高,效率低,生产上普遍使用有一定的困难,但从发展前途来看具有一定的优点。根据振动的方式不同,可分为低频机械振动、高频超声振动和电磁振动等。

(1)低频机械振动。振动频率在每秒一万周次以下的属于低频振动。一般都采用机械的方式实现(振动器加在焊丝上或工件上),振幅一般都在 2mm 以下。这种振动的作用,所产生的能量可使熔池中成长的晶粒遭到机械的振动力而被打碎,同时也可使熔池金属发生强烈的搅拌作用,有利于气体和杂质的上浮和化学成分均匀,从而改善了焊缝金属的性能。

(2)高频超声振动。利用超声波发生器可获得每秒两万周次以上的振动频率,但振幅只有 10^{-4}mm。超声振动对改善熔池一次结晶,消除气孔、夹杂和结晶裂纹比低频机械振动更为有效。根据有关部门的研究结果,超声振动可使焊接熔池中正在结晶的金属承受拉压交替的应力状态,形成一种强大的冲击波,可以有足够的能量破坏正在成长的晶粒,增多结晶中心,改变结晶形态,细化晶粒。

(3)电磁振动。这种方法是利用强磁场使熔池中的液态金属产生强烈的搅拌,使成长着的晶粒不断受到"冲洗",造成剪应力。这种作用一方面使晶粒细化,另一个方可以打乱结晶方向,改变结晶形态。

值得指出的是加入磁场之后,除能改善焊缝的结晶组织性能之外,还会降低焊接接头的残余应力,这一点具有很大的优越性。但这种电磁振动的方法尚处在研究阶段,有待今后进一步地完善。

2. 二次结晶组织的改善

提高焊缝性能的重要途径除了改善一次结晶组织外,就是改善焊缝二次组织。生产上采用的方法较多,有的方法并不完全针对焊缝,而是改善了整个焊接接头的性能。常用的方法主要有以下几种:

1)焊后热处理

一些重要的焊接结构,一般都应进行焊后热处理,例如珠光体耐热钢的电站设备、电渣焊的厚板结构以及中碳调质钢制造的焊接构件,焊后都要经过不同形式的热处理(回火、正火或调质)。应当指出,焊缝热处理不仅改善了焊缝性能,同时也改善了整个焊接接头的性能,是充分发挥焊接结构潜在性能的有效措施。但对大型结构和一些高压管道,无法进行整体焊后热处理。例如,近年来对于大型球罐采用内部加热、外部保温进行整体焊后热处理比较成功,但对某些大型的复杂结构仍然困难。为此,常采用局部热处理来代替整体热处理。例如,某电站 30 万 kW 发电机组的锅炉过热器,采用 12Cr3MoSiTiB 钢管,规格为 Φ38mm×6mm,手工电弧焊,焊后进行局部热处理,焊缝性能大为改善,硬度从 351HV 降至 221HV,弯曲角从 25°提高到 180°。

2)多层焊接

焊接相同厚度的钢板,采用多层焊接可以提高焊缝金属的性能。这种方法一方面由于每层焊缝变小而改善了一次结晶的条件,另一个方面,更主要的原因是后一层对前一层焊缝具有附加热处理的作用,从而改善了焊缝的二次组织。

3)锤击焊道表面

锤击焊道表面既能改善一次组织,也能改善二次组织,因为锤击可使前一层焊缝不同程度地晶粒破碎,使后层焊缝晶粒细化,这样逐层锤击焊缝就可以改善二次组织的性能,产生塑性变形而降低残余应力,从而提高焊缝金属的韧性。一般采用风铲锤击,锤头圆角 1.0mm～1.5mm 为宜,锤痕深度为 0.5mm～1.0mm,锤击的方向及顺序应先中央后两侧,依次进行。

4)跟踪回火处理

所谓跟踪回火,就是在每焊完一层后立即用气焊火焰加热焊道表面,温度控制在900℃～1000℃。

如果手工电弧焊焊道的平均厚度约为3mm,则跟踪回火对前三层焊缝均有不同的热处理作用。最上层焊缝相当于正火处理,对中层焊缝进行约为 750℃左右的高温回火处理,对下层焊缝进行了 600℃左右的回火处理。所以,采用跟踪回火,每道焊缝在焊接过程中将经受两次正火处理和若干次回火处理,不仅改善了焊缝的二次组织,同时也改善了整个焊接接头的性能,因此焊接质量得到显著提高。

第5章　常用金属材料的焊接

不同的材料由于物理化学性质不同,在焊接过程中产生缺陷的种类与概率不同,即焊接难易程度不同,需要采取的工艺措施也不相同,因而提出"焊接性"这一概念。本章介绍常用的几类金属材料的焊接性以及相应的焊接工艺措施。

5.1　金属材料的焊接性及其试验方法

5.1.1　金属材料的焊接性

金属材料焊接性就是金属是否能适应焊接加工而形成完整的、具备一定使用性能的焊接接头的特性。也就是说,金属材料焊接性的概念有两方面内容:一是金属在焊接加工中是否容易形成缺陷;二是焊成的接头在一定的使用条件下可靠运行的能力。这也说明,焊接性不仅包括结合性能,而且包括结合后的使用性能。

从理论上分折,只要在熔化状态下能够相互形成溶液或共晶的任意两种金属或合金即可以经过熔焊形成接头。有的工艺过程很简单,有的工艺过程很复杂;有的接头质量高、性能好,有的接头质量低、性能差。所以,金属焊接工艺过程简单而接头质量高、性能好时,就称作焊接性好;反之,就称作焊接性差。

5.1.2　焊接性试验方法

1. 焊接性试验的内容

针对材料的不同性能特点和不同使用要求,焊接性试验的内容可以有以下几种:

(1)焊接金属抵抗产生热裂纹的能力。

(2)焊缝及热影响区金属抵抗产生冷裂纹的能力。

(3)焊接接头抗脆性断裂的能力。

(4)焊接接头的使用性能。

2. 焊接性试验方法分类

评定焊接性的方法有许多种,按照其待点可以归纳为以下几种类型:

1)直接模拟试验类

这类焊接性评定方法一般是仿照实际焊接的条件,通过焊接过程观察是否发生某种焊接缺陷或发生缺陷的程度,直观地评价焊接性的优劣,有时还可以从中确定必要的焊接条件。

(1)焊接冷裂纹试验。常用的有插销试验、斜Y坡口对接裂纹试验、拉伸拘束裂纹试验(TRC)、刚性拘束裂纹试验(RRC)等。

(2)焊接热裂纹试验。常用的有可调拘束裂纹试验、FISCO焊接裂纹试验、窗形拘束对接裂纹试验、刚性固定对接裂纹试验等。

(3)再热裂纹试验。有H型拘束试验、缺口试棒应力松弛试验、U形弯曲试验等,还可以利用插销试验进行再热裂纹试验。

(4)层状撕裂试验。常用的有 Z 向拉伸试验、Z 向窗口试验、Cranfield 试验等。

(5)应力腐蚀裂纹试验。有 U 形弯曲试验、缺口试验、预制裂纹试验等。

(6)脆性断裂试验。除低温冲击试验外,常用的还有落锤试验、裂纹张开位移试验(COD)以及 Wells 宽板拉伸试验等。

2)间接推算类

这类焊接性评定方法一般不需要焊出焊缝,而只是根据材料的化学成分、金相组织、力学性能之间的关系,联系焊接热循环过程进行推测或评估,从而确定焊接性优劣以及所需要的焊接条件。属于这一类的方法主要有碳当量法、焊接裂纹敏感指数法、连续冷却组织转变曲线法、焊接热应力模拟法、焊接热影响区最高硬度法及焊接区断口金相分析等。

3)使用性能试验类

这类试验焊接性评定方法最为直观,它是将实焊的接头甚至产品在使用条件下进行各方面分析,以试验结果来评定其焊接性。通常较小的焊接构件可以直接用产品做试验,而大型焊接构件只能以试样做试验。属于这一类的方法主要有焊缝及接头的拉伸、弯曲、冲击等力学性能试验,高温蠕变及持久强度试验、断裂韧性试验、低温脆性试验、耐腐蚀及耐磨试验、疲劳试验等。直接用产品做的试验有水压试验、爆破试验等。

3. 选择或制定焊接性试验方法的原则

国内外现有的焊接性试验方法已经有许多种,而且随着技术的发展、要求的提高,焊接性试验方法还会不断增多。选择或制定焊按性试验方法时必须符合下述原则:

(1)焊接性试验的条件要尽量与实际焊接时的条件相一致。

(2)焊接性试验的结果要稳定可靠,具有较好的再现性。试验所得数据不可过于分散,只有这样才能正确显示变化规律,获得能够指导生产实践的结论。

(3)注意试验方法的经济性。

5.2 碳素钢的焊接

5.2.1 低碳钢的焊接

1. 低碳钢的焊接特点

低碳钢的含碳量≤0.25%,可焊性良好,焊接时一般不需要采取特殊的工艺措施,可采用各种焊接方法,有很宽的焊接规范,一般情况下都可以得到性能良好的接头,热影响区的性能也不会发生明显变化。但也要注意避免接头的严重过热,特别是用气焊或电渣焊时更应注意。当钢的含碳量在上限(0.21%~0.25%)时,含硫量过高,工件刚度大或在低温条件下进行焊接时可能出现裂纹。

2. 低碳钢的焊接工艺

低碳钢焊接时只要按照正常的工艺进行,避免工艺缺陷,就可满足性能要求。一般情况下,选用酸性焊条。只有当工件厚度大、低温条件下施焊及钢中含碳及硫偏高可能出现裂纹时,才考虑选用碱性焊条。适当预热,并且焊后热处理和避免用窄而深的坡口形式。

3. 低温条件下的焊接

工件厚度大,在低温下焊接,由于冷却速度太快可能出现裂纹。为了避免裂纹,应选用碱性焊条,适当增大定位焊缝的长度及其截面面积,减慢焊速,连续焊完整根焊条,并尽量避免中断,防止出现咬边、未焊透、夹渣等缺陷,熄弧时注意填满弧坑,不要随意在母材上打弧。

5.2.2 中碳钢的焊接

1. 中碳钢的焊接特点

碳钢的可焊性随着含碳量的增高而变坏。中碳钢含碳量为 $0.25\%\sim0.60\%$,可焊性较差。焊接中碳钢的主要困难是基体金属近缝区容易产生低塑性的淬硬组织。钢中含碳量越高,工件厚度越大,淬硬倾向也越大。当工件刚度大、焊条及焊接规范选择不当、工艺不合理时,容易在热影响区及焊缝中出现冷裂纹。但如果母材中含碳量高,在焊接时,第一层焊缝金属中约混入 $20\%\sim30\%$ 的母材,使焊缝金属中的含碳量增高,还容易引起焊缝金属出现热裂纹。特别是在收弧时,经常出现弧坑裂纹(也叫火口裂纹)。由于出现淬硬组织,中碳钢焊接接头的塑性和疲劳强度较低。

2. 中碳钢的焊接工艺

为了避免焊缝附近出现淬硬组织,焊接中碳钢一般需要预热。在不预热的情况下,可以选奥氏体焊条,如 E0-19-10Mo2-16、E1-23-13Mo2-16 等,焊接最好在立焊或半立焊位置进行。采用横向摆动的焊接方法,摆动范围为 5 倍~8 倍焊条直径,为减少母材混入焊缝,坡口尽量开成 V 形,焊接时要用小电流,收弧时要注意填满弧坑。

为了改善接头性能,防止出现裂纹,焊后最好进行热处理。

常用碳钢焊接工艺可参考表 5-1。

表 5-1 碳钢焊接工艺参数

钢号	板厚/mm	预热及层间温度/℃	焊条	去应力退火温度/℃
10,A3R	≤50	不需要		不需要
20g	50~100	>100		600~650
25 30 35	≤25	>50		不需要
		不预热	碱性	600~650
	25~100	>100	碱性	600~650
		>150		600~650
	50~100	>150	碱性	600~650
	>100	>200	碱性	600~650

5.3 低合金结构钢的焊接

5.3.1 合金结构钢

1. 合金结构钢的分类

对焊接生产中常用的一些合金结构钢来说,综合考虑了它们的使用性能和用途后,大致可以分为两类:一类是强度用钢,主要性能为力学性能;另一类是专用钢,它除了要满足通常的力学性能外,还必须适应特殊环境下工作的要求。

2. 合金结构钢的应用范围

合金结构钢在各类钢中应用范围最为广泛,它涉及到各种机械零件、建筑结构和各类工程结构。只有一部分的机械零件与焊接有关,如汽车上的组合齿轮等。但各种结构的制造几乎离不开焊接,例如建筑钢结构、桥梁、车辆等。

3. 强度用钢和专用钢

(1)强度用钢。即为通常所说的高强钢。凡是 $\sigma_s \geqslant 294\text{MPa}$ 的强度用钢均可称为高强钢。它大量应用于常温下工作的一些受力结构。这类钢根据屈服点级别及热处理状态,一般又可分为三类:热轧及正火钢、低碳调质钢和中碳调质钢。

(2)专用钢。根据不同的特殊使用性能,这类钢大致又可以分为三类:珠光体耐热钢、低温钢和低合金耐蚀钢。

5.3.2 热轧、正火钢的焊接

1. 热轧、正火钢典型成分

热轧钢基本上都是属于 C-Mn 或 Mn-Si 系的钢种,我国应用最广的是 16Mn。这类钢的基本成分为:C≤0.2%,Si≤0.55%,Mn≤1.5%。这种钢虽然能在热轧状态下使用,但是性能不稳定,特别是板厚增加时更为严重。所以这种钢应该在正火状态下使用更为合理。

2. 热轧、正火钢的焊接性分析

焊接性通常表现为两方面的问题:一是焊接引起的各种缺陷,对这类钢来说主要是各类裂纹问题;二是焊接时材料性能的变化,对这类钢来说主要是脆化问题。

(1)焊缝中的热裂纹。从它们的成分来看,由于 Mn/S 比都能达到要求,具有较好的抗热裂性能,正常情况下焊缝中不会出现热裂纹。只有材料成分不合格时才会出现热裂纹。

(2)冷裂纹。冷裂纹是焊接这类钢时的一个主要问题。从材料本身考虑,淬硬组织是引起冷裂纹的决定性因素。

(3)再热裂纹。从钢材的化学成分考虑,热轧钢中由于不含强碳化物形成元素,对再热裂纹不敏感。此外,正火钢中一些含有强碳化物形成元素的钢材也不一定会产生再热裂纹,这与合金系统有很大关系。

(4)层状撕裂。由于层状撕裂的产生是不受钢材的种类和强度级别的限制,即使是在被认为焊接性较好的低碳钢中也容易产生。一般认为,S 的含量和 Z 向断面收缩率是评定钢材层状撕裂敏感性的主要指标。

(5)热影响区的性能变化。焊接热轧钢和正火钢时,热影响区的主要性能变化是过热区的脆化问题。

3. 热轧、正火钢的焊接工艺特点

热轧钢和正火钢对焊接方法无特殊要求,常用的焊接方法都能采用,它主要根据材料厚度、产品结构和具体施工条件来确定。

1)焊接材料的选择

选择焊接材料时必须考虑到两方面的问题:一要焊缝没有缺陷;二要满足使用性能的要求。焊接热轧及正火钢时,选择焊接材料的主要依据是保证焊缝金属的强度、塑性和韧性等力学性能与母材相匹配。

2)焊接工艺参数的确定

(1)焊接线能量。焊接线能量的确定主要取决于过热区的脆化和冷裂两个因素。当焊接含碳量低的热轧钢时,对线能量基本没有严格要求,但是线能量偏小一些更有利;当焊接含碳量高的 16Mn 时,小线能量时冷裂倾向会增大,所以在这种情况下线能量宁可偏大一些比较好。

对于淬硬倾向大、含碳量和合金元素含量较高的正火钢(如 18MnMoNb)来说,随线能量减小,过热区韧性降低,并容易产生延迟裂纹。因而焊接这类钢时,线能量偏大一些较好。

(2)预热。预热温度的确定非常复杂,主要取决于下列因素:淬硬倾向、冷却速度、拘束度、含氢量、焊后是否进行热处理。

(3)焊后热处理。一般情况下,热轧钢及正火钢焊后是不需要热处理的;但对于要求抗应力腐蚀的焊接结构和低温下使用的焊接结构等,焊后都要进行消除应力的高温回火。

5.3.3 低碳调质钢的焊接

1. 低碳调质钢典型钢种成分及性能

低碳调质钢的 σ_s 一般为 441MPa～980MPa,这类钢为了保证良好的综合性能和焊接性,要求 C≤0.22%,实际上含碳量都在 0.18% 以下。

2. 低碳调质钢的焊接性分析

焊接这类钢时的主要问题和工艺要求基本上与正火钢类似,差别只在于这类钢是通过调质获得强化效果的,因此在热影响区,除了脆化外还有软化问题需要着重考虑。

3. 低碳调质钢的焊接工艺特点

在焊接这类钢时要注意两个问题:一是要求在马氏体转变时的冷却速度不能太快,使马氏体有一"自回火"作用,以免冷裂纹的产生;二是要在 500℃～800℃ 之间的冷却速度大于产生脆性混合组织的临界速度。这两个问题是制定低碳调质钢焊接工艺的主要依据。热影响区的软化问题通过采用小线能量焊接就可基本解决。

(1)焊接工艺方法和焊接材料的选择。调质状态下的钢材,只要加热温度超过了它的回火温度,性能就会发生变化。解决的办法:①采用焊后重新调质处理;②焊后不再进行调质处理,而是尽量限制焊接过程中热量对母材的作用。

(2)焊接工艺参数的选择。确定冷速范围是非常重要的。这个范围的上限取决于不产生冷裂纹,下限取决于热影响区不出现脆化的混合组织。如图 5-1 所示,画有阴影线的区域是既能得到良好韧性,又能避免冷裂的冷却速度范围。

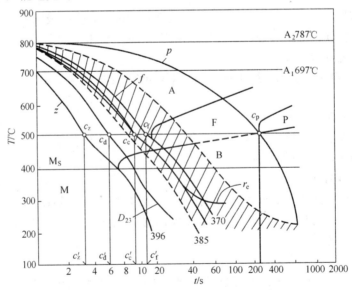

图 5-1 HT80(T-1)钢 CCT 曲线以及对应于根部裂纹、
焊道弯曲塑性和缺口韧性的临界冷却曲线

P、f、z—分别为珠光体、铁素体、贝氏体的临界冷却曲线;D_{23}—焊道弯曲塑性临界冷却曲线;Y_c—Y形坡口抗裂试验临界冷却曲线;阴影区—缺口韧性最佳冷却范围。

5.4 不锈钢与耐热钢的焊接

5.4.1 奥氏体钢与双相钢的焊接

下面着重讨论三个问题:焊接接头耐蚀性、焊接接头热裂纹及焊接接头脆化。

1. 奥氏体钢焊接接头的耐蚀性

1)晶间腐蚀

有代表性的18-8钢焊接接头,有三个部位能出现晶间腐蚀现象,如图5-2所示。但在同一个接头并不能同时看到这三种晶间腐蚀的出现,这取决于钢和焊缝的成分。出现敏化区腐蚀就不会有熔合区腐蚀。焊缝区的腐蚀主要决定于焊接材料。

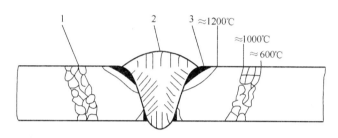

图 5-2 18-8不锈钢焊接接头可能出现晶间腐蚀的部位
1—HAZ敏化区;2—焊缝区;3—熔合区。

(1)焊缝区晶间腐蚀。根据贫铬理论,为防止焊缝发生晶间腐蚀:①通过焊接材料,使焊缝金属或者成为超低碳情况,或者含有足够的稳定化元素Nb(因Ti不易过渡到焊缝中而不采用Ti),一般希望Nb≥8C或Nb≈1‰(GB983—85);②调整焊缝成分以获得一定的铁素体(δ)相。

(2)HAZ敏化区晶间腐蚀。所谓HAZ敏化区晶间腐蚀,是指焊接热影响区中加热峰值温度处于敏化加热区间的部位所发生的晶间腐蚀。不过对于18-8钢的热影响区,发生敏化的区间并非平衡加热时450℃～850℃,而是有一个过热度,可达600℃～1000℃。因为焊接是快速加热和冷却的过程,而铬碳化物沉淀是一个扩散过程,为足够扩散需要一定的"过热度"。

(3)刀口腐蚀。在熔合区产生的晶间腐蚀,有如刀削切口形式,故称"刀口腐蚀"。腐蚀区宽度初期不超过3个～5个晶粒,逐步扩展到1.0mm～1.5mm(一般电弧焊)。

2)应力腐蚀开裂

(1)焊接应力的作用。焊接接头应力腐蚀开裂(SCC)是焊接性中最不易解决的问题之一。如在化工设备破坏事故中,不锈钢的SCC超过60%,其次是点腐蚀约占20%以上,晶间腐蚀只占6%左右。而应力腐蚀开裂的拉应力来源于焊接残余应力的超过30%。焊接拉应力越大,越易发生SCC。图5-3照片为一SCC典型实例。

必须指出,为消除应力,加热温度 T 的作用效果远大于加热保温时间 t 的作用。

(2)合金成分的作用。从组织上看,焊缝中含有一定数量的δ相有利于提高氯化物介质中的耐SCC性能,但却不利于防止HEC型的SCC,因而在高温水或高压加氢的条件下工作就可能有问题。应该如何进行合金化,尚待进一步研究。已积累的资料表明,在氯化物介质中,提高Ni有利。Si能使氧化膜致密,因而是有利的;加Mo则会降低Si的作用。但如果SCC的根源是点蚀坑,则因 Mo 有利于防止点蚀,则会提高耐 SCC 性能。超低碳有利于提高抗应力腐蚀开裂性能,如图 5-4 所示。

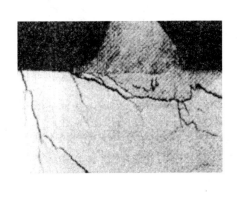

图 5-3　应力腐蚀裂纹(SCC)

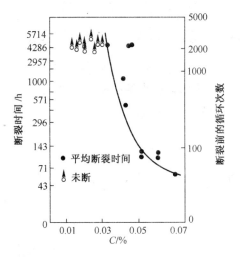

图 5-4　18-8 型钢管焊接接头 SCC 断裂时间与材质含碳量的关系

3)点蚀

为提高耐点蚀性能,一方面须减少 Cr、Mo 的偏析;一方面采用较母材更高 Cr、Mo 含量的所谓"超合金化"焊接材料。已知,提高 Ni 含量,晶轴中 Cr、Mo 的负偏析显著减少,因此采用高 Ni 焊丝应该有利。

由此可以得出结论:①为提高耐点蚀性能而不能进行自熔焊接;②焊接材料与母材必须"超合金化"匹配;③必须考虑母材的稀释作用,以保证足够的合金含量;④提高 Ni 量有利于减少微观偏析,必要时可考虑采用 Ni 基合金焊丝。

2. 奥氏体钢焊接接头热裂纹

奥氏体钢焊接时,在焊缝及近缝区都有产生裂纹的可能性,主要是热裂纹。最常见的是焊缝凝固裂纹。HAZ 中近缝区的热裂纹多半是所谓液化裂纹。

1)奥氏体钢焊接热裂纹的产生原因

与一般结构钢相比较,Cr-Ni 奥氏体钢焊接时有较大热裂倾向,主要与下列特点有关:

(1)奥氏体钢的导热系数小和线胀系数大,在焊接局部加热和冷却条件下,接头在冷却过程中可形成较大的拉应力。焊缝金属凝固期间存在较大拉应力是产生热裂纹的必要条件。

(2)奥氏体钢易于形成方向性强的柱状晶的焊缝组织,利于有害杂质偏析,促使形成晶间液膜,易于促使产生凝固裂纹。

(3)奥氏体钢及焊缝的合金组成较复杂,不仅 S、P、Sn、Sb 之类杂质可形成易溶液膜,一些合金元素因溶解度有限(如 Si、Nb),也能形成易溶共晶。

2)热裂纹与凝固模式

凝固裂纹最易产生于单相奥氏体组织的焊缝中,如果为 γ+δ 双相组织,则不易产生凝固裂纹。总之,凡溶解度小而能偏析形成易熔共晶的成分,都可能引起热裂纹的产生。凡可无限固溶的成分(如 Cu 在 Ni 中)或溶解度大的成分(如 Mo、W、V),都不会引起热裂。奥氏体钢焊缝,提高 Ni 含量时,热裂倾向会增大;而提高 Cr 含量,对热裂不发生明显影响。在含 Ni 量低的奥氏体钢中加 Cu 时,焊缝热裂倾向也会增大。

3)焊接工艺的影响

为避免焊缝枝晶极大和过热区晶粒粗化,以致增大偏析程度,应尽量采用小的焊接线能量,而且不应预热,并降低层间温度。不过,为了减小线能量,不应过分增大焊接速度,而应适当降低焊接电流。增大焊接电流,焊接热裂纹的产生倾向也随之增大。过分提高焊接速度,焊接时反而更易产生热裂纹。

3. 奥氏体钢焊缝的脆化

1)焊缝低温脆化

为了满足低温韧性要求,有时采用 18-8 钢,焊缝组织希望是单一 γ 相,成为完全面心立方结构,尽量避免出现 δ 相。δ 相的存在,总是恶化低温韧性,如表 5-2 所列。虽然单相 γ 焊缝低温韧性比较好,但仍不如固溶处理后的 1Cr18Ni9Ti 钢母材的韧性(α_{kv}($+20$℃)≈ 280J/mm^2,α_{kv}(-160℃)≈ 230J/mm^2)。

表 5-2 焊缝组织状态对韧性的影响

焊缝主要组成/%						焊缝组织	α_{kv}/(J/mm^2)	
C	Si	Mn	Cr	Ni	Ti		$+20$℃	-160℃
0.08	0.57	0.44	17.6	10.8	0.16	$\gamma+\delta$	121	46
0.15	0.22	1.50	25.5	18.9	—	γ	178	157

2)焊缝 σ 相脆化

σ 相是指一种脆硬而无磁性的金属间化合物相,具有变成分和复杂的晶体结构。σ 相的产生,是 $\gamma \rightarrow \sigma$ 或是 $\delta \rightarrow \sigma$。在奥氏体钢焊缝中,Cr、Mn、Nb、Si、Mo、W、Ni、Cu 均可促使 $\gamma \rightarrow \sigma$,其中 Nb、Si、Mo、Cr 影响显著。

4. 双相不锈钢焊接接头耐蚀性

对于 18-5 型、22-5 型、25-5 型双相不锈钢,正常焊接条件下,焊接接头的耐蚀性一般不会有问题。例如,母材为 22Cr-5.5Ni-3Mo-0.15N 钢管,管外径 508mm,壁厚 14.3mm,其点蚀指数 PI＝Cr＋3Mo＋16N＝34.1。若采用双丝埋弧自动焊焊接,焊后短时固溶处理(1050℃×40s),焊缝和热响区的耐蚀性均和母材差不多。

5. 双相钢焊接接头的脆化问题

δ/γ 双相钢因 δ 的存在,也就存在铁素体钢固有的脆化倾向,如 475℃脆性、δ 相脆化及晶粒粗化脆化。但因有 γ 相与之平衡,又大大缓解了这些脆化作用,正常条件下焊接接头的室温力学性能均可满足技术条件规定的使用要求。焊缝金属强度可与母材基本一致,塑性与韧性也可与母材相匹配。

6. 双相钢焊接接头抗裂性

工业中应用双相钢的现场经验表明,这类钢种可以认为是不易产生热裂纹的,完全可与 18-8 系列钢相比拟。通常所用的焊接方法(SMAW、TIG、MIG)在现场施工时,焊缝凝固产生的应变水平一般不超过 2%,如果考察应变 $\varepsilon < 2$% 的情况,应认为双相不锈钢的抗裂性能应是满意的。含 Cu 为 1.7% 的双相不锈钢之所以还具有稍大的热裂倾向,研究证明是形成了含 Cu、P 的复杂成分的液膜所致。总之,双相不锈钢具有满意的抗裂性,除非含 Cu 或 S、P 失控。由于双相不锈钢低 Ni,且不再含有其它易形成低熔点液膜的成分,一般不易产生热裂纹。

7. 奥氏体钢、双相钢的焊接工艺

1) 焊接材料选择

在选择具体焊接材料时,应注意以下几个问题。

(1)焊接材料类型繁多,商品牌号复杂,应对照相应技术标准考虑选择。

(2)应坚持"适用性原则"。

(3)必须根据所选各焊接材料的具体成分来确定是否适用,并应通过试验加以验收。

(4)必须考虑具体应用的焊接方法和工艺参数可能造成的熔合比大小。

(5)必须根据技术条件规定的全面焊接性要求来确定合金化程度。

(6)不仅要重视焊缝金属合金系统,而且要注意具体合金成分在该合金系统中的作用;不仅考虑使用性能要求,也要考虑防止焊接缺陷的工艺焊接性的要求。

表 5-3 中列出一些典型不锈钢和耐热钢及其组配的熔敷金属的主要合金组成,以供参考。

表 5-3　Cr-Ni 奥氏体钢、双相钢焊接材料组配示例

No.	母材钢种	熔敷金属	组织
1	0Cr18Ni11Ti	0Cr21Ni9Nb,0Cr18Ni9SiV3	$\gamma+\delta$
2	1Cr18Ni9Ti	1Cr19Ni10Nb,1Cr16Ni9Mo2	$\gamma+\delta$
3	00Cr19Ni11	00Cr21Ni10	$\gamma+\delta$
4	00Cr19Ni13Mo3	00Cr20Ni13Mo3,00Cr23Ni13Mo2	$\gamma+\delta$
5	1Cr18Ni12Mo3Ti	1Cr18Ni10Mn3Mo2V,0Cr19Ni12Mo2Nb	$\gamma+\delta$
6	0Cr17Ni12Mo2	0Cr19Ni12Mo2Nb	$\gamma+\delta$
7	0Cr18Ni12Mo2Cu2	00Cr19Ni14Mo2Cu2	$\gamma+\delta$
8	0Cr15Mn10Ni2Si3Mo3CuN	0Cr18Mn10Ni5N,00Cr18Ni12Mo2Cu2	$\gamma+\delta$
9	2Cr25Ni20Si2	2Cr25Ni18Mn7,1Cr25Ni18Si2B	$\gamma+\delta$
10	2Cr25Ni20	2Cr26Ni21Mo2	γ
11	4Cr25Ni20(HK40)	4Cr26Ni27,4Cr26Ni35Mo	γ
12	0Cr21Ni32	1Cr13Ni50Mo2Nb,Ni72Cr20Mn3Nb3	γ
13	00Cr25Ni22Mo2N	00Cr25Ni22Mo2Mn5N	γ
14	0Cr21Ni6Mn9N	00Cr21Ni15Mn9N	γ
15	00Cr22Ni5Mo3N	00Cr24Ni7Mo3N,00Cr23Ni13Mo3	$\gamma+\delta$
16	00Cr25Ni5Mo2N	00Cr25Ni9Mo3N,00Cr23Ni13Mo3	$\gamma+\delta$
17	00Cr25Ni7Mo3WCuN	00Cr25Ni11Mo3WCuN(Cu 0.4%)	$\gamma+\delta$
18	00Cr20Ni18Mo6N	Ni64Cr22Mo9N	γ
19	0Cr21Ni12Mo2Mn5NbN	Ni62Cr22Mo9Nb3	γ
20	4Cr25Ni35(HP)	4Cr26Ni35Mo,Ni62Cr22Mo9Nb3	γ

2) 焊接工艺要点

焊接不锈钢和耐热钢时也同焊接其它材料一样,都有一定技术规程可以遵循。在这里只提一下几个必须注意的问题。

(1)合理选择最适用的焊接方法。

(2)必须控制焊接参数,避免接头产生过热现象。

(3)接头设计的合理性应给以足够的重视。

（4）尽可能控制焊接工艺稳定以保证焊缝金属成分稳定。

5.4.2　铁素体钢及马氏体钢的焊接

1. 铁素体钢的焊接

1）铁素体钢的类型

（1）普通铁素体钢。其中有低 Cr（Cr 12%～14%）钢，如 00Cr12、0Cr13、0Cr13A1；中 Cr（Cr16%～18%）钢，如 0Cr17Ti、1Cr17Mo；高 Cr（Cr25%～30%）钢，如 1Cr25Ti、1Cr28 等。低 Cr 和中 Cr 钢，只有碳量低时才是铁素体组织。

（2）高纯铁素体钢。钢中 C+N 的含量限制很严，可有三种：C+N<0.035%～0.045%，如 00Cr18Mo2；C+N<0.03%，如 00Cr18Mo27Ti；C+N<0.01%～0.015%，如 000Cr18Mo2Ti、000Cr26Mo1、000CCr30Mo2 等。

2）铁素体焊接工艺

总的说来，铁素体不如奥氏体钢容易焊接。铁素体钢焊接接头韧性较低，主要是由于单相铁素体钢易于晶粒粗化，还可能出现 475℃脆性。高纯铁素体钢比普通铁素体钢的焊接性要好得多。

（1）焊缝成分的确定。采用同质焊接材料时，焊缝金属呈粗大的铁素体钢组织，韧性很差。为了改善性能，应尽量限制杂质含量，提高其纯度，同时进行合理的合金化。

在不宜进行预热或焊后热处理的情况下，也可采用普通奥氏体钢焊接材料，此时有两个问题须注意。①焊后不可退火处理，因铁素体钢退火温度范围（787℃～843℃）正好处在奥氏体钢敏化温度区间，容易产生晶间腐蚀及脆化，除非焊缝是超低碳或含 Ti 或 Nb；另外，焊后退火如是为了消除应力，也难达到目的，因为焊缝与母材具有不同的线膨胀系数。②奥氏体钢焊缝的颜色和性能都和母材不同，必须根据用途来确定是否适用。

（2）预热问题。铁素体钢具有高温脆性。加热至 950℃～1000℃以上后急冷至室温，塑性和缺口韧性显著降低，称为"高温脆性"。若重新加热至 750℃～850℃，可以恢复其塑性。这种高温脆性十分有害，焊接热影响区就会出现这种高温脆性，同时耐蚀性也显著降低，并认为这是与碳、氮化合物在晶界和晶内位错上析出有关。所以，减少 C、N 含量，对提高焊缝质量是有利的。另外，铁素体钢在室温的韧性很低，如图 5-5 所示，焊接时很易裂，因此必须要预热。

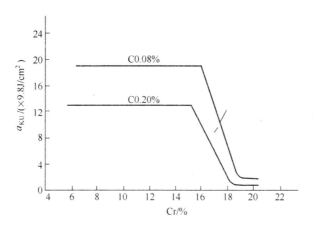

图 5-5　高 Cr 铁素体钢在室温下的韧性

(3)焊后热处理。铁素体钢多用于要求耐蚀的地方。高 Cr 铁素体钢也有晶间腐蚀倾向，但和 Cr-Ni 奥氏体不锈钢不同，从高温(Cr17 约为 1100℃～1200℃，Cr25 约为 1000℃～1200℃)急冷下来就产生了晶间腐蚀倾向，再经 650℃～850℃加热缓冷以后反而消除了晶间腐蚀倾向。由此可见，焊后在 650℃～850℃进行热处理是很重要的，实际上常是在 750℃～850℃进行退火处理。

2. 马氏体钢的焊接

1)马氏体钢的类型

(1)普通 Cr13 钢。通常所提马氏体钢大多指这一类钢，如 1Cr13、2Cr13、3Cr13、4Cr13。

(2)热强马氏体钢。是以 Cr12 为基进行多元复合金化的马氏体钢，如 2Cr12WMoV、2Cr12MoV、2Cr12Ni3MoV。

(3)超低碳复相马氏体钢。成分特点是钢的含碳量降低到 0.05% 以下并添加 Ni(4%～7%)，此外也可能含有少量 Mo、Ti 或 Si。典型的钢种如 0.01C-13Cr-7Ni-3Si、0.03C-2.5Cr-4Ni-0.3Ti、0.03C-12.5Cr-5.3Ni-0.3Mo。

2)马氏体钢的焊接性

除了超低碳复相马氏体钢，常见马氏体钢均有脆硬倾向，含碳量越高，脆硬倾向越大。超低碳复相马氏体钢无淬硬倾向，并具有较高的塑性和韧性。因此，首先遇到的问题是含碳量较高的马氏体钢淬硬性导致的冷裂纹问题和脆化问题。

3)马氏体钢的焊接工艺

(1)焊接材料的选择。为保证使用性要求，焊缝成分应与母材同质。对于含碳量较高的马氏体钢，为防止冷裂，也可以采用奥氏体钢焊条。

(2)焊前预热及焊后热处理。除了采用奥氏体钢焊接材料外，对于含碳量高的马氏体钢，宜采取预热措施，以防止接头产生冷裂纹。

5.4.3 珠光体钢与奥氏体钢的焊接

1. 异种钢的焊接性分析

1)焊缝成分的稀释

珠光体钢与奥氏体钢相连接的异种钢焊接接头，一般都是采用超合金化焊接材料，或者是高 CrNi 奥氏体钢，或者是 Ni 基合金。

由此可知，异种钢焊接时，为确保焊缝成分合理(保证塑性、韧性及抗裂性)，必须做到：

(1)正确选择超合金化的焊接材料。

(2)适当控制熔合比或稀释率。

应当指出，珠光体钢与奥氏体钢焊接时，由于电弧偏吹现象的存在，两者的熔化量不可能完全相同，珠光体钢一侧的熔化量可能要大一些。

2)凝固过渡层的形成

如图 5-6 所示，在低碳钢母材与奥氏体钢焊缝的边界附近，$1000\mu m$ 宽度的浓度变化很显著，其中特别要注意 Cr、Ni 的变化。利用舍夫勒图考察一下 $100\mu m$ 宽度范围的组织，应是马氏体。

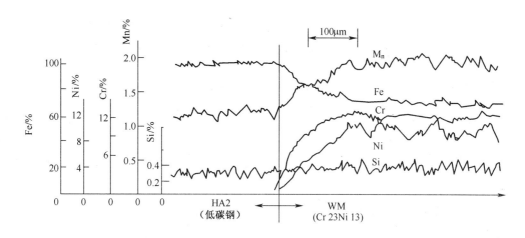

图 5-6 低碳钢母材与奥氏体钢焊缝(Cr23Ni13)边界的浓度梯度

3)碳迁移过渡层的形成

异种钢焊接(特别是多层焊)或焊后回火处理以后,往往可以看到低合金一侧的碳通过焊缝边界(熔合线)向高合金焊缝中"迁移"现象,分别在焊缝边界两侧形成脱碳层和增碳层。在低合金一侧的母材上形成脱碳层,在高合金焊缝一侧形成增碳层,这种脱碳层与增碳层总称为碳迁移过渡层。

2. 异种钢焊接工艺

1)隔离层堆焊法

为防止形成凝固过渡层,最好是在珠光体钢的坡口面上先堆焊一层 23-13 型的奥氏体金属隔离层。这样也可使最易出问题的那部分焊缝是在拘束度极小的情况下完成的。施工程序如图 5-7 所示。

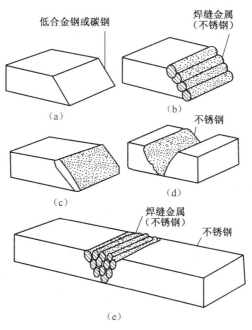

图 5-7 隔离层堆焊法

(a)坡口表面;(b)堆焊表面;(c)经打磨或机加工的坡口面;(d)装配后;(e)焊后。

应当避免先在奥氏体钢上熔敷碳钢或低合金钢的隔离层,因为这样可导致形成硬脆的马氏体组织焊缝。

2)直接施焊法

利用高合金焊接材料直接完成珠光体钢与奥氏体钢的焊接。主要条件是要保持珠光体钢坡口面熔深最小,同时焊接材料要选择适当,以防止外在拘束条件下的焊缝中产生裂纹。

这种方法虽然也常采用,但并不理想。

3)"过渡段"的利用

有两种情况,一种是着眼于防止碳迁移现象,选用含 V、Ti、Nb 较高的一段珠光体钢作为过渡段,先与原珠光体钢焊接起来,然后再与奥氏体钢焊接。过渡段与奥氏体钢的焊接,可采用隔离层堆焊或者采用直接施焊法。

另一种情况是着眼于简化工地施工工艺,即先在车间有利条件下用隔离层堆焊法焊成一个短的珠光体钢与奥氏体钢的异质接头过渡段,待在工地施工时已是同质接头问题,即珠光体钢与珠光体钢焊接,奥氏体钢与奥氏体钢焊接,施工方便,易于保证质量。

3. 复合钢的焊接特点

常见复合钢结构的焊接施工可有两种情况:①先从基体一侧开始焊接;②先从覆层一侧开始焊接。一般情况常采用先从基体一侧开始焊接的方案,待覆层部分焊接时,可以采取铲根方式,也可以预加工方式来处理。

5.5 铸铁的焊接

5.5.1 铸铁的种类

铸铁是合碳量大于 2% 的铁碳合金。工业用铸铁,除含铁和碳外,还合有一定量的硅、锰元素及硫、磷杂质。为了改善铸铁的某些性能,时常有目的地加入一些合金元素。

按碳在铸铁中存在的状态及形式的不同,可将铸铁分为白口铸铁、灰铸铁、可锻铸铁、球墨铸铁及蠕墨铸铁五类。

常用灰铸铁的化学成分如下:C:2.7% ～ 3.5%,Si:1.0% ～ 2.7%,Mn:0.5% ～ 1.2%,P<0.3%,S<0.15%。

牌号中 H1 表示灰铸铁,是"灰铁"二字汉语拼音的字头,随后的数字表示抗拉强度。灰铸铁几乎没有塑性及韧性,其伸长率小于 0.5%,其冲击韧性小于 $0.8J/cm^2$。

5.5.2 铸铁焊接性分析

1. 灰铸铁焊接性分析

灰铸铁焊接时主要问题有两个方面:一方面是焊接接头易出现白口及淬硬组织;另一方面焊接接头易出现裂纹。

1)白口及淬硬组织

现在以含碳量 3%,含硅量为 2.5% 的常用灰铸铁为例,分析电弧焊焊后在焊接接头上组织变化的规律,如图 5-8 所示。

首先来分析当 Si 为 2.5% 的 Fe-C-Si 三元合金状态图。对含碳量大于 2% 的铸铁来说,该图与 Fe-C 二元合金状态图之间最主要的区别,是前者共晶转变与共析转变是在某一温度区间内进行,而后者的共晶转变与共析转变是在某一定温度下进行。灰铸铁的组织转变如图 5-9 所示。

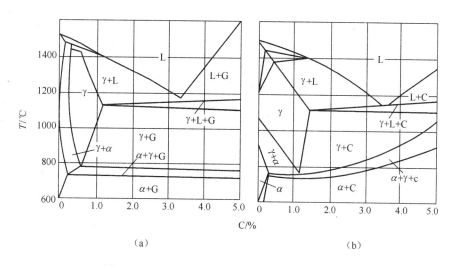

图 5-8 Fe-C-Si 三元合金(Si＝2％～2.5％)状态图
(a)稳定态；(b)介稳定态。

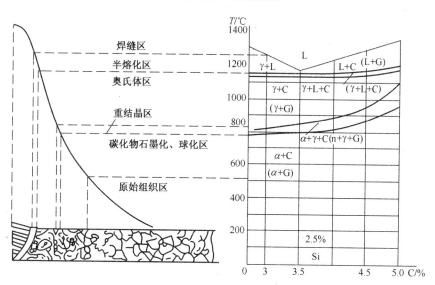

图 5-9 灰铸铁焊接接头组织变化图

由图 5-9 中可以看出,整个焊接接头可分为焊缝区、半熔化区、奥氏体区、重结晶区等区域。

2)裂纹

铸铁焊接时,裂纹是易出现的一种缺陷。焊接接头一旦出现裂纹,不仅焊接接头静载强度与动载强度将严重下降,而且被焊工件无法满足对致密性(水密性或气密性)的要求,故研究铸铁焊接裂纹问题具有重大意义。铸铁焊接时出现的裂纹可分为冷裂纹与热裂纹二类,现分别讨论。

(1)冷裂纹。铸铁焊接时,冷裂纹一般发生在焊缝或热影响区上。铸铁强度低,400℃以下基本无塑性,当应力超过此时铸铁的强度极限时,即发生焊缝裂纹。由于焊缝强度低,基本无塑性,裂纹很快扩展,呈脆性断裂。

(2)热裂纹。热裂纹多数发生在含有较多的渗碳体及马氏体的热影响区。在某些情况下也可能发生在离熔合线稍远的热影响区。

利用镍基铸铁焊条焊接铸铁时,由于铸铁中含有较多的S、P,焊缝易生成低熔点共晶,如$Ni-Ni_2S_2$的共晶温度为644℃,利用镍基铸铁焊条焊接铸铁时,其焊缝对热裂纹有较大的敏感性。

2. 球墨铸铁焊接的特点

球墨铸铁与灰铸铁的不同处在于熔炼过程中前者经过加入一定量的球化剂处理。常用球化剂有镁、铈、钇等,故石墨以球状存在,从而使力学性能明显提高。

球墨铸铁焊接性有与灰铸铁相同的一面,但又有其自身的一些特点。这主要表现为两方面:①球墨铸铁的白口化倾向及淬硬倾向比灰铸铁大,这是因为球化剂有阻碍石墨化及提高淬硬临界冷却速度的作用,所以在焊接球墨铸铁时,同质焊缝及半熔化区更易形成白口,奥氏体区更易出现马氏体组织;②由于球铁的强度、塑性与韧性比灰铸铁高,故对焊接接头的力学性能要求也相应提高,常要求与各强度等级球墨铸铁母材相匹配。

5.6 铝及铝合金的焊接

5.6.1 铝及其合金类型和特性

1. 铝及其合金类型

根据国家标准 GB 3150—82《铝及铝合金加工产品的化学成分》,铝可区分为工业高纯铝、工业纯铝、防锈铝、硬铝及超硬铝,表5-4为典型的铝及其合金。表中同时列出新发展的几种高强铝合金。本章不涉及铸造铝合金。合金的具体化学成分可查阅有关手册或国家标准。

表 5-4 铝及其合金板材类型及典型合金举例

类别		代　号		合金组成
		中国	美国、日本	
非热处理强化铝合金	工业高纯铝	LG5	1199	Al 99.99
		LG1	1080	Al 99.85
	工业纯铝	L5-1	1100	Al 99.0
		L1	1070	Al 99.7
	防锈铝	LF2	5052	Al Mg2
		LF3	5154	Al Mg3
		LF4	5083	Al Mg4
		LF5	5456	Al Mg5
		LF6	—	Al Mg6
		LF21	3003	Al Mn
热处理强化铝合金	锻铝	LD2	6061	Al MgSi
		LD11	4032	Al Si12 Mg Ni Cu
		LD10	2014	Al Cu4 MgSi
	硬铝	LY12	2024	Al Cu4.5 Mg1.5
		LY16	2219	Al Cu6.5 Zr0.2(Mn)
	超硬铝	LC4	7075	Al Zn6 Mg2.5Cu1.7

类别		代　号		合金组成
		中国	美国、日本	
热处理强化铝合金	新型铝合金	—	7039	Al Zn4 Mg3
		—	7N01	Al Zn4.4 Mg1.4 Zr0.15
		—	2519	Al Cu6 Zr0.2
		—	2090	Al Cu2.7 Li2.2 Zr0.1
		—	8090	Al Li2.6 Cu1.2 Mg1 Zr0.1
		—	01420	Al Mg5 Li2
		—	Wekdalite TM 049(X2094)	Al Cu5 Li1 Zr0.1 Ag0.4

2. 铝及其合金的特性

铝及其合金的物理性能如表5-5所列,列出低碳钢数据以与之对比。与低碳钢相比较,铝及其合金具有密度(ρ)小、电阻率(ρ')小、线胀系数(α)大和导热系数(λ)大的特点。由于铝为面心立方点阵结构,无同素异构转变,无"延—脆"转变,因而具有优异的低温韧性。但强度低(一般 σ_b 不超过100MPa),热处理强化铝合金抗拉强度可提高到400MPa以上;非热处理强化铝合金可以进行冷作加工使之强化。

表 5-5　铝及其合金的物理性能

合金	$\rho/(g/cm^3)$	$c/(J/(g \cdot ℃))$	$\lambda/(J/(cm \cdot s \cdot ℃))$	$\alpha/(\times 10^{-6} \cdot ℃^{-1})$	$\rho'/(\times 10^{-6}\Omega \cdot cm)$
		100℃	25℃	20℃～100℃	20℃
纯铝	2.693	0.90	2.21	23.6	2.665
LF21	2.73	1.00	1.80	23.2	3.45
LF3	2.67	0.88	1.45	23.5	4.96
LF6	2.64	0.92	1.17	23.7	6.73
LY12	2.78	0.92	1.17	22.7	5.79
LY16	2.84	0.88	1.38	22.6	6.10
LD2	2.70	0.79	1.75	23.5	3.70
LD10	2.80	0.83	1.59	22.5	4.30
LC4	2.85	—	1.59	23.1	4.20
低碳钢	7.86	0.50	0.50	13.0	13.0

5.6.2　铝及铝合金的焊接性分析

在铝及其合金的熔焊中有很多困难,主要问题有焊缝中的气孔、焊接热裂纹、焊接接头与母材的等强性等。

1. 焊缝的气孔

铝及其合金熔焊时最常见的缺陷是焊缝气孔,尤其是铝和防锈铝的焊接。

1)铝及其合金熔焊时形成气孔的特点

氢是铝及其合金熔焊时产生气孔的主要原因。氢的来源主要是弧柱气氛中的水分,焊接材料以及母材所吸附的水分,其中,焊丝及母材表面氧化膜的吸附水分对焊缝气孔的产生常常占有突出的地位。

2)防止焊缝气孔的途径

为防止焊缝气孔，可从两方面着手：①限制氢溶入熔融金属，或者是减少氢的来源；②尽量促使氢逸出。

(1)减少氢的来源。所有使用的焊接材料要严格限制含水量，使用前均需干燥处理。氩气中的含水量小于0.08%时不易形成气孔。氩气的管路也要保持干燥。

化学清洗有两个步骤：脱脂去油和消除氧化膜。具体处理方法和所用溶液配方，各生产单位不尽相同，举例如表5-6。

表5-6　铝合金的化学清洗溶液配方及处理方法举例

作用	配方	处理方法
脱脂去油	Na_3PO_4：50g Na_2CO_3：50g Na_2SiO_3：30g H_2O：1000g	在60℃溶液中浸泡5min～8min，然后在30℃热水中清洗，冷水中冲洗，用干净的布擦干
清除氧化膜	NaOH(除氧化膜)：5%～8% HNO_3(光化处理)：30%～50%	50℃～60℃NaOH中浸泡(纯铝20min，铝镁合金5min～10min)，用冷水冲洗，然后在30% HNO_3中浸泡(≤1min)，最后在50℃～60℃热水中冲洗，放在100℃～110℃干燥箱中烘干或风干

(2)控制焊接工艺。其中焊接工艺参数的影响比较明显，但其影响规律并不是一个简单的关系，须进行具体分析。焊接工艺参数的影响主要可归结为对熔池在高温存在时间的影响，也就是对氢的溶入时间和氢的析出时间的影响。若焊接工艺参数调整不当，如造成氢的溶入数量多而又不利于逸出时，气孔倾向势必增大。

在TIG焊时，焊接工艺参数的选择，一方面尽量采用小线能量以减少熔池存在时间，从而减少气氛中氢的溶入，因而须适当提高焊接速度；但同时又要能充分保证根部熔合，以利根部氧化膜上的气泡浮出，因而又须适当增大焊接电流。从图5-10的数据可以看到，采用大的焊接电流配合较高的焊接速度是比较有利的。否则，焊接电流不够大，焊接速度又比较高时，根部氧化膜不易熔掉，气体也不易排出，气孔倾向必然增大。而当焊接电流不够大时，放慢焊接速度，由于有利于熔池排除气体，气孔倾向也可有所减小，但因不利于根部熔合，氧化膜中水分的影响显著，气孔倾向仍然比较大。

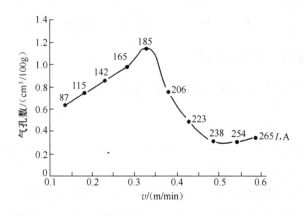

图5-10　焊接工艺参数对气孔倾向的影响(5A06，TIG)

2. 焊接热裂纹

铝及其合金焊接时,常见到的热裂纹主要是焊缝金属凝固裂纹,有时也可见到液化裂纹。

1)铝合金焊接热裂纹的特点

在 T 形角接接头的焊接条件下,Al-Mg 合金焊缝裂纹倾向最大时的成分在含 Mg 为 2% 附近(见图 5-11),并不是凝固温度区间最大(Mg15.36%)的合金。其它一些铝合金情况也是如此。裂纹倾向最大时的组元 x_m 均小于它在合金中的极限溶解度。这是由于焊接时的加热和冷却过程都很迅速,使合金来不及建立平衡状态,在不平衡的凝固条件下固相线一般要向左下方移动的结果。

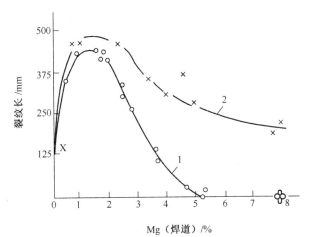

图 5-11 Al-Mg 合金焊缝凝固裂纹与含 Mg 量的关系(T 形角接接头)
1—连续焊道;2—断续焊道。

2)防止焊接热裂纹的途径

母材的合金系统及其具体成分对焊接热裂纹会有根本性的影响。硬铝和超硬铝对于焊接工作者来说,要获得无裂纹的接头并同时保证各项使用性能要求是极为困难的。这两种板料属于很少考虑焊接性要求的合金,目前还很难用熔焊方法得到优质接头,所以一般不希望用熔焊方法制造这类合金的结构产品。即便对于纯铝、铝镁合金等,有时也会遇到裂纹问题。尤其对于液化裂纹,目前还无行之有效的防止措施,只能尽量减小近缝区过热。

3. 焊接接头的等强性

表 5-7 列出一些典型的铝合金焊接接头和母材的常温力学性能。从其中大体可以看出一些现象。

表 5-7 焊接接头(MIG 焊)与母材的力学性能比较

合金	母材(最小值)				接头(焊缝余高削除)				
	状态	σ_b/MPa	σ_s/MPa	δ/%	焊丝	焊后热处理	σ_b/MPa	σ_s/MPa	δ/%
Al-Mg (5052 相当于 LF2)	退火	173	66	20	5356	—	200	96	18
	冷作	234	178	6	5356	—	193	82.3	18
Al-Cu-Mg (2024 相当于 LY12)	退火	220	109	16	4043		207	109	15
					5356		207	109	15
	固溶+自然时效	427	275	15	4043		280	201	3.1
					5356		295	194	3.9

合金	母材（最小值）				接头（焊缝余高削除）				
	状态	σ_b/MPa	σ_s/MPa	δ/%	焊丝	焊后热处理	σ_b/MPa	σ_s/MPa	δ/%
Al-Cu（2219 相当于 LY16）	固溶＋人工时效	463	383	10	2319	—	285	208	3
Al-Zn-Mg-Cu（7075 相当于 LC4）	固溶＋人工时效	536	482	7	4043	人工时效	309	200	3.7
Al-Zn-Mg（X7005）	固溶＋自然时效	352	225	18	X5180	自然时效一个月	316	214	7.3
	固溶＋人工时效	352	304	15	X5180	自然时效一个月	312	196	8
Al-Zn-Mg（7039）		461	402	11	5356	—	324	208	8
Al-Zn-Mg（7N01）		363	316	14	5356	—	324	208	8
Al-Cu-Li-TM（weldalite049）	固溶＋人工时效	—	650	—	2319	—	343	237	3.9

铝合金焊接时的这种不等强性的表现,说明焊接接头发生了某种程度的软化或存在某一性能上的消弱。接头性能上的薄弱环节可以存在于焊缝、熔合区或热影响区三个区域中的一个区域之中。

4. 焊接接头的耐蚀性

焊接接头的耐蚀性一般都低于母材,热处理强化铝合金接头的耐蚀性的降低尤其明显,其中包铝的硬铝的接头要好一些,接头组织越不均匀,越易降低耐蚀性。

焊缝金属的纯度和致密性也是影响接头耐蚀性的因素之一。杂质较多、晶粒粗大以及脆性相析出等,耐蚀性就会明显下降。此外,焊接应力也是影响耐蚀性的敏感因素。

当前,主要在下列几方面采取措施来改善接头的耐蚀性。

(1)改善接头组织和成分的不均匀性。主要是通过焊接材料使焊缝合金化,细化晶粒;同时调整焊接工艺以减小热影响区,并防止过热。焊后热处理也有很好的效果。

(2)消除焊接应力。局部表面拉应力也可采用局部锤击办法来消除。

(3)采取保护措施。例如,采取阳极氧化处理或涂层等。

5.6.3 铝及其合金的焊接工艺

1. 焊接工艺的一般特点

(1)从物理性能上看,铝及其合金的导热性强而热容量大,线胀系数大,熔点低,高温强度小,给焊接工艺带来很大的困难。首先,必须采用能量集中的热源;其次,要采用垫板和夹具,以保证装配质量和防止焊接变形。

此外,铝及其合金由固态转变为液态时并无颜色的变化,因此也不易确定焊缝的坡口是否熔化,造成焊接操作上的困难。

(2)从化学性质上看,铝与氧亲和力很大,铝及其合金表面极易形成难熔的氧化膜,不仅妨碍焊接,还会因吸附大量水分而促使焊缝产生气孔。因此,焊前清理对焊接质量有极为重要的作用。此外,氩弧焊时还特别利用"阴极清理作用"。

（3）接头形式及坡口准备工作,原则上同结构钢焊接时并无不同。薄板焊时一般不开坡口。如果采用大功率焊接时,不开坡口而可焊透的厚度还可以增大。厚度小于 3mm 时还可以采用卷边接头,主要的问题是考虑能充分去除氧化膜,为此,在氩弧焊时有时对接头形式就要特别考察一些,使接口间隙的氧化膜能有效暴露在电弧作用范围内,如图 5-12 所示。

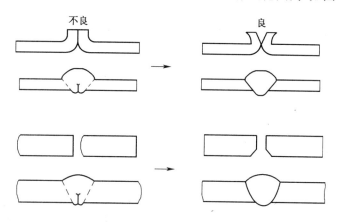

图 5-12　防止因氧化膜而造成的未熔合现象示例

2. 焊接工艺制定问题

铝合金氩弧焊时,氩气的纯度要控制在 99.9 以上,其中限制杂质:氧在 0.005 以下,水分 0.02 以下,氮 0.015 以下。

TIG 焊接时,一般采用含钍钨极,焊接电流应有所限制,一般采用交流电源。

MIG 焊时,所选用的焊接电流一般希望超过"临界电流"值,以便获得稳定的喷射过渡的电弧过程,如图 5-13 所示。板厚在 3mm 以下的构件一般不采用 MIG 焊接。熔化极脉冲氩弧焊在薄板焊接上则有其优越性。

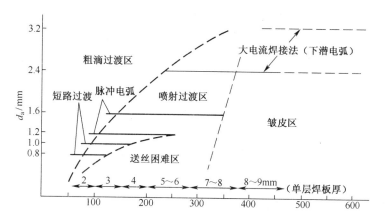

图 5-13　铝合金 MIG 焊接时的焊接电流适用范围

MIG 焊接时,焊接速度可以在很大的范围内变动,一般为 0.15m/min～1.5m/min。而焊丝送进速度可以在更大的范围内变动,一般为 1.1m/min～10.0m/min。焊接电流必须适当,关键是确定临界电流。铝合金焊丝(直径 d_a)一般使用电流(I)及相应的送丝速度(v_s)大体上如表 5-8 所列。临界电流(I_a)与合金种类及焊丝直径(d_s)有关。

表 5-8　铝合金焊丝的使用电流和送丝速度

d_a/mm	I/A	v_s/(m/min)	d_a/mm	I/A	v_s/(m/min)
0.8	40～170	4.5～20	3.6	150～290	3.5～10
1.2	100～200	4.2～12	2.4	220～350	2.5～5.5

3. 焊丝的选用

铝及其合金的焊丝大体可以分为两类:同质焊丝与异质焊丝。国内外常见焊丝的成分如表 5-9 所列。

表 5-9　国内外常用铝合金焊丝的主要成分/%

牌号	Mg	Mn	Cu	Zn	Cr	Si	Ti	其它
SAlMg5 (LF5)	4.5～5.7	0.2～0.6	≤0.2	—	—	≤0.4	—	·
SAlMg5Ti (LF11)	4.3～5.5	0.3～0.6	≤0.05	≤0.2	—	≤0.5	0.02～0.20	
5356	4.5～5.5	0.05～0.2	≤0.1	≤0.1	0.05～0.2	≤0.25	0.06～0.2	Fe≤0.4
5183	4.3～5.2	0.5～1.0	≤0.1	≤0.25	0.05～0.25	≤0.4	≤0.15	Fe≤0.4
X5180	3.5～4.5	0.2～0.7	≤0.1	1.7～2.8	—	—	0.06～0.2	Zr0.08～0.22
5556	4.7～5.5	0.5～1.0	≤0.1	≤0.25	0.05～0.2	≤0.25	0.05～0.2	
SAlCu6(LY16)	—	—	6.0～7.0	—	—	—	—	
2319	≤0.02	0.2～0.4	5.8～6.8	≤0.1	—	≤0.2	0.1～0.2	Zr0.10～0.20
B61	1.5～1.6	0.4～0.6	6.0～7.0	—	—	—	0.25～0.3	Ni2.0～2.5
SAlSi5(LT1,4043)	—	—	≤0.3	≤0.1	—	4.5～6.0	—	Fe≤0.8
4145	≤0.15	≤0.15	3.3～4.7	≤0.2	≤0.15	9.3～10.7	—	Fe≤0.8
4047	≤0.10	≤0.15	≤0.3	≤0.2	—	11.0～13.0	—	Fe≤0.8

(1)同质焊丝。焊丝成分与母材成分相同,甚至有的就把从母材上切下的板条作为填充金属使用。母材为纯铝、LF21、LF6、LY16 和 Al-Zn-Mg 合金时,可以采用同质焊丝。

(2)异质焊丝。主要是为适应抗裂性的要求而研制的焊丝,其成分与母材有较大差异。例如用高 Mg 焊丝焊接低 Mg 的 Al-Mg 合金,用 Al-5%Mg 或 Al-Mg-Zn 焊丝焊接 Al-Zn-Mg 合金等。

5.7　铜及其合金的焊接

铜及其合金通常具有优良的导电性能、导热性能和在某些介质中优良的抗腐蚀性能。某些铜合金兼有较高的强度,因而在电气、化工、动力等工业部门都得到了广泛的应用。铜及其合金的焊接是机器制造业中需要解决的问题。

5.7.1　铜及其合金的分类与性能简介

铜及其合金从成分上可以分为纯铜、黄铜、青铜和白钢,在表面颜色上就可以看出区别。

1. 纯铜

纯铜的物理性能如表 5-10 所列。纯铜的力学性能如表 5-11 所列。

表 5-10 纯铜的物理性能

晶格类型	面心立方晶格	导热系数/(W/m·K)	386.4
熔点/℃	1083	线胀系数/K^{-1}	16.5×10^{-6}
沸点/℃	2580	电阻率/(Ω·m)	168×10^{-10}
密度/(g/cm³)	8.96		

表 5-11 纯铜的力学性能

材料状态	软态(轧制并退火)	硬态(冷加工变形)	材料状态	软态(轧制并退火)	硬态(冷加工变形)
σ_b/MPa	196～235.2	492～490	δ_s/%	50	6
σ_s/MPa	68.6	372.4	ψ/%	75	36

2. 黄铜

普通黄铜是铜和锌的二元合金。在其中再加入锡、锰、铅等元素称为特殊黄铜,如锡黄铜、锰黄铜、铅黄铜等。黄铜以汉语拼音字黄的第一个字母 H 编号,字母后的数字,表示其中铜的平均含量(如 H62 是指含铜 62%的黄铜),余量为锌。对于特殊黄铜,在 H 之后还标出所加元素中主要元素的化学符号,然后再注明铜及其所加主要元素的平均含量,余量为锌。例如,HSn62-1 表示含铜 62%,含锡 1%的黄铜。某些常见的黄铜化学成分如表 5-12 所列。

表 5-12 某些黄铜的化学成分

类别	代号	主要成分(其余为锌)/%
加工黄铜	H90 黄铜	Cu:88～91
	H62 黄铜	Cu:60.5～63.5
	HPb69-1 铅黄铜	Cu:57～60,Pb:0.8～1.9
	HSn62-1 锡黄铜	Cu:61～63,Sn:0.7～1.1

3. 青铜与白铜

青铜原指铜锡合金,现在习惯上把凡是不以锌或镍为主要合金元素的铜合金都称为青铜。白铜为铜镍合金,焊接结构上也很少采用,不予分析。

5.7.2 铜及其合金的焊接性分析

由于焊接结构应用主要是纯铜与黄铜,故焊接性分析是结合纯铜与黄铜熔焊来讨论的。

1. 难熔合及易变形

当焊接纯铜以及某些铜合金时,如果采用的焊接规范与焊接同厚度低碳钢差不多,则母材就很难熔化,填充金属与母材不能很好地熔合,产生焊不透现象。另外,铜及其合金焊后变形也比较严重。以上这些现象与铜及其合金的导热系数、线胀系数和收缩率等有关。铜与铁这方面性能的比较如表 5-13 所列。

表 5-13 铜和铁物理性能的比较

金属	导热系数/(W/m·K)		线胀系数/(10^{-6}K^{-1})(20℃～100℃)	收缩率/%
	20℃	1000℃		
Cu	393.6	326.6	16.4	4.7
Fe	54.8	29.3	14.2	2.0

2. 热裂纹

氧是铜中经常存在的杂质,铜在熔化状态时较易氧化,而生成 Cu_2O。Cu_2O 能与 Cu 形成 $(Cu+Cu_2O)$ 低熔点共晶,其共晶温度为 1065℃,低于铜的熔点(1083℃),使焊缝容易产生热裂纹。作为焊接结构的铜,其含氧量一般不应超过 0.03%,对于特别重要的焊接结构件,其含氧量一般不应超过 0.01%。为解决铜的高温氧化问题,应对熔化金属进行脱氧。常用的脱氧剂有 Mn、Si、P、Al、Ti、Zr 等。

3. 气孔

有人在埋弧焊焊接纯铜、黄铜及铝青铜的情况下,研究了多种气体对焊缝形成气孔的影响,发现只有氢及水气容易使铜合金焊缝发生气孔;也有人在氩弧焊焊接纯铜时,在氩气中加入不同成分气体,也发现只要在氩气中加入微量的氢和水气,焊缝即出现气孔。

4. 焊接接头力学性能及导电性能的变化

纯铜焊接时焊缝与焊接接头的抗拉强度常与母材相同或接近,但是塑性一般比母材有一些降低。发生这种情况的原因:一方面是由于焊缝及热影响区出现粗大晶粒;另一方面是由于为了防止焊缝出现裂纹及气孔,常需加入一定量的脱氧元素(如 Si、Mn 等),虽可提高焊缝的强度,但同时也在一定程度上降低了焊缝的塑性,并使接头的导电性能有所下降。

5.7.3 纯铜及黄铜的焊接工艺要点

1. 焊接方法的选择

目前我国焊接纯铜及黄铜常用的方法有气焊、手弧焊、埋弧焊、惰性气体保护焊及等离子弧焊等。气焊及钨极氩弧焊主要应用于薄件(厚度 1mm～4mm)的焊接。从焊接质量上来看,钨极氩弧焊的质量比气焊强,但是费用较贵。当焊接板厚在 5mm 以上的较长焊缝时,宜采用埋弧焊及熔化极氩弧焊。纯铜件在厚度 8mm 以上就需要预热。工件越厚,预热温度越高,而且氩气较贵,故我国焊接纯铜较厚工件时,采用埋弧焊的比较多。

2. 焊接材料的选择

1)纯铜

适用于气焊及氩弧焊焊接纯铜的焊丝,常用的牌号为"丝201"。气焊时可应用牌号为"粉301"的铜焊粉,能有效溶解 Cu_2O。埋弧焊焊接纯铜时常用 T1 纯铜焊芯配合"HJ431"焊剂,在采用大的焊接线能量情况下可不预热,仍可得到比较满意的焊接质量,但是由于向焊缝中过渡了少量的 Si、Mn 等,焊接接头的导电性能下降。若对导电性能有更高要求,可采用 T1 纯铜丝配合,如表 5-14 所列粘结焊剂,得到的焊接接头的导电性基本等同母材。焊缝强度接近母材,焊缝由于含氧化物少,塑性较好,成形良好。手弧焊焊接纯铜时,可采用牌号为"铜107"的纯铜电焊条,其焊芯为纯铜,力学性能较差。

表 5-14 埋弧焊焊接纯铜用粘结焊剂配方(%)

莹石	铝粉	硼渣	大理石	长石	木炭粉
3	0.3	3.5	28	57.6	2.2

2)黄铜

气焊黄铜常用的焊丝牌号为"丝224",焊接接头具有满意的力学性能。氩弧焊时,由于电弧温度高,上述焊丝在焊接过程中锌的蒸发量大,烟雾多,且锌的蒸气有毒,故常用无锌的青铜焊丝,如 SCuSi 焊丝。焊接接头的抗拉强度可达 364.2MPa。埋弧焊焊接 H62 黄铜时,采用上述焊丝配合"焊剂 150",接头的力学性能接近母材。手弧焊焊接黄铜时,常用的焊条为"铜227",焊缝的塑性较好。

3. 焊接工艺要点

(1)焊前的准备工作。焊前应仔细清理焊丝表面及工件坡口上的氧化物及其它杂质。

(2)采用大线能量焊接及焊前预热。必要时还应对工件进行焊前预热。

5.8　钛及其合金的焊接

5.8.1　钛及其合金的种类

国产工业纯钛有 TA1、TA2 和 TA3 三种牌号,其区别在于氧、氮、碳等杂质的含量不同,这些杂质使工业纯钛强化,但使塑性显著降低。三种工业纯钛依杂质增多而牌号末尾数字依次增大,强度指标依次上升,塑性指标依次下降。钛有两种晶格结构:在 882℃ 以下为密排六方晶格结构,称为 α 钛;在 882℃ 以上为体心立方晶格结构,称为 β 钛,即钛在 882℃ 进行同素异构转变。钛的同素异构转变温度随加入合金元素的种类及数量的不同而变化。常用的二元钛合金状态图如图 5-14 所示。

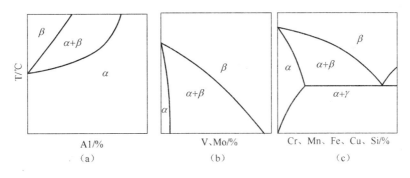

图 5-14　常用二元钛合金状态图

工业纯钛的屈服点及抗拉强度偏低,为了提高强度指标,获得更高的强度,人们在工业纯钛的基础上加入不同种类和数量的合金元素,发展了许多高强度的钛合金。

钛合金中加入的合金元素可分为三类。

(1)第一类:凡是在 α 钛中的溶解度大于在 β 钛中的溶解度,并使 β、α 同素异构转变温度上升的合金元素,称为 α 稳定元素。这类合金元素扩大 α 相区的范围,增大 α 相的稳定性。属于 α 稳定元素又有实际应用价值的只有铝,铝以置换固溶形式存在于 α 钛中。

(2)第二类:凡是在 β 钛中溶解度大于在 α 钛中的溶解度并使 β、α 同素异构转变温度下降的元素,称为 β 稳定元素。这类合金元素扩大 β 相区的范围,提高 β 相的稳定性。

(3)第三类:铬、铅等属于中性元素,它们在 α 钛中及 β 钛中都有很大的溶解度,并对钛的同素异构转变温度影响不大。这些合金元素,在二元钛合金中会形成置换固溶体。

常见钛及钛合金主要成分及力学性能列于表 5-15。

表 5-15　钛及钛合金板材的室温力学性能(GB 3621—83)

合金系和类型	牌号	主要成分	板厚/mm	σ_b/MPa	δ/%	α/(°)	热处理
工业纯钛 (α型)	TA1		0.3～2.0 2.1～10.0	343～490	40 30	140 130	退火
	TA2		0.3～2.0 2.1～10.0	441～588	30 25	100 90	退火
	TA3		0.3～2.0 2.1～10.0	541～636	25 20	90 80	退火
钛铝合金 (α型)	TA6	Ti-5Al	0.8～1.5 1.6～2.0 2.1～10.0	686	20 15 12	50 40 40	退火
钛铝锡合金 (α型)	TA7	Ti-5Al-2.5Sn	1.0～1.5 1.6～2.0 2.1～10.0	735～931	20 15 12	50 50 40	退火
钛铝锰合金 ($\alpha+\beta$型)	TC1	Ti-2Al-1.5Mn	0.5～1.0 1.1～2.0 2.1～10.0	588～784	25 25 20	90 70 60	退火
	TC2	Ti-3Al-1.5Mn	1.0～2.0 2.1～10.0	686	15 12	60 50	退火
钛铝钒合金 ($\alpha+\beta$)型	TC4	Ti-6Al-4V	0.8～2.0 2.1～10.0	931 1171	12 10	35 30	退火
	TC10	Ti-6Al-6V-2Sn- 0.5Cu-0.5Fe	1.0～4.0	1058	10	25	退火
	TC3	Ti-5Al-4V	1.0～2.0 2.1～10.0	882	10 8	35 30	退火
钛铝钼铬合金 (β型)	TB2	Ti-5Mo-5V-8Cr-3Al	1.0～3.5	≤1078 1274	20 8	120 —	淬火 淬火+时效

5.8.2　钛及其合金的焊接性分析

进行钛及钛合金焊接时,采用焊接铝及其合金的气体保护焊的焊枪结构及工艺是不足以保证焊接接头质量的,引起焊缝变脆而使塑性严重下降。处于高温熔化状态的熔池与熔滴金属更易为气体等杂质所污染。下面分别就氧、氮、氢、碳等杂质对焊缝性能的影响进行分析。

1. 氧的影响

焊缝含氧基本上是随氩气中含氧量增加而直线上升的。氧是扩大 α 相区的元素,并使 β、α 同素异构转变温度上升,故氧为 α 稳定元素。氧在高温的 α 钛及 β 钛中都容易固溶,形成间隙固溶体,起固溶强化作用。氧在 α 钛中的最大固溶量为 14.5%,在 β 钛中的最大固溶量为 1.8%。

工业纯钛焊接时,随焊缝含氧量上升,焊缝的抗拉强度及硬度明显增加,而焊缝塑性则显著下降。也就是说,焊缝因氧的污染而变脆。

2. 氮的影响

氮在高温液态金属的溶解度是随电弧气氛中氮的分压增高而增大。氮在固态的 α 钛及 β 钛中均能间隙固溶。氮在 α 钛中的最大固溶度为 7% 左右,在 β 钛中的最大固溶度为 2%。氮也是α稳定元素。氮对提高工业纯钛焊缝的抗拉强度、硬度、降低焊缝的塑性性能比氧更为显著,也就是氮的污染脆化作用比氧更为强烈。故必须对工业纯钛及其合金焊接时焊缝含氮量进行更严格的控制。

3. 氢的影响

由钛—氢状态图(见图5-15)可以看出,氢是β相稳定元素,可以在α钛及β钛中间隙固溶。氢在β钛中的溶解度大于在α钛中的溶解度。在325℃时发生共析转变:β=α+δ。在325℃以下氢在钛中的溶解度急速下降。据测定,在常温时氢在钛中的溶解度仅为0.00009%。共析转变后析出γ相。该γ相为钛的氢化物(TiH_2)。用电子显微镜观察,发现钛的氢化物以细片状或针状析出。焊缝含氢量越多,则细片状或针状析出物越多。

焊缝含氢量变化对焊缝及焊接接头力学性能的影响见图5-16。由图中可以看出,焊缝含氢量变化对焊缝冲击性能的影响最为显著。其原因主要是随焊缝含氢量增加,焊缝中析出的片状或针状 TiH_2 越多,TiH_2 的强度很低,故针状和片状 TiH_2 的作用类似缺口,对冲击性能最敏感,使焊缝冲击韧性显著降低。含氢量变化对抗拉强度的提高及塑性降低的作用不很明显。这是因为氢含量变化对晶格参数变化的影响很小,故固溶强化作用很小,所以强度及塑性变化不很显著,在工业纯钛焊接时,焊缝含氢量大于0.01%时焊缝冲击韧性即开始下降。

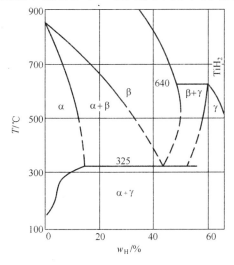

图5-15 钛—氢状态图

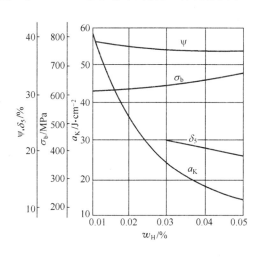

图5-16 含氢量对焊缝力学性能的影响

4. 碳的影响

碳也是工业纯钛及钛合金中常见的一种杂质。

碳在α钛中的溶解度随温度下降而下降,并同时析出 TiC。当含碳量为0.13%以下时,碳固溶在α钛中。强度极限有些提高,塑性有些下降,但不及氧、氮的作用强烈。但当进一步提高焊缝含碳量时,焊缝即出现网状 TiC,其数量随碳增高而增多,焊缝塑性急剧下降,在焊接应力作用下易出现裂纹。当焊缝含碳量为0.55%时,焊缝塑性几乎全部消失而变成非常脆的材料。用焊后热处理也无法消除此种脆性。我国技术条件规定,工业纯钛及钛合金母材的含碳量应不大于0.1%,焊缝含碳量应不超过母材含碳量。

5. 焊接工艺因素的影响

氢在钛中的溶解度随温度升高而降低,在凝固温度有跃变。熔池中部比熔池边缘温度高,故熔池中部的氢易向熔池边缘扩撒,因后者比前者对氢有更高的溶解度,故熔池边缘容易为氢饱和而生成气孔。

消除气孔的主要途径如下：

(1)用高纯度的氩气进行焊接,其纯度不应低于 99.99%。

(2)焊前工件接头附近表面,特别是对接端面必须认真进行机械清理再进行酸洗。

(3)选择合适的焊接规范,如有可能,适当预留工件间隙。

5.8.3 工业纯钛及 TC1 钛合金焊接工艺特点

1. 氩弧焊

随氩气纯度下降焊接接头的氧化程度逐步加重,焊接接头颜色发生变化及焊接接头塑性下降的规律如表 5-16 所列。

表 5-16 钨极氩弧焊不同纯度氩气对对接接头的表面颜色及接头冷弯角的影响

氩气纯度/%	99.99	98.7	97.8	97.5	97.0	96.5	96.0	94.0
接头表面氧化颜色	银白	浅黄	深黄	金紫	深蓝	灰蓝	灰红	灰白
接头冷弯角/(°)	158	145	115	114	93	44	39	0

一般保证焊接接头焊后为银白色。

表 5-17 列出钛及钛合金钨极自动氩弧焊参考规范。

表 5-17 钛及钛合金钨极自动氩弧焊参考规范

焊接条件	不加焊丝			加焊丝		
板厚	0.75	1.50	2.25	1.50	2.25	1.50
电极直径/mm	1.5	1.6	1.6~2.3	1.6	1.6~2.3	1.6~3.1
焊丝直径/mm	—	—	—	1.5~1.6	1.5~3.6	1.5~3.6
焊接电压/V	10	10	12	10	12	12
焊接电流/A	25~30	90~100	190~200	120~200	200~210	220~230
喷嘴内径/mm	14~16	14~16	16~18	14~16	16~19	16~19
焊接速度/(mm/min)	250	250	250	300	300	250
送丝速度/(mm/min)	—	—	—	550	550	500
氩气流量/(L/min)	7	7	9	9	9	9
	9	14	23	18	23	23
	2	2	2.5	2.5	3	3

2. 等离子弧焊

利用等离子弧焊接钛及钛合金时,其焊前工件清理及保护方法(拖罩及背面保护)基本与氩弧焊工艺相同。10mm 厚钛板等离子弧焊接规范如表 5-18 所列。

表 5-18 10mm 厚钛板等离子弧焊接规范

参数	数值	参数	数值
喷嘴直径/mm	3.2	填充丝速度/(m/h)	96
钨极直径/mm	5	填充丝直径/mm	1.0
钨极内缩/mm	1.2	离子气/(L/h)	350
焊接电流/A	250	熔池保护气/(L/h)	1200
焊接电压/V	25	托罩保护气/(L/h)	1500
焊接速度/(m/h)	9	背面保护气/(L/h)	1500

3. 真空电子束焊

利用真空电子束焊接钛及钛合金有很多优点,其主要优点为:

(1)焊接质量好。由于在真空室中$(1.3 \times 10^{-3} \text{Pa})$焊接,气氛非常纯净,焊缝所含氧、氮、氢量远较氩气保护焊低,再加上其热影响区很窄及晶粒长大减小到最低程度(见表5-19),故整个焊接接头性能优良。

表5-19　钛合金焊接接头性能比较

焊接方法	板厚/mm	焊缝宽度/mm	热影响区宽度/mm	热影响区晶粒尺寸/mm
钨极氩弧焊	1.65	7.9～9.5	2.54	0.89
钨极氩弧焊	2.36	9.5～11.1	3.56～4.57	0.89
高压电子束焊接	1.27	2.18	0.05	0.25～0.54
高压电子束焊接	2.41	1.32	0.05	0.25～0.64
低压电子束焊接	3.18	3.56	1.27	0.25～0.64

(2)焊接厚板时效率很高。电子束可以焊接各种厚度的零件。但在焊接厚零件时,其对焊接效率的提高特别显著。钛材真空电子束焊规范见表5-20。

表5-20　钛材真空电子束焊规范

材料厚度/mm	加速电压/kV	焊接电流/mA	焊接速度/(m/min)	材料厚度/mm	加速电压/kV	焊接电流/mA	焊接速度/(m/min)
1.0	13	50	2.1	16	30	260	1.5
2.0	18.5	90	1.9	25	40	350	1.3
3.2	20	95	0.8	50	45	450	0.7
5	28	170	2.5				

第6章 焊接填充材料与保护方式

焊接填充材料是焊接时使用的形成熔敷金属而填充焊缝的材料,包括焊条芯、焊丝;保护熔融金属不受氧化、氮化的保护方式包括渣保护(埋弧焊与电渣焊的焊剂)、气保护(气体保护焊所用的各种气体)、渣—气联合保护(焊条药皮)等。本章主要介绍焊条、焊丝、焊剂和保护气体。

6.1 焊 条

6.1.1 焊条的组成及作用

焊条是指涂有药皮的供焊条电弧焊用的熔化电极。焊条由焊芯和药皮两部分组成。焊条端部未涂药皮的焊芯部分长 10mm~35mm,供焊钳夹持并有利于导电,是焊条的夹持端。在焊条前端药皮有 45°左右倾角,将焊芯金属露出,便于引弧。

1. 焊芯

焊条中被药皮包覆的金属芯称为焊芯。为了保证焊缝的质量,焊芯是由炼钢厂专门冶炼的焊接用钢盘条经过拨丝、切断等工序制成。焊接时,焊芯可起以下几方面作用:

(1)作为电极,在焊接回路中用来传导焊接电流,并与工件形成电弧,从而电能转变为热能。

(2)作为焊接填充材料,与熔化的母材金属熔合后共同组成焊缝金属,约占整个焊缝金属的 50%~70%。

(3)添加合金元素。当焊芯材料是合金钢时,即可通过焊芯熔化,向焊缝过渡合金元素。

焊芯的牌号前用"焊"字注明,以示焊接用钢丝,代号是"H",即汉语拼音"焊"字的第一个字母,其后的牌号表示法与钢号表示方法一样。质量不同的焊芯在最后标以一定符号以示区别:A 表示高级优质钢,其 S、P 的质量分数不超过 0.03%;E 表示特级优质钢,其 S、P 的质量分数不超过 0.02%。

2. 药皮

药皮又称为涂料,是指压涂在焊芯表面上的涂料层。

1)药皮的作用

焊条药皮在焊接过程中起到以下作用:

(1)提高电弧的稳定性。当采用没有药皮的焊芯用直流电源焊接时,也能引燃电弧,但电弧十分不稳定。如果用交流电源时,就根本不能引燃电弧。当涂有焊条药皮后,药皮中含有钾和钠等成分的"稳弧剂",能提高电弧的稳定性,使焊条在交流电和直流电的情况下都能进行正常的焊接,保证焊条容易引弧、稳定燃烧以及熄弧后的再引弧。

(2)机械保护作用。当药皮中加入一定量的"造气剂",在焊接时便会产生一种保护性气体,使熔池金属与外界空气隔离,从而防止空气侵入;药皮熔化后形成熔渣覆盖在焊缝表面从而保护焊缝金属,而且也可使焊缝金属缓慢地冷却,有利于焊缝中气体的逸出,减少产生气孔的可能性。因此,焊条电弧焊是一种属于气一渣联合保护的焊接方法。

(3)冶金处理作用。焊接过程中,由于空气、药皮、焊芯中的氧和氧化物以及氮、氢、硫等杂质的存在,致使焊缝金属的质量降低。因此,在药皮中需要加入一定量的合金素,以去除有害杂质(如氧、氢、硫、磷等),并添加有益合金元素,从而得到满意的力学性能。

(4)改善焊接工艺性能。焊条药皮中含有合适的造渣、稀渣成分,焊接时可获得流动性良好的熔渣,以便得到成形美观的焊缝。而且,药皮的熔化比焊芯稍慢一些,焊接时形成一个套筒,有利于熔滴过渡,减少由于飞溅造成的金属损失,并有利于各种空间位置的焊接。如果在药皮中加入较多的铁粉,使其在焊接过程中过渡到焊缝中,可明显提高熔敷效率,从而提高焊接生产率。

2)药皮的组成物

焊条药皮的组成物按在焊条制造和焊接过程中的作用不同可分为稳弧剂、造气剂、造渣剂、脱氧剂、合金剂、稀渣剂、粘结剂、成形剂等八种。

6.1.2 焊条的分类

1. 按焊条用途分

焊条按用途可以分为结构钢焊条、钼和铬钼耐热钢焊条、不锈钢焊条、堆焊焊条、低温钢焊条、铸铁焊条、镍及镍合金焊条、铜及铜合金焊条、铝及铝合金焊条、特殊用途焊条。

2. 按焊接熔渣的碱度分

(1)酸性焊条。药皮中含有大量酸性氧化物(如 TiO_2、SiO_2)的焊条。典型的酸性焊条如 E4303。

(2)碱性焊条。药皮中含有多量碱性氧化物(如 CaO、Na_2O)的焊条。典型的碱性焊条如 E5015。

酸性焊条能交直流两用,焊接工艺性能较好,但焊缝的力学性能,特别是冲击韧性较差,故适用于一般低碳钢和强度较低的低合金结构钢的焊接,是目前生产中应用最广的焊条;而碱性焊条形成焊缝的塑性、韧性和抗裂性能均比酸性焊条好,故碱性焊条适用于焊接裂纹倾向大、塑性和韧性要求高的重要结构,如锅炉压力容器、合金结构钢、桥梁船舶等。

3. 按焊条药皮的类型分

焊条按药皮的类型可以分为氧化钛型、钛钙型、钛铁矿型、氧化铁型、纤维素型、低氢型、石墨型、盐型。

6.1.3 焊条的牌号与型号

1. 焊条牌号

以结构钢焊条为例:如结XXX或JXXX,结(J)—表示结构钢焊条;最后一位数字代表药皮类型和焊接电流要求,见表6-1;中间两位数字表示焊缝应具有最小抗拉强度(MPa)的1/10。

表 6-1 焊条药皮类型和焊接电流要求

牌号	药皮类型	焊接电源	牌号	药皮类型	焊接电源
□××0	不规定的类型	不规定	□××5	纤维素型	交流或直流
□××1	氧化钛型	交流或直流	□××6	低氢钾型	交流或直流
□××2	钛钙型	交流或直流	□××7	低氢钠型	直流
□××3	钛铁矿型	交流或直流	□××8	石墨型	交流或直流
□××4	氧化铁型	交流或直流	□××9	盐基型	直流

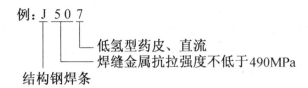

例：J 5 0 7
　　　　└─ 低氢型药皮、直流
　　　└── 焊缝金属抗拉强度不低于490MPa
结构钢焊条

2. 焊条型号

焊条型号是由国家参照国际标准确定的焊条分类标准。各型号焊条可有多种牌号产品。以结构钢为例，型号(E××15)表示："E"表示焊条；第一位、第二位数字表示熔敷金属最小抗拉强度；第三位数字表示焊条的焊接位置；第四位数字表示焊接电流种类及药皮类型，见表6-2。

表 6-2　焊条型号关于焊接位置、药皮类型、焊接电流种类的含义

焊条型号	第三位数字代表的焊接位置	第三位、第四位数字组合代表的	
		药皮类型	焊接电流种类
E××00	各种位置（平、立、横、仰）	特殊型	交流、直流正、反接
E××01		钛铁矿型	
E××03		钛钙型	
E××10		高纤维素型	直流反接
E××11		高纤维素钾型	交流或直流反接
E××12		高钛钠型	交流或直流正接
E××13		高钛钾型	交流或直流正、反接
E××14		铁粉钛型	交流或直流正、反接
E××15		低氢钠型	直接反接
E××16		低氢钾型	交流或直流反接
E××18		铁粉低氢型	交流或直流反接
E××20	平角焊	氧化铁型	交流或直流反接
E××22	平		交流或直流正、反接
E××23	平、平角焊	铁粉钛钙型	交流或直流正、反接
E××24		铁粉钛型	交流或直流正、反接
E××27		铁粉氧化铁型	交流或直流正接
E××28		铁粉低氢型	交流或直流反接
E××48	平、立、仰、立向下	铁粉低氢型	交流或直流反接

例：E 4 3 1 5
　　　　　　└─ 表示焊条药皮为低氢钠型，并可采用直流反接焊接
　　　　　└── 表示焊条适用于全位置焊接
　　　　└─── 表示熔敷金属抗拉强度的最小值
　　　└──── 表示焊条

6.1.4　焊条的选用

焊条的选用须在确保焊接结构安全、可行的前提下，根据被焊材料的化学成分、力学性能、板厚及接头形式、焊接结构特点、受力状态、结构使用条件对焊缝性能的要求、焊接施工条件和技术经济效益等综合考查后，有针对性地选用焊条，必要时还需进行焊接。

1. 焊条的选用原则

焊条在选用时,应遵循下列原则:

(1)等强度原则。即选用与母材同强度等级的焊条。如焊接低碳钢、低合金钢构件时,一般选用与工件母材的强度等级相同的焊条。

(2)同成分原则。即按母材化学成分选用相应成分的焊条。对于耐热钢和不锈钢的焊接应选用与工件化学成分相同或相近的焊条。

(3)抗裂纹原则。焊接刚度大、形状复杂、使用中承受动载荷的结构时,应选用抗裂性好的碱性焊条,如母材碳、硫、磷质量分数较高时,宜选用抗裂性好的碱性焊条。

(4)抗气孔原则。焊接受焊接工艺条件限制时,应选用抗气孔能力强的酸性焊条。

(5)低成本原则。在满足使用要求的前提下,尽量选用工艺性能好、低成本、高效率的焊条。

常用钢号推荐选用的焊条见表6-3。

表6-3 常用钢号推荐选用的焊条

钢号	焊条型号	对应牌号	钢号	焊条型号	对应牌号
Q23i-A・F Q23-A、10、20	E4303	J422	12Cr1MoV	E5515-B2-V	R317
20R、20HP、20g	E4316	J426	12Cr2Mo	E6015-B3	R407
	E4315	J427	12Cr2Mol		
25	E4303	J422	12CrMo1R		
	E5003	J502			
Q295(09Mn2V、 09Mn2VD、 09Mn2VDR)	E5515-C1	W707Ni	1Cr5MO	E1-5MOV-15	R507
Q345(16Mn、 16MnR、 16MnRE)	R5003	J50Q	1Cr18Ni9Ti	E308-16	A102
	E5016	J506		E308-15	A107
				E347-16	A132
	E5015	J507		E347-15	A137
Q390(16MnD、 169MnDR)	E5016-G	J506RH	0Cr19Ni9	E308-16	A102
	E5015-G	J507RH		E308-5	A107
Q390(15MnVR 15MnVRE)	E5016	J506	0Cr18Ni9Ti	E347-16	A132
	E5015	J507	0Cr19Ni11ti	E347-15	A132
	E5515-G	J557			
20MnMo	E5015	J507	00Cr18Ni10	E308L-16	A002
	E15-6	J557	00Cr19Ni11		
151MnVNR	E6016-D1	J606	0Cr17Ni12Mo2	E316-16	A202
	E6015-D1	J607		E316-15	A207
15MnMoV 18MnMONbR 20MnMONb	E7015-D2	J707	0Cr18Ni12MO2Ti	E316L-16	A022
			0Cr18Ni12MO3Ti		
12CrMO	E5515-B1	R207	0Cr18Ni12MO3Ti	E318-16	A212
15CrMO 15CrMOR	E5515-B2	R307	0Cr13	E410-16	G202
				E410-15	6207

105

2. 焊条的使用

1）焊条使用前的检验

使用前应首先检查焊条有无制造厂的质量合格证,凡无合格证或对其质量有怀疑应按批抽查检验,合格者方可使用。存放多年的焊条应进行工艺性能试验,待检验合格后才能使用。如发现焊条内部有锈迹,须经试验合格后才能使用。焊条受潮严重,已发现药皮脱落者,一般应予以报废。

2）焊条使用前的烘干

焊条使用前一般应按说明书规定的烘焙温度进行烘干。焊条烘干的目的是除去受潮药皮中的水分,以便减少熔池及焊缝中的氢,防止产生气孔和冷裂纹。烘干焊条要严格按照规定的工艺参数进行。烘干温度过高时,药皮中某些成分会发生分解,降低机械保护的效果;烘干温度过低或烘干时间不够时,受潮药皮的水分去除不彻底,仍会产生气孔和延迟裂纹。

酸性焊条根据受潮情况,在 70℃～150℃以上烘干 1h～2h。若存储时间短且包装完好,用于一般结构钢,使用前也可不烘干。

碱性低氢型焊条在使用前必须烘干,以降低焊条的含氢量,防止气孔、裂纹等缺陷产生,一般在 350℃～400℃烘干 1h～2h;对含氢量有特殊要求的,烘干温度应提高到 400℃～500℃。烘干温度应缓慢升高,不可将焊条在高温炉中突然放入或突然冷却,以免药皮干裂。经烘干的碱性焊条最好放入另一个温度控制在 100℃～150℃低温烘干箱中存放,并随用随取。低氢型焊条一般在常温下放置超过 4h 应重新烘干,其重复烘干次数不宜超过 3 次。

烘干焊条时,每层焊条不能堆放太厚(一般 1 层～3 层),以免焊条烘干时受热不均、潮气不易排除。烘干时要做好记录。

露天操作时,隔夜必须将焊条妥善保管,不允许露天存放。应该将焊条在低温箱中恒温存放,否则次日使用前必须重新烘干。

6.2 焊 丝

焊丝是焊接时作为填充金属并同时用来导电的金属丝,它是埋弧焊、电渣焊、气体保护焊与气焊的主要焊接材料。由于气体保护焊在能耗、生产率、焊接质量等方面都明显优于焊条电弧焊,近年来在很多方面已取代了焊条电弧焊。因此,生产中焊丝的需求量日趋增加,而焊条在焊接材料生产量中所占比例有所下降。

6.2.1 焊丝的分类

焊丝的分类方法很多,可分别按其适用的焊接方法、被焊材料、焊丝截面形状及结构等不同角度对焊丝进行分类。

(1)按其适用的焊接方法。可分为埋弧自动焊焊丝、电渣焊焊丝、CO_2 焊焊丝、堆焊焊丝、气焊焊丝等。埋弧焊使用的焊丝有实芯焊丝和药芯焊丝两类,生产中普遍使用的是实芯焊丝,药芯焊丝只在某些特殊场合应用。CO_2 气体保护焊目前已较多地采用了药芯焊丝。

(2)按被焊金属材料的不同。可分为碳钢焊丝、低合金钢焊丝、不锈钢焊丝、硬质合金堆焊焊丝、铜及铜合金焊丝、铝及铝合金焊丝、铸铁气焊焊丝等。

(3)按焊丝截面形状及结构。可分为实芯焊丝和药芯焊丝两大类。其中药芯焊丝又可分为气体保护焊丝、自保护焊丝和埋弧焊丝。

1. 实心焊丝

实芯焊丝的作用相当于焊条中的焊芯。对实芯焊丝的要求与对焊芯的要求一样,即含碳量低,含硫、磷量少(分别不超过 0.04% 和不超过 0.03% 两级),并含有一定量的合金。实芯焊丝包括埋弧焊、电渣焊、CO_2 气体保护焊、氩弧焊、气焊以及堆焊用的焊丝。

实芯焊丝是目前生产中最常用的焊丝,由热轧线材经拉拔加工而成。焊丝的直径规格有 ϕ0.8mm、ϕ1.0mm、ϕ1.2mm、ϕ1.6mm、ϕ2mm、ϕ3mm、ϕ4mm、ϕ5mm、ϕ6mm 等几种,前几种直径多用于半自动焊,后几种多用于自动焊。不同的焊接方法应采用不同直径的焊丝。埋弧焊时电流大,要采用粗焊丝,焊丝直径在 ϕ2.4mm~ϕ6.4mm;气体保护焊时,为了得到良好的保护效果,要采用细焊丝,直径多为 ϕ0.8mm~ϕ1.6mm。

焊丝表面应当光滑,除不锈钢、有色金属焊丝外,各种低碳钢和低合金钢焊丝表面最好镀铜。这种镀铜焊丝,由于镀铜层很薄,不会在焊缝中产生裂纹。镀铜焊丝的表面在焊前不需要再经除锈处理,使用方便,对于防止气孔的产生效果显著。此外,镀铜焊丝还可改善焊丝与导电嘴接触状况。

为了使焊接过程稳定并减少焊接辅助时间,焊丝通常用盘丝机整齐地盘绕在焊丝盘上,按照国家标准规定,每盘焊丝应由一根焊丝绕成。

2. 药芯焊丝

药芯焊丝是将药粉包在薄钢带内卷成不同的截面形状经轧拔加工制成的焊丝。药芯焊丝也称为粉状焊丝、管状焊丝或折叠焊丝,用于气体保护焊、埋弧焊和自保护焊,是一种很有发展前途的焊接材料。药芯焊丝粉剂的作用与焊条药皮相似,区别在于焊条的药皮涂敷在焊芯的外层,而药芯焊丝的粉剂被钢带包裹在芯部。药芯焊丝可以制成盘状供应,易于实现机械化焊接。

1)药芯焊丝的分类

药芯焊丝的分类较复杂,大致有以下几种分类方法:

(1)根据外层结构分类。根据外层结构可将药芯焊丝分为有缝药芯焊丝和无缝药芯焊丝两种。

①有缝药芯焊丝:由冷轧薄钢带首先轧成 U 形,加入药芯后再轧成 O 形,折叠后轧成 E 形。

②无缝药芯焊丝:用焊成的钢管或无缝钢管加药芯制成。这种焊丝的优点是密封性好,焊芯不会受潮变质,在制造中可以对表面镀铜,改进了送丝性能,同时又具有性能高、成本低的特点,因而已成为药芯焊丝今后发展的方向。

(2)按是否使用外加保护气体分类。根据是否有保护气体,药芯焊丝可分为气体保护焊丝(有外加保护气)和自保护焊丝(无外加保护气)。气体保护药芯焊丝的工艺性能和熔敷金属冲击性能比自保护的好,但自保护药芯焊丝具有抗风性,更适合室外或高层结构现场使用。

药芯焊丝可作为熔化极(MIG、MAG)或非熔化极(TIG)气体保护焊的焊接材料。TIG 焊时,大部分使用药芯焊丝作填充材料。焊丝内含有特殊性能的造渣剂,底层焊接时不需充氩保护,芯内粉剂会渗透到熔池背面,形成一层致密的熔渣保护层,使焊道背面不受氧化,冷却后该焊渣很容易脱落。

(3)按药芯焊丝的截面形状分类。根据药芯焊丝的截面形状可分为简单断面的"O"形和复杂断面的折叠形两类,折叠形又可分为梅花形、T 形、E 形和中间填丝形等。药芯焊丝的截面形状示意图如图 6-1 所示。

一般地说,药芯焊丝的截面形状越复杂、越对称,电弧越稳定,药芯的冶金反应和保护作用越充分。但是随着焊丝直径的减小,这种区别逐渐缩小,当焊丝直径小于 2mm 时,截面形状

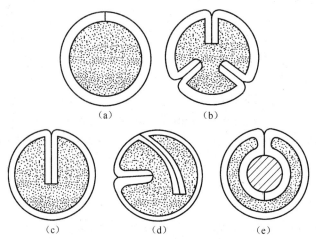

图 6-1 药芯焊丝的截面形状

(a)O形;(b)梅花形;(c)T形;(d)E形;(e)中间填丝形。

的影响已不明显了。目前,小直径(不大于2.0mm)药芯焊丝一般采用O形截面,大直径(不小于2.4mm)药芯焊丝多采用E形、T形等折叠形复杂截面。

2)药芯焊丝的特点

药芯焊丝是在结合焊条的优良工艺性能和实芯焊丝的高效率自动焊的基础上产生的一种新型焊接材料,其优点如下:

(1)焊接工艺性能好。在电弧高温作用下,芯部各种物质产生造气、造渣以及一系列冶金反应,对熔滴过渡形态、熔渣表面张力等物理性能产生影响,明显地改善了焊接工艺性能。

(2)飞溅小。由于药芯焊丝中加入了稳弧剂,电弧燃烧稳定,熔滴呈滴状均匀过渡,故焊接时飞溅很少,且飞溅颗粒细小,在钢板上粘不住,很容易清除。

(3)焊缝成形美观。在焊道成形方面,熔渣起着重要作用。实芯焊丝施焊时无法依靠渣起作用,仅依靠熔融金属自身的粘性和表面张力形成焊道,故表面形状不良。药芯焊丝焊接时,能形成一定数量的熔渣,依靠渣的表面张力生成一个软的铸型,这个铸型对形成良好焊道起着重要作用。

(4)熔敷速度高于实芯焊丝。采用药芯焊丝焊接时,由于焊丝断面上通电部分的面积比实芯焊丝小,在同样的焊接电流下药芯焊丝的电流密度高,焊丝熔化速度快,熔敷速度提高。

(5)可采用大电流进行全位置焊接。在各种焊接位置下,药芯焊丝均可采用较大的焊接电流,如 ϕ1.2mm焊丝,其电流可用到280A,这时仍能顺利地实现向下立焊,可称为其独到之处。

当然,药芯焊丝也有自己的不足。首先药芯焊丝的送丝比实芯焊丝困难,因为药芯焊丝强度低,若加大送丝的外力,焊丝可能变形开裂,粉剂外漏;其次药芯焊丝外表容易锈蚀,粉剂容易吸潮,使用前常需烘烤,否则,粉剂中吸收的水分会在焊缝中引起气孔。

由于与实芯焊丝相比,药芯焊丝具有焊接工艺性好、飞溅小、焊缝成形美观、可采用大电流进行全位置焊接和熔敷效率高等优点,已得到各行业部门的高度评价,成为最具有发展前途的焊接材料。

6.2.2 焊丝的牌号与型号

1. 实芯焊丝的牌号与型号

1)实芯焊丝牌号

在早期国标中,埋弧焊、电渣焊及气焊等熔焊焊丝的牌号与焊条电弧焊所用焊条焊芯的牌号表示方法相同。牌号中第一个字母"H"表示焊接用实芯焊丝;H 后面的一位或二位数字表示含碳量;接下来的化学符号及其后面的数字表示该元素大致含量的百分数。当合金元素含量小于 1‰时,该合金元素化学符号后面的数字可省略。在结构钢焊丝牌号尾部标有"A"或"E"时,A 表示硫、磷含量要求低的高级优质钢,E 为硫、磷含量要求特别低的焊丝。

但随着新国家标准 GB/T 13304—1991《钢分类》的颁布与执行,有些钢号的编排方法已经改变,因此,上述编排方法只适用于大部分焊丝,而不是全部焊丝。焊接用钢丝单列为专用钢,主要是因为焊接工艺特点对填充金属有一些特殊要求。为了防止焊接缺陷并保证焊缝金属的性能,要求焊丝中的碳比相应的母材低,同时对硫、磷的限制更加严格。

2)实芯焊丝型号

气体保护焊用钢丝的最新国家标准有 GB/T 14958—1994《气体保护焊用钢丝》和 GB/T 8110—1995《气体保护电弧焊用碳钢、低合金钢焊丝》。后者与 GB/T 1591—2008《低合金高强度结构钢》配套,适用于碳钢、低合金钢熔化极气体保护电弧焊用实芯焊丝;推荐用于钨极气体保护电弧焊和等离子弧焊的填充焊丝。

在 GB/T 8110—1995 中,焊丝按化学成分和采用熔化极气体保护电弧焊时熔敷金属的力学性能分类,型号用 ER××—×× 表示。字母"ER"表示焊丝;ER 后面的两位数字表示熔敷金属的最低抗拉强度;短划"—"后面的字母或数字表示焊丝化学成分分类代号,如还附加其它化学元素时,直接用元素符号表示,并以短划"—"与前面数字分开。示例如下:

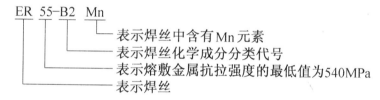

实芯焊丝的型号和牌号的对照如表 6-4 所列。

表 6-4 实芯焊丝的型号和牌号的对照

焊丝类型	牌号	符合标准的焊丝型号		
		GB	AWS	JIS
CO₂ 气体保护焊丝	MG49-1	ER49-1	—	—
	MG49-Ni	—	—	—
	MG49-G	ER49-G	ER70S-G	YGW-11
	MG50-3	ER50-3	ER70S-3	—
	MG50-4	ER50-4	ER70S-4	—
	MG50-6	ER50-6	ER70S-6	—
	MG50-G	ER50-G	ER70S-G	YGW-16
	MG59-G	—	—	—
氩弧焊填充焊丝	TG50RE	ER50-4	ER70S-4	—
	TG50	—	—	—
	TGR50M	—	—	—
	TGR50ML	—	—	—

焊丝类型	牌号	符合标准的焊丝型号		
		GB	AWS	JIS
氩弧焊填充焊丝	TGR55CM	ER55-B	—	—
	TGR55CML	ER55-B2L	—	—
	TGR55V	ER55-B2MnV	—	—
	TGR55VL	—	—	—
	TGR55WB	—	—	—
	TGR55WBL	—	—	—
	TGR59C2M	ER62-B3	—	—
	TGR59C2ML	ER62-B3L	—	—
埋弧焊丝	H08A、H08E	H08A、H08E	EL8	W11
	H08MnA	H08MnA	EM12	W21
	H10Mn2	H10Mn2	EH14	W41
	H10MnSi	H10MnSi	EM13K	—

2. 药芯焊丝牌号与型号

1）药芯焊丝牌号

牌号的第一个字母"Y"表示药芯焊丝,第二个字母及第一、第二、第三位数字与焊条牌号编制方法相同,如 YJ×××为结构钢药芯焊丝,YR×××为耐热钢药芯焊丝。牌号"-"后面的数字表示焊接时的保护方法。药芯焊丝有特殊性能和用途时,在牌号后面加注起主要用途的元素或主要用途的字母(一般不超过两个)。示例如下:

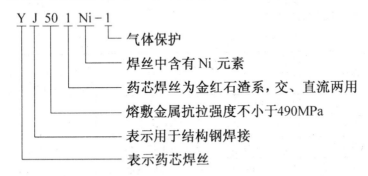

2）碳钢药芯焊丝型号

碳钢药芯焊丝的型号遵从 GB/T 10045—2001《碳钢药芯焊丝》。碳钢药芯焊丝型号由两部分构成,即焊丝类型的代号加上表示焊缝金属力学性能的一组四位数字构成。如:E×××T-×ML,字母"E"表示焊丝,字母"T"表示药芯焊丝。型号中的符号按排列顺序分别说明如下:

字母"E"后面的前2个符号"××"表示熔敷金属的力学性能;字母"E"后面的第3个符号"×"表示推荐的焊接位置,其中"0"表示平焊和横焊位置,"1"表示全位置;短划后面的符号"×"表示焊丝的类别特点;字母"M"表示保护气体为 75%—80%Ar+CO$_2$;当无字母"M"时,表示保护气体为 CO$_2$ 或为自保护类型。字母"L"表示焊丝熔敷金属的冲击性能在−40℃时,其 V 型缺口冲击功不小于27J。当无字母"L"时,表示焊丝熔敷金属的冲击性能符合一般要求。完整的碳钢药芯焊丝型号说明如下:

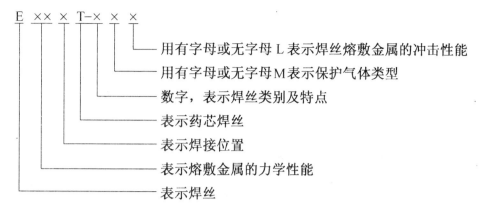

用有字母或无字母 L 表示焊丝熔敷金属的冲击性能

用有字母或无字母 M 表示保护气体类型

数字，表示焊丝类别及特点

表示药芯焊丝

表示焊接位置

表示熔敷金属的力学性能

表示焊丝

3）低合金钢药芯焊丝型号

GB/T 17493—2008《低合金钢药芯焊丝》对适用于气体保护和自保护电弧焊用低合金钢药芯焊丝的型号、分类和技术要求等作了规定。

低合金钢药芯焊丝型号表示方法为 E×××T×－××。其中 E 表示焊丝，T 表示药芯焊丝；字母 E 后面的两位数字表示焊丝熔敷金属的力学性能，字母 E 后面的第三位数字表示推荐的焊接位置，其中 0 表示平焊和横焊，1 表示全位置焊接；字母 T 后面的数字表示焊丝的渣系、保护类型和电流类型，可以分为 T1、T4、T5、T8 和 T×－G 共 5 类。按熔敷金属抗拉强度将低合金钢药芯焊丝分为 E43、E50、E55、E60、E70、E75、E85 和由供需双方共同商定共 8 个等级。另外，按照焊丝的化学成分，又可以将低合金钢药芯焊丝分为碳钼钢焊丝、镍钢焊丝、锰钼钢焊丝及其它低合金钢焊丝等。完整的低合金钢药芯焊丝型号说明如下：

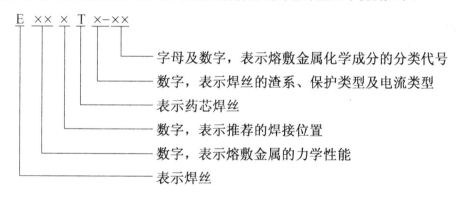

字母及数字，表示熔敷金属化学成分的分类代号

数字，表示焊丝的渣系、保护类型及电流类型

表示药芯焊丝

数字，表示推荐的焊接位置

数字，表示熔敷金属的力学性能

表示焊丝

6.3 焊　剂

焊剂是指焊接时能够熔化形成熔渣和气体，对熔化金属起保护和冶金处理作用的一种颗粒状物质。焊剂的作用相当于焊条中的药皮，在焊接过程中起到隔离空气、保护焊接区金属使其不受空气的侵害，以及进行冶金处理等作用。焊剂是埋弧焊、电渣焊时不可缺少的焊接材料。

6.3.1 钢用焊剂分类

焊剂的分类方法很多，如图 6-2 所示。但无论按哪种分类方法，都不能概括焊剂的所有特点。了解焊剂的分类是为了更好地掌握焊剂的特点，以便进行正确选择和使用。

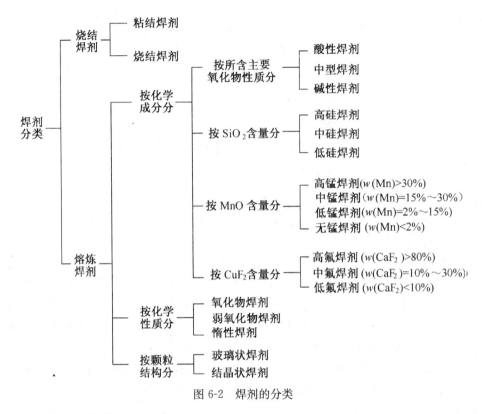

图 6-2　焊剂的分类

1. 按焊剂用途分类

焊剂按用途可分为埋弧焊焊剂、堆焊焊剂、电渣焊焊剂。按所焊材料分为低碳钢用焊剂、低合金钢用焊剂、不锈钢用焊剂、镍及镍合金用焊剂、钛及钛合金用焊剂等。

2. 按焊剂制造方法分类

按焊剂制造方法的不同,可以把焊剂分成熔炼焊剂和烧结焊剂两大类。

1)熔炼焊剂

按照配方将一定比例的各种配料放在炉中熔炼,然后经过水冷,使焊剂形成颗粒状,经烘干、筛选而制成的焊剂。熔炼焊剂的主要优点是化学成分均匀,可以获得性能均匀的焊缝。但由于焊剂在制造过程中有高温熔炼过程,合金元素会被氧化,所以焊剂中不能添加铁合金,因此不能依靠焊剂向焊缝大量过渡合金元素。熔炼焊剂是目前生产中最广泛使用的一种焊剂。

2)烧结焊剂

将一定比例配料粉末混合均匀并加入适量的粘结剂后经烘焙而制成。根据烘焙温度的不同,烧结焊剂又可分以下两种:

(1)粘结焊剂。经 $400℃$ 以下的低温烘焙而制成的一种焊剂,以前称陶质焊剂。

(2)烧结焊剂。在 $400℃\sim1000℃$ 高温下烧结成块,然后粉碎、筛选而成。其中烧结温度为 $400℃\sim600℃$ 的叫低温烧结焊剂,烧结温度高于 $700℃$ 的叫高温烧结焊剂。前者可以渗合金,后者则只有造渣和保护作用。

根据不同的使用要求,还可以把熔炼焊剂和烧结焊剂混合起来使用,称为混合焊剂。

3. 按焊剂化学成分分类

(1)按所含主要氧化物性质可分为酸性焊剂、碱性焊剂和中性焊剂。

(2)按 SiO_2 含量可分为高硅焊剂、中硅焊剂和低硅焊剂。

(3)按 MnO 含量可分为高锰焊剂、中锰焊剂、低锰焊剂和无锰焊剂。

(4)按 CaF_2 含量可分为高氟焊剂、中氟焊剂和低氟焊剂。

(5)按照焊剂的主要成分特性可分为氟碱型焊剂、高铝型焊剂、硅钙型焊剂、硅锰型焊剂、铝钛型焊剂。这种分类方法一般用于非熔炼焊剂。

4. 按焊剂化学性质分类

(1)氧化性焊剂。焊剂对焊缝金属具有较强的氧化性,可分为两种:一种是含有大量 SiO_2、MnO 的焊剂;另一种是含较多 FeO 的焊剂。

(2)弱氧化性焊剂。焊剂中基本不含 SiO_2、MnO、FeO 等氧化物,所以对于焊接金属没有氧化作用,焊缝含氧量较低。

(3)惰性焊剂。焊剂含 SiO_2、MnO、FeO 等氧化物较少,基本不含 FeO、SiO_2、MnO 等的焊剂,对焊缝金属没有氧化作用。此类焊剂的成分是 Al_2O_3、CaO、MgO、CaF_2。

6.3.2 焊剂型号及牌号

1. 焊剂的型号

1)碳钢埋弧焊焊剂型号

碳钢埋弧焊焊剂型号是根据使用焊丝与焊剂组合而形成的熔敷金属的力学性能而划分的。在 GB/T 5293—1999《埋弧焊用碳钢焊丝和焊剂》中,焊丝—焊剂组合的型号编制方法如下:

F$\times_1\times_2\times_3$ - H$\times\times\times$

(1)"F"表示为埋弧焊用焊剂。

(2)第一位数字"$\times_1$"表示焊丝—焊剂组合的熔敷金属抗拉强度的最小值。

(3)第二位数字"$\times_2$"表示试件的处理状态,"A"表示焊态,"P"表示焊后热处理状态。

(4)第三位数字"$\times_3$"表示熔敷金属冲击吸收功不小于27J时的最低试验温度。

(5)H$\times\times\times$表示焊丝的牌号,焊丝的牌号按 GB/T 14957—1994 规定。

2)低合金钢埋弧焊焊剂型号

在 GB/T 12470—2003《埋弧焊用低合金钢焊丝和焊剂》中,根据埋弧焊焊缝金属力学性能和焊剂渣系来划分,其型号表示方法如下:

F$\times\times_1\times_2\times_3$—H$\times\times\times$

(1)"F"表示为埋弧焊用焊剂。

(2)第一位数字"$\times\times_1$"表示焊丝—焊剂组合的熔敷金属抗拉强度的最小值。

(3)第二位数字"$\times_2$"表示试件的状态,"A"表示焊态,"P"表示焊后热处理状态。

(4)第三位数字"$\times_3$"表示熔敷金属冲击吸收功不小于27J时的最低试验温度。

(5)H$\times\times\times$表示焊丝的牌号,焊丝的牌号按 GB/T 14957—1994 和 GB/T 3429—1994 规定。如果需要标注熔敷金属中扩散氢含量时,可用后缀"H$\times$"表示。

3)不锈钢埋弧焊焊剂型号

在 GB/T 17854—1999《埋弧焊用不锈钢焊丝和焊剂》中,规定了埋弧焊用不锈钢焊丝和焊剂的型号分类、技术要求、试验方法及检验规则等内容。在该标准中,焊丝—焊剂组合的型号编制方法如下:字母"F"表示焊剂;"F"后面的数字表示熔敷金属种类代号,如有特殊要求的化学成分,该化学成分用元素符号表示,放在数字的后面;"—"后面表示不锈钢焊丝的牌号。

2. 焊剂的牌号

由于焊剂型号内容比较复杂,而且不够完备,在生产中更多是使用焊剂的牌号,在原机械工业部1997年出版的《焊接材料产品样本》中规定焊剂牌号编制方法如下:

1)熔炼焊剂牌号编制方法

(1)牌号前"HJ"表示埋弧焊及电渣焊用熔炼焊剂。

(2)牌号第一位数字表示焊剂中氧化锰的含量。

(3)牌号第二位数字表示焊剂中二氧化硅、氟化钙的含量。

(4)牌号第三位数字表示同一类型焊剂的不同牌号,按0、1、2、……、9顺序排列。

(5)对同一牌号生产两种颗粒度时,在细颗粒焊剂牌号后面加"×"。

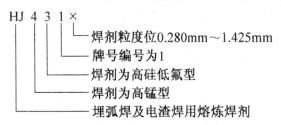

2)烧结焊剂牌号编制方法

(1)牌号前"SJ"表示埋弧焊用烧结焊剂。

(2)牌号第一位数字表示焊剂熔渣的渣系,其系列按表6-5编排。

(3)牌号第二位、第三位数字表示同一类型渣系焊剂中的不同牌号,从01~09。

表6-5 烧结焊剂牌号中第一位数字含义

焊剂牌号	熔渣渣系类型	主要组成范围(质量分数)/%
SJ1××	氟碱型	$CaF_2 \geqslant 15$ $CaO+MgO+MnO+CaF_2 > 50$ $SiO_2 \leqslant 20$
SJ2××	高铝型	$Al_2O_3 \geqslant 20$ $Al_2O_3+CaO+MgO > 45$
SJ3××	硅钙型	$CaO+MgO+SiO_2 > 60$
SJ4××	硅锰型	$MgO+SiO_2 > 50$
SJ5××	铝钛型	$Al_2O_3+TiO_2 > 45$
SJ6××	其它型	

6.3.3 焊剂的选配

在焊接过程中,只有充分注意焊剂与焊丝的合理配用,才能获得满意的焊接接头。对于埋弧焊、电渣焊来说,焊剂的焊接工艺性能和化学冶金性能是决定焊缝金属化学成分和力学性能的重要因素之一。采用同样的焊丝和同样的焊接参数,配用的焊剂不同,所得焊缝的性能将有很大的差别,特别是冲击韧性差别更大。焊接时,一种焊丝可与多种焊剂合理组合使用。常用低碳钢的埋弧焊焊剂与配用焊丝见表 6-6，常用热轧、正火低合金钢的埋弧焊焊剂与配用焊丝见表 6-7，常用碳钢的电渣焊焊剂与配用焊丝见表 6-8，常用热轧、正火低合金高强钢的电渣焊焊剂与配用焊丝见表 6-9。

表 6-6 常用低碳钢的埋弧焊焊剂与配用焊丝

钢号	烧结焊剂与配用焊丝		熔炼焊剂与配用焊丝	
	烧结焊剂	配用焊丝	熔炼焊剂	配用焊丝
Q235(A3)	SJ401,SJ403, SJ402(薄板、中厚板)	H08A,H08E	HJ431,HJ430	H08A,H08MnA
Q255(A4)				
Q275(A5)				
15,20	SJ301, SJ302, SJ502, SJ501, SJ503(中厚度板)	H08A, H08E, H08MnA	HJ431, HJ430, HJ330	H08A,H08MnA
25,30				H08MnA,H10Mn2
20G,22G				H08MnA H08MnSi,h10Mn2
10R				H08MnA

表 6-7 常用热轧、正火低合金钢埋弧焊焊剂与配用焊丝

钢号	屈服强度/MPa	焊剂	配用焊丝	备注
09Mn2, 09Mn2Si,09Mn	295	HJ430,HJ431,SJ301	H08A,H08MnA	—
16Mn,16Mn, 16MnCu,14MnNb	345	SJ501,SJ502	H08Mn,H08MnA	用于薄板
		HJ430,HJ431,SJ301	H08A	用于不开坡口对接
		HJ430,HJ431,SJ301	H08MnA,H10Mn2	用于中板开坡口对接
		HJ350	H10Mn2,H08MnMoA	用于厚板深坡口
15MnV,15MnVCu 16MnNb 15MnVR	390	HJ430,HJ431	H08MnA	用于不开坡口对接
		HJ430,HJ431	H10Mn2,H10MnSi	用于中板开坡口对接
		HJ250,HJ350,SJ101	H08MnMoA	用于厚板深坡口
15MnVN, 15MnVNCu, 15MnVTiRE, 15NbVNR	420	HJ431	H10Mn2	—
		HJ350,HJ250, HJ252,SJ101	H08MnMoA, H08Mn2MoA	
18MnMoNb, 14MnMoV, 14MnMoVCu, 14MnMoVg, 18MnMoNbg, 18MnMoNbR	460	SJ102	H08MnMoA	—
		HJ250,HJ252, HJ350,SJ101	H08Mn2MoA, H08Mn2MoVA, H08Mn2NiMo	
X60 低合金管线钢	414	HJ431	H08Mn2MoA	—
		SJ101	H08MnMoA	
		SJ102	H10Mn2	
X65 低合金管线钢	450	SJ102,SJ301	H08MnMoA	—
		SJ101	H08Mn2MoA	

表 6-8　常用碳钢的电渣焊焊剂与配用焊丝

钢　号	焊　剂	配用焊丝
Q235,Q255	HJ360,HJ252,HJ431	H08MnA
10,15,20,25		H08MnA,H10Mn2
30,35,ZG25,ZG35		H08Mn2SiA,H10Mn2,H10MnSi

表 6-9　常用热轧、正火低合金高强钢电渣焊焊剂与配用焊丝

钢　号	焊剂	配用焊丝
16Mn,16MnR,16MnCu	HJ431,HJ360,HJ252,HJ170	H08Mn2SiA,h10mNsI,h10Mn2,H08MnMoA,H10MnMo
15MnV,15MnTi,15MnVCu,16MnNb		H08Mn2MoVA,H10MnMo
15MnVN,　15MnVTiRE,15MnVNCu,15MnMoN		H08Mn2MoVA,H10Mn2NiMo,H10Mn2Mo
18MnMoNb,14MnMoV,14MnMoVCu		H10Mn2MoA,H10Mn2MoVA,H10Mn2NiMoA

6.4　保护气体

6.4.1　各种保护气体的性质

气体保护焊中所用的保护性气体包括二氧化碳(CO_2)、氩气(Ar)、氦气(He)、氮气(N_2)等。焊接时保护气体既是焊接区域的保护介质,也是产生电弧的气体介质;因此气体的特性(如物理特性和化学特性等)不仅影响保护效果,也影响到电弧的引燃及焊接过程的稳定性。

1. 二氧化碳气体(CO_2)

CO_2 气体是氧化性保护气体,有固态、液态、气态三种状态。纯净的 CO_2 气体无色、无味,在 0℃ 和 0.1MPa 下,密度为 1.9763g/L,比空气大。CO_2 化学性质稳定,不燃烧,不助燃,在高温时分解为 CO 和 O_2,因而使电弧气氛具有很强的氧化性。低温下,CO_2 转变为固体,称为干冰。CO_2 由液态变为气态的沸点很低(-78℃),所以工业用 CO_2 一般都是使用液态的,常温下即可汽化。

CO_2 气体经过压缩可液化,焊接用的 CO_2 气体都是压缩成液体储存在钢瓶内待用的,既经济又方便。CO_2 气体标准钢瓶通常容量为 40kg,可灌装 25kg 的液态 CO_2。25kg 液态 CO_2 约占钢瓶容积的 80%,其余 20% 左右的空间则充满了汽化的 CO_2。钢瓶压力表上所指示的压力值就是这部分气体的饱和压力,此压力大小和环境温度有关,温度升高,饱和气压增大;温度降低,饱和气压减小。只有当钢瓶内液态 CO_2 已全部挥发成气体后,瓶内气体的压力才会随着 CO_2 气体的消耗而逐渐下降。

2. 氩气(Ar)

氩气是一种无色、无味、无嗅的惰性气体,在标准状态(0℃,$0.1MPa$)下的密度是 $1.782kg/m^3$,是空气的 1.38 倍(空气为 $1.293kg/m^3$)。由于氩气的密度较大,在保护时不易漂浮散失,所以保护效果良好。

氩气的沸点为 -185.7℃,介于氧气(-183℃)和氮气(-195.8℃)的沸点之间。分馏液态空气制取氧气时,可同时制取氩气。

氩气是一种惰性气体,焊接时既不与金属起化学反应,也不溶解于液态金属中,因此可以

避免焊缝中金属元素的烧损和由此带来的其它焊接缺陷,使焊接冶金反应变得简单并容易控制,为获得高质量的焊缝提供了有利条件。

氩气可在低于-184℃下以液态形式储存和运输,但焊接时多使用钢瓶装的氩气,氩气钢瓶按规定漆成银灰色,上写绿色"氩"字。目前我国常用氩气钢瓶的容积为33L、40L、44L,在20℃以下,满瓶装氩气压力为15MPa。

氩气是制氧的副产品,因为氩气的沸点介于氧气和氮气之间,差值很小,所以在氩气中常残留一定数量的氧气、氮气和二氧化碳及水分等杂质。焊接中如果氩气的杂质含量超过规定标准,在焊接过程中不但影响对熔化金属的保护,而且极易使焊缝产生气孔、夹渣等缺陷,影响焊接接头质量,加剧钨极的烧损量。按我国现行规定,焊接不锈钢等材料时,氩气的纯度不得低于99.7%。

3. 氦气(He)

氦气也是一种无色、无味的惰性气体,在标准状况(0℃,0.1MPa)下的密度是0.178kg/m³,比空气小得多。氦气是一种单原子气体,沸点为-269℃。氦气与氩气化学性质相同,也很不活泼,几乎不与任何金属产生化学反应,在液态及固态金属中都不溶解,因此在焊接过程中,也不会发生合金元素的氧化与烧损。

氦气的电离电位较高,焊接时引弧困难。与氩气相比它的热导率较大,在相同的焊接电流和电弧强度下电压高,电弧温度高,因此母材输入热量大,焊接速度快,弧柱细而集中,焊缝有较大的熔透率。这是利用氦气进行电弧焊的主要优点,但电弧相对稳定性稍差于氩弧焊。

氦气的相对原子质量轻,密度小,要有效地保护焊接区域,其流量要比氩气大得多。由于氦气价格昂贵,只在某些具有特殊要求的场合下应用,如核反应堆的冷却棒、大厚度的铝合金等关键零部件的焊接。

4. 氮气(N₂)

氮气在空气中体积含量约为78%,沸点-196℃,氮气的电离势较低,相对原子质量较氩气小,氮气分解时吸收热量较大。氮气可用作焊接时的保护气体;由于氮气导热及携热性较好,也常用作等离子弧切割的工作气体,有较长的弧柱,又有分子复合热能,因此可以切割厚度较大的金属板。但因原子相对质量较氩气小,因此用于等离子弧切割时,要求电源有很高的空载电压。

氮气在高温时能与金属发生反应,等离子弧切割时,对电极的侵蚀作用较强,尤其在气体压力较高的情况下,宜加入氩或氢。另外,用氮气作为工作气体时,会使切割表面氮化,切割时产生较多氮的氧化物。

不同气体在焊接过程中的特性见表6-10。

表6-10　不同气体在焊接过程中的特性

气体	成分	弧柱电位梯度	电弧稳定性	金属过渡特性	化学性能	焊缝熔深形状	加热特性
CO₂	纯度99.9%	高	满意	满意,但有些飞溅	强氧化性	扁平形熔深较大	—
Ar	纯度99.995%	低	好	满意	—	蘑菇形	—
He	纯度99.99%	高	满意	满意	—	扁平形	对焊件热输入比纯Ar高
N₂	纯度99.9%	高	差	差	在钢中产生气孔和氮化物	扁平形	—

6.4.2 保护气体的类型

焊接用保护气体主要包括二氧化碳(CO_2)、氩气(Ar)、氦气(He)、氮气(N_2)和氢气(H_2)、水蒸气等。它又可分为惰性气体、还原性气体、氧化性气体和混合气体数种类型。

1. 惰性气体

惰性气体有氩气和氦气,其中以氩气使用最为普遍。目前,氩弧焊已从焊接化学性质较活泼的金属发展到焊接常用金属(低碳钢)。氦气由于价格昂贵且气体消耗量大,使用还不普遍,常与氩气混合使用。

2. 还原性气体

还原性气体有氮气和氢气。因氮气不溶于铜,故可专用于铜及铜合金的焊接。氢气用作原子氢中的保护气体,目前这种焊接方法已逐渐被淘汰。氮气和氢气也常和其它气体混合使用。

3. 氧化性气体

氧化性气体有 CO_2 和水蒸气。这种气体来源广,成本低,值得推广应用,特别是 CO_2 气体保护焊近年来发展很快,主要用于碳钢和合金钢的焊接。水蒸气仅用于电弧堆焊的保护气体。

4. 混合气体

混合气体是在一种保护气体中加入适当份量的另一种(或两种)其它气体。混合气体能细化熔滴,减少飞溅,提高电弧稳定性,在生产中已逐步得到推广使用。

6.4.3 保护气体的选用

1. 根据焊接方法选用气体

保护气体的选择主要取决于焊接方法。根据在施焊过程所采用的焊接方法不同,气体保护焊用的气体也不相同。焊接方法与保护气体的选用见表 6-11。

表 6-11　焊接方法与焊接用气体的选用

焊 接 方 法		焊 接 气 体		
钨极惰性气体保护焊(TIG)		Ar	He	Ar+He
实芯焊丝	熔化极惰性气体保护焊(MIG)	Ar	He	Ar+He
	熔化极活性气体保护焊(MAG)	Ar+O₂	Ar+CO₂	Ar+CO₂+O₂
	CO₂ 气体保护焊	CO₂	CO₂+O₂	
药芯焊丝		CO₂	Ar+O₂	Ar+CO₂

2. 根据被焊材料选用气体

除了依据焊接方法之外,保护气体的选用还与被焊金属的性质、接头质量要求、焊件厚度和焊接位置及工艺方法等因素有关。

对于低碳钢、低合金高强钢、不锈钢和耐热钢等,焊接时宜选用活性气体(如 CO_2、$Ar+CO_2$ 或 $Ar+O_2$)保护,以细化过渡熔滴,克服电弧阴极斑点飘移及焊道边缘咬边等缺陷。有时也可采用惰性气体保护。

对于铝及铝合金、钛及钛合金、铜及铜合金、镍及镍合金、高温合金等容易氧化或难熔的金属,焊接时应选用惰性气体(如 Ar 或 Ar＋He 混合气体)作为保护气体,以获得优质的焊缝金属。

焊接时,保护气体的选用还必须与焊丝相匹配。惰性气体(Ar)保护焊时,焊丝成分与熔敷金属成分相近,合金元素基本没有什么损失;而活性气体保护焊时,由于 CO_2 气体的强氧化作用,焊丝合金过渡系数降低,熔敷金属成分与焊丝成分产生较大差异。保护气氛中 CO_2 气体所占比例越大,氧化性越强,合金过渡系数越低。因此,采用 CO_2 作为保护气体时,焊丝中必须含有足够量的脱氧合金元素,满足 Mn、Si 联合脱氧的要求,以保护焊缝金属中合适的含氧量,改善焊缝的组织和性能。

含较高 Mn、Si 含量的 CO_2 焊焊丝用于富氩条件时,熔敷金属合金含量偏高,强度增高;反之,富氩条件所用的焊丝用 CO_2 气体保护时,由于合金元素的氧化烧损,合金过渡系数低,焊缝性能下降。因此,对于氧化性强的保护气体,须匹配高锰高硅焊丝,而对于富 Ar 混合气体,则应匹配低硅焊丝。

不同材料焊接时保护气体的适用范围见表 6-12。熔化极气体保护焊时不同被焊材料适用的保护气体见表 6-13。

表 6-12　不同材料焊接时保护气体的适用范围

被焊材料	保护气体	化学性质	焊接方法	主　要　特　性
铝及铝合金	Ar	惰性	TIG MIG	TIG 焊采用交流。MIG 焊采用直流反接,有阴极破碎作用,焊缝表面光洁
钛、锆及其合金	Ar	惰性	TIG MIG	电弧稳定燃烧,保护效果好
铜及铜合金	Ar	惰性	TIG MIG	产生稳定的射流电弧,但板厚大于 5mm～6mm 时需预热
	N_2	—	熔化极气体保护焊	输入热量大,可降低或取消预热,有飞溅及烟雾,一般仅在脱氧铜焊接时使用氮弧焊,氮气来源方便,价格便宜
不锈钢及高强度钢	Ar	惰性	TIG	适用于薄板焊接
碳钢及低合金钢	CO_2	氧化性	MAG	适于短路电弧,有一定飞溅
镍基合金	Ar	惰性	TIG MIG	对于射流、脉冲及短路电弧均适用,是焊接镍基合金的主要气体

表 6-13　熔化极气体保护焊时不同被焊材料适用的保护气体

保护气体	被焊材料	保护气体	被焊材料
Ar	除钢材外的一切金属	$Ar+CO_2 1\%～3\%$	铝合金
Ar＋He	一切金属,尤其适用于铜和铝的合金的焊接	$Ar+N_2 0.2\%$	铝合金
		$Ar+H_2 6\%$	镍及镍合金
He	除钢材外的一切金属	$Ar+N_2 15\%～20\%$	铜
$Ar+O_2 0.5\%～1\%$	铝	N_2	铜
$Ar+O_2 1\%$	高合金钢	CO_2	非合金钢
$Ar+O_2 1\%～3\%$	合金钢	$CO_2+O_2 15\%～20\%$	非合金钢
$Ar+O_2 1\%～5\%$	非合金钢及低合金钢	水蒸气	非合金钢
$Ar+CO_2 25\%$	非合金钢	$Ar+O_2 3\%～7\%+CO_2 13\%～17\%$	非合金钢及低合金钢

3. 混合气体的性质及选用

在单一气体的基础上加入一定比例的某些气体形成混合气体,在焊接及切割过程中具有一系列的优点,如可以改变电弧形态、提高电弧能量、改善焊缝成形及力学性能、提高焊接生产率等。

1)混合气体的性质

焊接时,用纯 CO_2 作保护气体,电弧稳定性较差,熔滴呈非轴向过渡,飞溅大,焊缝成形较差。用纯 Ar 焊接低合金钢时,阴极斑点飘移大,也易造成电弧不稳。向 Ar 中加入少量氧化性气体,如 O_2 和 CO_2 等,可显著提高电弧稳定性,使熔滴细化,增加过渡效率,有利于改善焊缝成形和提高抗气孔能力。MIG 焊接时一般采用 Ar+2% O_2 或 Ar+5% CO_2;MAG 焊接时采用 CO_2、Ar+CO_2 或 Ar+O_2。MAG 焊接是 CO_2 和 Ar 加上超过 5%的 CO_2 或超过 2%的 O_2 等混合气体保护焊的总称。由于加入了一定量的 CO_2 或 O_2,氧化性较强。MIG 焊接是纯 Ar 或在 Ar 中加入少量活性气体(≤2%的 O_2 或≤5%的 CO_2)。不同保护气体的焊缝截面形状见图 6-3;气体保护焊常用的混合气成分及特性见表 6-14。

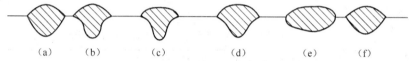

图 6-3　不同保护气体的焊缝截面形状

(a)CO_2;(b)Ar+CO_2;(c)Ar;(d)Ar+He;(e)He;(f)Ar+CO_2+O_2。

表 6-14　气体保护焊常用的混合气成分及特性

气体组合	气体成分	弧柱电位梯度	电弧稳定性	金属过渡特性	化学性能	焊缝熔深形状	加热特性
Ar+He	He≤75%	中等	好	好	—	扁平形,熔深较大	—
Ar+H_2	$H_2$5%~15%	中等	好	—	还原性,H_2>5%会产生气孔	熔深较大	对焊件热输入比纯 Ar 高
Ar+CO_2	$CO_2$5%	低至中等	好	好	弱氧化性	扁平形,熔深较大(改善焊缝成形)	—
	$CO_2$20%				中等氧化性		
Ar+O_2	$O_2$1%~5%	低	好	好	弱氧化性	蘑菇形,熔深较大(改善焊缝成形)	—
Ar+CO_2+O_2	$CO_2$20%,$O_2$5%	中等	好	好	中等氧化性	扁平形,熔深较大(改善焊缝成形)	—
CO_2+O_2	O_2≤20%	高	稍差	满意	弱氧化性	扁平形,熔深大	—

2)混合气体的选用

混合气体一般也是根据焊接方法、被焊材料以及混合比对焊接工艺的影响等进行选用。如焊接低合金高强钢时,从减少氧化物夹杂和焊缝含氧量出发,希望采用纯 Ar 作保护气体;从稳定电弧和焊缝成形出发,希望向 Ar 中加入氧化性气体。综合考虑,以采用弱氧化性气体为宜。对于惰性气体氩弧焊射流过渡推荐采用 Ar+(1%~2%)O_2 的混合气体;而对短路过渡的活性气体保护焊采用 20%CO_2+80%Ar 的混合气体应用效果最佳。

从生产效率方面考虑,钨极氩弧焊时在 Ar 气中加入 He、N_2、H_2、CO_2 或 O_2 等气体可增加母材的热量输入,提高焊接速度。例如,焊接大厚度铝板,推荐选用 Ar＋He 混合气体;焊接低碳钢或低合金钢时,在 CO_2 气体中加入一定量的 O_2,或者在 Ar 中加入一定量的 CO_2 或 O_2,可产生明显效果。此外,采用混合气体进行保护,还可增大熔深,消除未焊透、裂纹及气孔等缺陷。不同材料焊接用混合气体及适用范围见表 6-15。

表 6-15 不同材料焊接用混合气体及适用范围

被焊材料	保护气体	混合比 /%	化学性质	焊接方法	主 要 特 性
铝及铝合金	Ar＋He	He10(MIG) He10～90 (TIG 焊)	惰性	TIG MIG	He 的传热系数大,在相同电弧长度下,电弧电压比用 Ar 时高。电弧温度高,母材热输入大,熔化速度较高。适于焊接厚铝板,可增大熔深,减少气孔,提高生产效率。但如加入 He 的比例过大,则飞溅较多
钛、锆及其合金	Ar＋He	75/25	惰性	TIG MIG	可增加热量输入。适用于射流电弧、脉冲电弧及短路电弧,可改善熔深及焊缝金属的润湿性
铜及铜合金	Ar＋He	50/50 或 30/70	惰性	TIG MIG	可改善焊缝金属的润湿性,提高焊接质量。输入热量比纯 Ar
	Ar＋N_2	80/20	—	熔化极气体保护焊	输入热量比纯 Ar 大,但有一定飞溅和烟雾,成形较差
不锈钢及高强度钢	Ar＋O_2	$O_2$1～2	氧化性	熔化极气体保护焊 (MAG)	细化熔滴,降低射流过渡的临界电流,减小液体金属的黏度和表面张力,从而防止产生气孔和咬边等缺陷。焊接不锈钢时加入 O_2 的体积分数不宜超过 2%,则焊缝表面氧化严重,会降低焊接接头质量。用于射流电弧及脉冲电弧
	Ar＋N_2	$N_2$1～4	惰性	TIG	可提高电弧刚度,改善焊缝成形
	Ar＋O_2＋CO_2	$O_2$2 $CO_2$5	氧化性	MAG	用于射流电弧、脉冲电弧及短路电弧
	Ar＋CO_2	$CO_2$2.5	氧化性	MAG	用于短路电弧。焊接不锈钢时加入 CO_2 的体积分数最大量应小于 5%,否则渗碳严重
	Ar＋O_2	$O_2$1～5 或 20	氧化性	MAG	生产率较高,抗气孔性能优。用于射流电弧及对焊缝要求较高的场合
碳钢及低合金钢	Ar＋CO_2	70(80)/ 30(20)	氧化性	MAG	有良好的熔深,可用于短路过渡及射流过渡电弧
	Ar＋O_2＋CO_2	80/15/5	氧化性	MAG	有较佳的熔深,可用于射流、脉冲及短路电弧
镍基合金	Ar＋He	He20～25	惰性	TIG MIG	热输入量比纯 Ar 大
	Ar＋H_2	H_2<6	还原性	非熔化极	可以抑制和消除焊缝中的 CO 气孔,提高电弧温度,增加热输入量

近年来还推广应用了粗 Ar 混合气体,其成分为 Ar＝96%、$O_2 \leqslant 4\%$、$H_2O \leqslant 0.0057\%$、$N_2 \leqslant 0.1\%$。粗 Ar 混合气体不但能改善焊缝成形,减少飞溅,提高焊接效率,而且用于焊接抗拉强度 500MPa～800MPa 的低合金高强钢时,焊缝金属力学性能与使用高纯 Ar 时相当。粗 Ar 混合气体价格便宜,经济效益好。

第7章　焊接应力与变形

金属结构在焊接过程产生各式各样的焊接变形和大小不同的焊接应力。若焊件在焊接时能自由收缩,则焊后焊件的变形较大,而应力较小;如果由于外力的限制或自身刚性较大,焊件不能自由收缩,则焊后焊件的变形较小而应力较大。在实际生产中,焊后总会产生一定的变形,并存在一定的焊接残余应力,变形和应力两者在焊接时同时产生。

7.1　焊接应力及变形产生的原因和影响因素

7.1.1　焊接应力与焊接变形的概念

物体受到外力作用时,在其单位截面积上所受的力称为应力。当没有外力存在时,物体内部所出现的应力称为内应力。内应力在物体内部是相互平衡的,如物体内有拉伸内应力,就必然有压缩内应力,这是内应力的重要特征。在焊接过程中,由于不均匀加热和冷却,使焊件内部产生的应力,称为焊接内应力,又名焊接残余应力,过大的焊接应力能引起焊件或焊缝产生裂纹,降低结构承载能力,并使结构在腐蚀介质中产生应力腐蚀。

当物体受到外力作用时,它的形状发生变化,这种形状变化称为变形。当外力消失后,物体形状恢复原样,这种变形称为弹性变形;如果物体所产生变形在外力消失后不能恢复原状,这种变形称为塑性变形。在焊接应力的作用下,结构所产生的形状和尺寸的变化称为焊接变形,它造成下一道工序施工困难,为矫正焊接变形往往要消耗很多人力和物力,严重的焊接变形会影响结构承受外力的能力和使用性能,甚至因变形严重无法矫正而报废。因此焊工必须了解焊接应力、变形的规律,掌握减少焊接应力和控制焊接变形的措施,以保证结构的焊接质量。

7.1.2　焊接应力与焊接变形的形成

产生焊接应力和变形的原因很多,下面分析一下其中的主要原因。

1. 焊接时焊件不均匀加热

由于焊接时局部加热到熔化状态,形成焊件上温度不均匀分布。下面来看看由手工电弧焊温度不均匀分布而引起的焊接应力和变形的过程。

设有一块钢板,沿边缘进行堆焊,见图 7-1。如果钢板是由无数块互相能自由滑动的板条组成,板条受热而伸长,伸长的多少与温度的高低成正比。

实际上钢板是一整体,受热部分金属要受到下面未受热部分金属的约束,不能自由伸长。因此,堆焊部分金属伸长时,带着整块钢板绕中性面向上弯曲变形,受到压缩应力。当温度继续升高时,压缩应力继续增加。钢板随温度升高,屈服极限不断降低,在 600℃ 左右屈服极限几乎接近于零。因此,堆焊部分的金属在压缩应力作用下产生塑性变形。

冷却时,堆焊金属逐渐收缩而使内部的压缩应力逐渐消失,同时,在高温产生的压缩变形保留下来,即堆焊金属冷却下来后比原始长度要缩短。同样道理,缩短时也受到原来未加热部

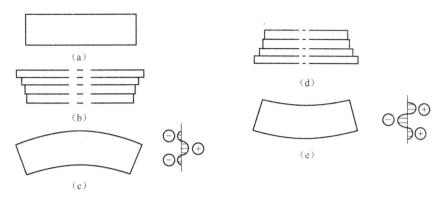

图 7-1 钢板边缘堆焊时的应力与变形

分金属的约束,其结果使整块钢板产生向下弯曲变形;同时,堆焊处金属受到拉伸应力。

由上面分析可以看到,焊件局部不均匀受热是产生变形和应力的主要原因。焊接后,在焊缝以及焊缝附近金属受拉应力,离焊缝较远处的金属受压应力。

2. 熔敷金属的收缩

焊缝金属在凝固和冷却过程中,体积要发生收缩,这种收缩使焊件产生变形和内应力,焊缝金属的收缩量决定于熔化金属的数量。例如焊接 V 型坡口对接接头时,焊缝上部宽,熔化金属多,收缩量大。上下收缩量不一致,故发生角变形。

3. 金属组织的变化

金属加热到很高温度并随后冷却下来,金属内部组织要发生变化。由于各种组织的比容不同,钢中常见组织的比容见表 7-1。所以,金属冷却下来时要发生体积的变化。

表 7-1　钢中常见组织的比容

钢中常见组织	奥氏体	铁素体	珠光体	渗碳体	马氏体
比容/(cm^3/g)	0.123～0.125	0.127	0.129	0.130	0.127～0.131

4. 焊件的刚性

焊件的刚性本身就限制了焊件在焊接过程中的变形,所以刚性不同的焊接结构,焊后变形的大小不同。焊件夹持在卡具中进行焊接,由于夹具夹紧力的限制,焊件不能随温度的变化自由膨胀和收缩,这样就有效地减少了焊件的变形,但焊件中产生了较大的内应力。

在焊接过程中多种因素影响着应力与变形的变化,如焊接方法、焊接速度、焊件的装配间隙、对口质量、焊件的自重等,特别是装配顺序和焊接顺序对焊接变形与应力有较大的影响。

7.1.3　影响焊接变形与焊接应力的因素

1. 焊接加热量的影响

1)焊接线能量

焊接工艺参数会影响构件的受热程度,而受热程度是用线能量来衡量的。决定线能量的主要参数是焊接电流 I、电弧电压 U 和焊接速度 v 等三个方面。输入的热量愈大,则焊接变形与应力也就愈大。

2)焊接方法

不同的焊接方法(气焊、焊条电弧焊、埋弧焊、CO_2 气体保护焊)加热区的大小不同,因而对焊接变形与应力的影响也完全不同。焊接相同厚度的钢板时,埋弧焊比焊条电弧焊变形小,因为前者焊接速度快,电流密度大,加热集中,熔深大。

焊接薄板结构时,气焊的变形最大,焊条电弧焊次之,CO_2 气体保护焊最小。因为 CO_2 气体保护焊用细焊丝,电流密度大,加热集中,而气焊火焰加热区域宽,热量不集中。

3)焊缝尺寸与焊缝热量

焊缝尺寸大,数量多,则焊接变形与应力就增大。因此应按规定的焊缝尺寸施焊,不要任意加大焊缝尺寸。因为这样熔化金属量多,输入的热量大,则焊接变形也就明显增大。

4)焊缝的位置

焊缝的位置是影响结构弯曲变形的主要因素。在焊接结构设计中,应使焊缝尽量对称布置,如果实际情况不可能对称布置,在焊接时设法采用合理的焊接顺序或反变形措施。

2. 结构刚度的影响

1)构件的尺寸和形状

结构的刚度是结构抵抗变形的能力,与构件的变形及其尺寸大小有关。结构刚度愈大,抵抗变形的能力就愈大,构件内残余应力也就愈大,则焊接变形愈小。但结构刚度过大,有时在焊接时会导致焊缝开裂,在焊接厚板或嵌补板时,尤其容易出现。因此,焊接具有较大刚度的钢结构时,应采取相应的工艺措施。

2)胎卡具的影响

为了提高生产效率,保证产品装焊质量,在生产上常常采用胎卡具固定被焊构件,以提高结构刚度,防止和减少焊接变形。但胎卡具固定作用可能增大构件的焊接残余应力,消耗一部分材料的塑性。因此,对塑性比较差的钢材,不能用胎卡具固定得太牢,以免引起过大的焊接残余应力。

3)装配、焊接顺序

装配、焊接顺序对焊接变形与焊接应力有很大的影响,不同的装配次序,不仅使结构具有不同的刚度,而且使焊缝和结构中性轴的相对位置也发生变化,对焊接变形将产生很大的影响。现举例如下。

例一:图 7-2 为长度 $L=12m$ 的一根焊接工字梁,由零件 1、2、3 三部分组成。由于上下翼板宽度不同,可以有三种不同的装配焊接方案。

方案①:先将零件 1、2 装配焊接之后,再与零件 3 装配焊接在一起,焊后测得纵向弯曲变形挠度为 21.1mm。

方案②:先将零件 2、3 装配焊接之后,再与零件 1 装配焊接在一起。焊后测得纵向弯曲变形挠度为 6.8mm。

方案③:将零件 1、2、3 全装配在一起,最后焊接。焊后测得纵向弯曲变形挠度为 4.7mm。

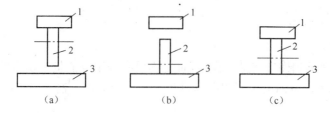

图 7-2 不对称工字梁装配、焊接顺序对焊接变形的影响

1、3—上下翼板;2—腹板。

例二:图7-3为两种不同的拼板焊接顺序。

方案①:若先焊接3、4两条焊缝,再焊接焊接5、6两条焊缝,则由于5、6两条焊缝的横向收缩受到限制,平焊缝中将产生很大的焊接拉应力,在焊缝附近的钢板上,有时还会产生皱折。这是一种错误的焊接顺序,见图7-3(a)。

方案②:在确定拼板焊接顺序时,既要考虑焊接变形,也要考虑焊接应力,在保证焊接变形较小的情况下,尽量保证每条焊缝能自由收缩,以减少焊接残余应力,见图7-3(b)。

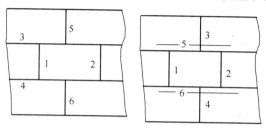

（a）　　　　　　　　　　（b）

图7-3　平板拼焊时的焊接顺序

(a)错误;(b)正确。

1、2、3、4、5、6—焊接顺序。

例三:图7-4为两种不同的工字梁对接焊接顺序。

方案①:按图上所示的焊接顺序,则在上下两翼板中产生很大的拉应力。工字梁承受载荷时,其下翼板受拉伸,腹板的上部受压缩,因此工作应力与焊接残余应力是相互叠加的,这对工字梁的工作状况是很不利的,是一种错误的焊接顺序。

方案②:先焊翼板,后焊腹板,则在翼板中出现压应力,而在腹板中出现拉应力。当工字梁承受载荷时,下翼板受拉伸,可以与原来的压应力抵消一部分。而腹板上半部的压应力又可与原来的拉应力抵消一部分,从而减少腹板发生皱折(失稳)的可能性。此方案是比较好的。

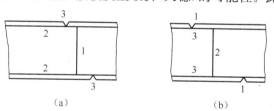

（a）　　　　　　　　　　（b）

图7-4　不同的工字梁对接时的焊接顺序

(a)错误;(b)正确。

1、2、3—焊接顺序。

7.2　焊接变形的种类和应力分布

焊接时所产生的变形分为两大类,有局部变形和整体变形。所谓局部变形是指这种变形仅发生在焊接结构的某一局部,例如角变形、波浪形;所谓整体变形是指焊接时产生遍及整个结构的变形,例如挠度和扭曲。

焊接结构的变形过大会影响结构的使用,因此,在设计和制造过程中,必须设法使结构变形最小。

125

7.2.1 焊接变形的种类

1. 纵向收缩变形

表现为焊后构件在焊缝长度方向上发生收缩,使长度缩短,如图 7-5 中的 ΔL 所示。纵向收缩是一种面内变形。

2. 横向收缩变形

表现为焊后构件在垂直焊缝长度方向上发生收缩,如图 7-5 中的 ΔB 所示。横向收缩也是一种面内变形。

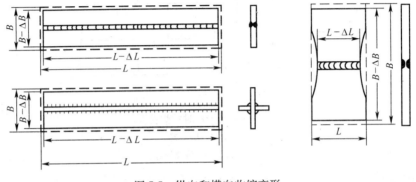

图 7-5　纵向和横向收缩变形

3. 挠曲变形

是指构件焊后发生挠曲。挠曲可以由纵向收缩引起,也可以由横向收缩引起,如图 7-6 所示。挠曲变形是一种面内变形。

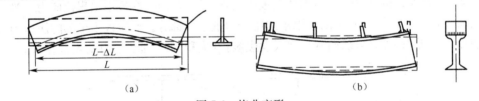

（a）　　　　　　　　　　　　　　（b）

图 7-6　挠曲变形

(a)由纵向收缩引起的挠曲变形；(b)由横向收缩引起的挠曲变形。

4. 角变形

表现为焊后构件的平面围绕焊缝产生角位移,是由于焊缝截面形状上下不对称使焊缝的横向缩短上下不均匀所引起。图 7-7 给出了角变形的常见形式。角变形是一种面外变形。

图 7-7　角变形

5. 波浪变形

指构件的平面焊后呈现出高低不平的波浪形式,这是一种在薄板焊接时易于发生的变形形式,如图 7-8 所示。波浪变形也是一种面外变形。

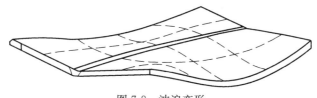

图 7-8　波浪变形

6. 错边变形

指由焊接所导致的构件在长度方向或厚度方向上出现错位,如图 7-9 所示。长度方向的错边变形是面内变形,厚度方向上的错边变形是面外变形。

7. 螺旋形变形

又叫扭曲变形,表现为构件在焊后出现扭曲,如图 7-10 所示。扭曲变形是一种面外变形。

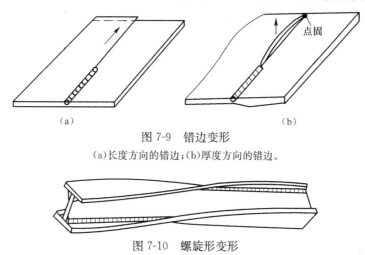

（a）　　　　　　　　　　　　　　　（b）

图 7-9　错边变形

（a）长度方向的错边；（b）厚度方向的错边。

图 7-10　螺旋形变形

在实际焊接生产过程中,各种焊接变形常常会同时出现,互相影响。这一方面是由于某些种类的变形的诱发原因是相同的,因此这样的变形就会同时表现出来。另一方面,构件作为一个整体,在不同位置焊接不同性质、不同数量和不同长度的焊缝,每条焊缝所产生的变形要在构件内相互制约和相互协调,因而相互影响。

7.2.2　焊接残余应力分布

构件焊接后存在残余应力,根据产生的原因分有温度残余应力、相交残余应力和装配残余应力。

一般焊接结构制造所用材料的厚度相对于长和宽都很小,在板厚小于 20mm 的薄板和中厚板制造的焊接结构中,厚度方向上的焊接应力很小,残余应力基本上是双轴的,即为平面应力状态。只有在大型结构厚截面焊缝中,在厚度方向上才有较大的残余应力。通常,将沿焊缝方向上的残余应力称为纵向应力,以 σ_x 表示;将垂直于焊缝方向上的残余应力称为横向应力,以 σ_y 表示;对厚度方向上的残余应力以 σ_z 表示。

1. 纵向残余应力的分布

平板对接焊件中的焊缝及近缝区等经历过高温的区域中存在纵向残余拉应力,其纵向残余应力沿焊缝长度方向的分布如图 7-11 所示。当焊缝比较长时,在焊缝中段会出现一个稳定区,对于低碳钢材料来说,稳定区中的纵向残余应力 σ_x 将达到材料的屈服极限 σ_s。在焊缝的端部存在应力过渡区,纵向应力 σ_x 逐渐减小,在板边处 $\sigma_x=0$。这是因为板的端面 $O\text{-}O$ 截面处是自由边界,端面之外没有材料,其内应力值自然为零,因此端面处的纵向应力 $\sigma_x=0$。一般来说,当内应力的方向垂直于材料边界时,则在该边界处的与边界垂直的应力值必然等于零。如果应力的方向与边界不垂直,则在边界上就会存在一个切应力分量,因而不等于零。当焊缝长度比较短时,应力稳定区将消失,仅存在过渡区。并且焊缝越短纵向应力 σ_x 的数值就越小。

纵向应力沿板材横截面上的分布表现为中心区域是拉应力,两边为压应力,拉应力和压应力在截面内平衡。

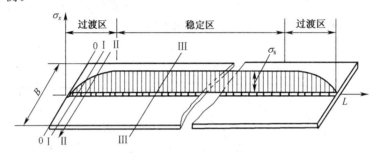

图 7-11　平板对接时焊缝上纵向应力沿焊缝长度方向上的分布

2. 横向残余应力的分布

横向残余应力产生的直接原因是来自焊缝冷却时的横向收缩,间接原因是来自焊缝的纵向收缩。另外,表面和内部不同的冷却过程以及可能叠加的镶边过程也会影响横向应力的分布。

1)纵向收缩的影响

考虑边缘无拘束(横向可以自由收缩)时平板对接焊的情况。如果将焊件自焊缝中心线一分为二,就相当于两块板同时受到板边加热的情形。由前述分析可知,两块板将产生相对的弯曲(见图 7-12(b)),由于两块板实际上已经连接在一起,因而必将在焊缝的两端部分产生压应力而中心部分产生拉应力,这样才能保证板不弯曲。所以焊缝上的横向应力 σ_y' 应表现为两端受压、中间受拉的形式,压应力的值要比拉应力大得多。当焊缝较长时,中心部分的拉应力值将有所下降,并逐渐趋近于零(见图 7-13)。

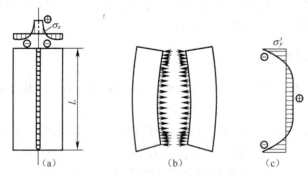

图 7-12　由纵向收缩所引起的横向应力的分布

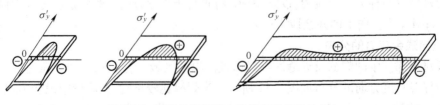

图 7-13　不同长度焊缝上的横向应力的比较

128

2)横向收缩的影响

对于边缘受拘束的板,焊缝及其周围区域受拘束的横向收缩对横向应力起主要作用。由于一条焊缝的各个部分不是同时完成的,先焊接的部分先冷却并恢复弹性,会对后冷却的部分的横向收缩产生阻碍作用,因而产生横向应力。基于这一分析可以发现,焊接的方向和顺序对横向应力必然产生影响。例如:平板对接时如果从中间向两边施焊,中间部分先于两边冷却。后冷却的两边在冷却收缩过程中会对中间先冷却的部分产生横向挤压作用,使中间部分受到压应力;而中间部分会对两端的收缩产生阻碍,使两端承受拉应力。所以在这种情况下,σ''_y 的分布表现为中间部分承受压应力,两端部分承受拉应力(见图 7-14(a))。如果将焊接方向改为从两端向中心施焊,造成两端先冷却并阻碍中心部分冷却时的横向收缩,就会对中间部分施加拉应力并同时承受中间部分收缩所带来的压应力。因此,在这种情况下 σ''_y 的分布表现为中间部分承受拉应力、两端部分承受压应力(见图 7-14(b)),与前一种情况正好相反。

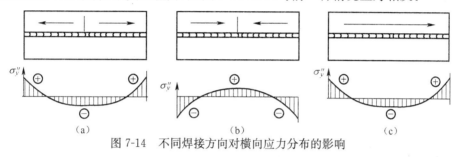

图 7-14　不同焊接方向对横向应力分布的影响

对于直通焊缝来说,焊缝尾部最后冷却,因而其横向收缩受到已经冷却的先焊部分的阻碍,故表现为拉应力,焊缝中段则为压应力。而焊缝初始段由于要保持截面内应力的平衡,也表现为拉应力,其横向应力的分布规律如图 7-14(c)所示。采用分段退焊和分段跳焊,σ''_y 的分布将出现多次交替的拉应力和压应力区。

焊缝纵向收缩和横向收缩是同时存在的,因此横向应力的两个组成部分 σ'_y 和 σ''_y 也是同时存在的。横向应力 σ_y 应是上述两部分应力 σ'_y 和 σ''_y 综合作用的结果。

横向应力在与焊缝平行的各截面上的分布与在焊缝中心线上的分布相似,但随着离开焊缝中心线距离的增加,应力值降低,在板的边缘处 $\sigma_y=0$(见图 7-15)。由此可以看出,横向应力沿板材横截面的分布表现为:焊缝中心应力幅值大,两侧应力幅值小,边缘处应力值为零。

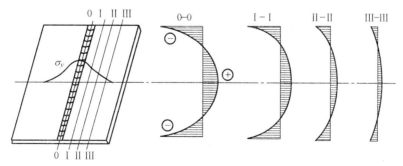

图 7-15　横向应力沿板宽方向的分布

3)厚板中的残余应力

厚板焊接接头中除存在纵向应力和横向应力外还存在较大的厚度方向的应力 σ_z。另外,板厚增加后,纵向应力和横向应力在厚度方向上的分布也会发生很大的变化,此时的应力状态不再满足平面应力模型,而应该用平面应变模型来分析。

厚板焊接多为开坡口多层多道焊接,后续焊道在(板平面内)纵向和横向都遇到了较高的收缩抗力,其结果是在纵向和横向均产生了较高的残余应力。而先焊的焊道对后续焊道具有预热作用,因此对残余应力的增加稍有抑制作用。由于强烈弯曲效应的叠加,使先焊焊道承受拉伸,而后焊焊道承受压缩。横向拉伸发生在单边多道对接焊缝的根部焊道,这是由于在焊缝根部的角收缩倾向较大,如果角收缩受到约束则表现为横向压缩。板厚方向的残余应力比较小,因而多道焊明显避免了三轴拉伸残余应力状态。图 7-16 给出了 V 形坡口对接焊缝厚板的三个方向应力的分布。

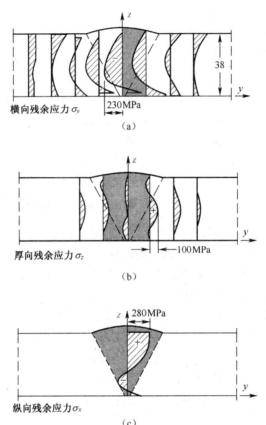

图 7-16　厚板 V 形坡口对接焊缝的三个方向残余应力的分布
(a)横向残余应力 σ_y;(b)厚向残余应力 σ_z;(c)纵向残余应力 σ_x。

对于厚板对接单侧多层焊缝中的横向残余应力的分布规律,可利用图 7-17(a)所示的模型来分析。随着坡口中填充层数的增加,横向收缩应力 σ_y 也随之沿 z 轴向上移动,并在已经填充的坡口的纵截面上引起薄膜应力及弯曲应力。如果板边无拘束,厚板可以自由弯曲,则随着坡口填充层数的积累,会产生明显的角变形,导致如图 7-17(b)所示的应力分布,在焊缝根部会产生很高的拉力。相反,如果厚板被刚性固定,限制角变形的发生,则横向残余应力的分布如图 7-17(c)所示,在焊缝根部就会产生压应力。

4)拘束状态下焊接的内应力

实际构件多数情况下都是在受拘束的状态下进行焊接的,这与在自由状态下进行焊接有很大不同。构件内应力的分布与拘束条件有密切关系。这里举一个简单的例子加以说明。图

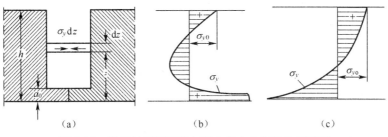

图 7-17 厚板对层焊时横向残余应力分布的分析模型

7-18 为一金属框架,如果在中心构件上焊一条对接焊缝(见图 7-18(a)),则焊缝的横向收缩受到框架的限制,在框架的中心部分引起拉应力 σ_f,这部分应力并不在中间杆件内平衡,而是在整个框架上平衡,这种应力称为反作用内应力。此外,这条焊缝还会引起与自由状态下焊接相似的横向内应力 σ_y。反作用内应力 σ_f 与 σ_y 相叠加形成一个以拉应力为主的横向应力场。如果在中间构件上焊接一条纵向焊缝(见图 7-18(b)),则由于焊缝的纵向收缩受到限制,将产生纵向反作用内应力 σ_f。与此同时,焊缝还引起纵向内应力 σ_x,最终的纵向内应力将是两者的叠加。当然叠加后的最大值应该小于材料的屈服极限,否则,应力场将自行调整。

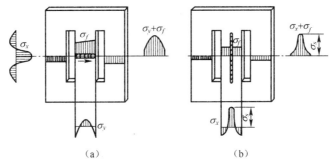

图 7-18 拘束条件下焊接的内应力
(a)对接焊缝中的横向应力;(b)纵向焊缝中的纵向应力。

5)封闭焊缝引起的内应力

封闭焊缝是指焊道构成封闭回路的焊缝。在容器、船舶等板壳结构中经常会遇到这类焊缝,如接管、法兰、人孔、镶块等焊缝。图 7-19 给出了几种典型的容器接管焊缝示意图。

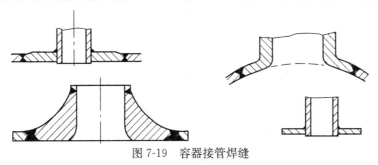

图 7-19 容器接管焊缝

分析封闭焊缝(特别是环形焊缝)的内应力时,一般使用径向应力 σ_r 和周向应力 σ_θ。径向应力 σ_r 是垂直于焊接方向的应力,所以其情况在一定程度上与 σ_y 类似;周向应力(或叫切向应力)σ_θ 是沿焊缝方向的应力,因此其情况在一定程度上可类比 σ_x。但是由于封闭焊缝与直焊缝的形式和拘束情况不同,因此其分布与 σ_x 和 σ_y 仍有差异。

6) 相变应力

当金属发生相变时，其比容将发生突变，这是由于不同的组织具有不同的密度和不同的晶格类型，因而具有不同的比容。例如对于碳钢来说，当奥氏体转变为铁素体或马氏体时，其比容将由 $0.123 \sim 0.125$ 增加到 $0.127 \sim 0.131$。发生反方向相变时，比容将减小相应的数值。如果相变温度高于金属的塑性温度 T_p（材料屈服极限为零时的温度），则由于材料处于完全塑性状态，比容的变化完全转化为材料的塑性变形，因此，不会影响焊后的残余应力分布。

对于低碳钢来说，受热升温过程中，发生铁素体向奥氏体的转变，相变的初始温度为 A_{c1}，终了温度为 A_{c3}。冷却时反向转变的温度稍低，分别为 A_{r1} 和 A_{r3}（见图 7-20(a)）。在一般的焊接冷却速度下，其正反向相变温度均高于 600℃（低碳钢的塑性温度 T_p），因而其相变对低碳钢的焊接残余应力没有影响。

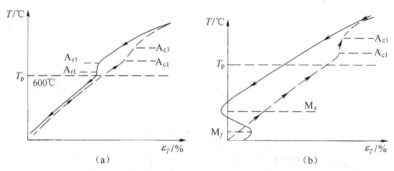

图 7-20　钢材加热和冷却时的膨胀和收缩曲线
(a)相变温度高于塑性温度；(b)相变温度低于塑性温度。

对于一些碳含量或合金元素含量较高的高强钢，加热时，其相变温度 A_{c1} 和 A_{c3} 仍高于 T_p；但冷却时其奥氏体转变温度降低，并可能转变为马氏体，而马氏体转变温度 M_s 远低于 T_p（见图 7-20(b)）。在这种情况下，由于奥氏体向马氏体转变使比容增大，不但可以抵消部分焊接时的压缩塑性变形，减小残余拉应力，而且可能出现较大的焊接残余压应力。

当焊接奥氏体转变温度低于 T_p 的板材时，在塑性变形区（b_s）内的金属产生压缩塑性变形，造成焊缝中心受拉伸、板边受压缩的纵向残余应力 σ_x。如果焊缝金属为不产生相变的奥氏体钢，则热循环最高温度高于 A_{c3} 的近缝区（b_m）内的金属在冷却时，体积膨胀，在该区域内产生压应力。而焊缝金属为奥氏体，以及板材两侧温度低于 A_{c1} 的部分均未发生相变，因而承受拉应力。这种由于相变而产生的应力称为相变应力。纵向相变应力 σ_{mx} 的分布如图 7-21(a)所示。而焊缝最终的纵向残余应力分布应为 σ_x 与 σ_{mx} 之和（见图 7-21(a)）。如果焊接材料为与母材同材质的材料，冷却时焊缝金属和近缝区 b_m 一样发生相变，则其纵向相变应力 σ_{mx} 和最终的纵向残余应力 $\sigma_x + \sigma_{mx}$ 如图 7-21(b)所示。

在 b_m 区内，相变所产生的局部纵向膨胀，不但会引起纵向相变应力 σ_{mx}，而且也可以引起横向相变应力 σ_{my}，如果沿相变区 b_m 的中心线将板截开，则相变区的纵向膨胀将使截下部分向内弯曲，为了保持平直，两个端部将出现拉应力，中部将出现压应力，见图 7-22(a)。同样相变区 b_m 在厚度方向的膨胀也将产生厚度方向的相变应力 σ_{mz}。σ_{mz} 也将引起横向相变应力 σ_{my}，其在平板表面为拉应力，在板厚中间为压应力，见图 7-22(b)。

从上述分析可以看出，相变不但在 b_m 区产生拉应力 σ_{mx} 和 σ_{mz}，而且可以引起拉应力 σ_{my}。相变应力的数值可以相当大，这种拉伸应力是产生冷裂纹的原因之一。

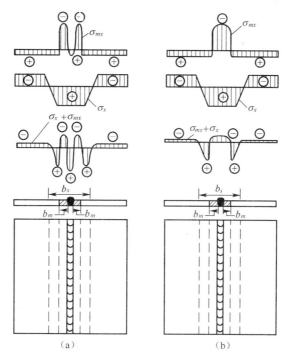

图 7-21　高强钢焊接相变应力对纵向残余应力分布的影响

(a)焊缝金属为奥氏体钢;(b)焊缝成分与母材相近。

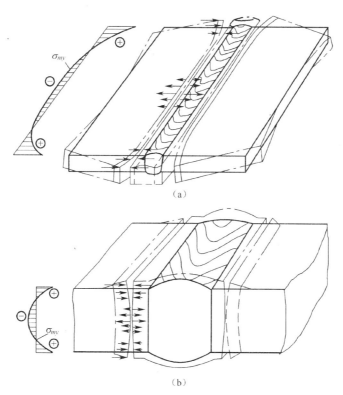

图 7-22　横向相变应力 σ_{my} 的分布

(a)由 σ_{mx} 引起的 σ_{my} 沿纵向的分布;(b)由 σ_{mz} 引起的 σ_{my} 在厚度上的分布。

7.3 焊接变形的控制与矫正

为了减少和防止变形,首先要设计合理的焊接结构,在焊接施工时也应采取适当的工艺措施。

7.3.1 焊接变形的危害

为了提高焊接结构的制造质量,必须对焊接变形加以控制。焊接变形对制造和使用的不利影响主要有如下几方面。

1. 降低装配质量

部件的焊接变形将使组装的装配质量下降,并造成焊接错边,例如:

(1)筒体纵缝横向收缩变形,使筒径变小,与封头装配时产生焊接错边。而存在较大错边量的焊件在外载作用下将会产生应力集中和附加应力。

(2)球形容器环缝组装时,每个环带的所有纵缝横向收缩的总和使环带直径变小。若环带直径超出公差范围,组装时将产生较大焊接错边。

2. 增加制造成本

部件的焊接变形使组装变得困难,需矫形后方可装配,从而使生产率下降,制造成本增加,并使矫形部位的性能降低。例如,筒体的纵缝角变形超出一定范围后,需矫正方可与封头装配。而矫形既消耗了生产时间,又增加了制造成本。

3. 降低结构的承载能力

锅炉及压力容器中的焊接变形,如角变形、弯曲变形和波浪变形,不仅影响尺寸的精度和外观质量,而且在外载作用下会引起应力集中和附加应力,使结构承载能力下降。尤其应当引起重视的是,容器中的角变形过大而引起的附加应力还可能导致脆断事故。另一方面,由于冷矫使焊接接头区域经受拉伸塑性变形,从而消耗材料一部分塑性,使材料性能有所下降。

7.3.2 焊接变形的控制

1. 反变形法

使焊件在焊前预先变形,变形的方位应与焊接时所产生的变形方向相反,从而达到防止焊后变形的目的。

例如在分段造船中合拢和大合拢中采用了反变形法。中合拢时,一般 5m~6m 长的船底分段焊接的变形量为 5mm~8mm,见图 7-23。应用反造法时,在组装肋构时,可将中龙骨或付

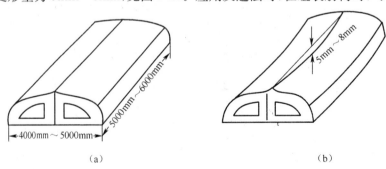

(a)   (b)

图 7-23 船体底部分段反造法焊后的变形

(a)焊前;(b)焊后。

龙骨水线由中部适当按顺序调高。在现代造船中,当采用由坚固的胎架强制的正造法时,也应先将胎架做成反变形。

2. 利用装配和焊接顺序来控制变形

采用合理的装配焊接顺序来减小变形具有重大意义。同样一个焊接构件采用不同的装配顺序,焊后产生的变形不一样。

图 7-24 是"II"形梁两种装配焊接方案。图中(a)属于边装边焊的装配顺序,先上盖板与大小隔板装配,焊接 1 缝,然后同时装配两块腹板,焊接 2 缝和 3 缝。图中(b)是属于整装后焊的装配顺序,首先把"II"形梁全部装配好,然后焊接 1 缝,接着焊接 2 缝和 3 缝。比较结果是图中(a)所示的边装边焊的装配方案焊后产生的弯曲变形最小,因此实际生产中都采用这个装配方案。图中(b)所示的方案产生弯曲变形比较大的原因是焊缝 1 的位置在"II"形梁截面上偏心较大。而图中(a)所示的方案,焊缝 1 的位置几乎与上盖板截面重心重合,焊接 1 缝时对"II"形梁的弯曲变形没有影响。所以对于焊缝在截面上布置不对称的复杂结构,需要注意选择合理的装配顺序。

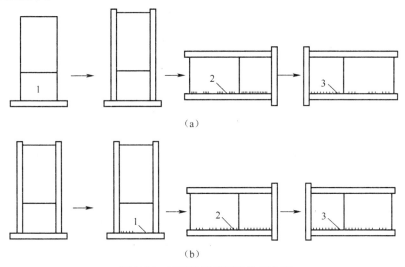

图 7-24 "II"形梁的两种装配方案

3. 刚性固定

刚性大的构件焊后变形一般都较小。如果在焊接前加强焊件的刚性,那么焊后的变形可以减小。固定的方法很多,有的用简单的夹具或支撑,有的采用专用的胎具,有的是临时点固在刚性工作平台上,有的甚至利用焊件本身去构成刚性较大的组合体。

刚性固定法对减小变形很有效,且焊接时不必过分考虑焊接顺序。缺点是有些大件不易固定且焊后撤除固定后焊件还有少许变形。如果与反变形法配合使用则效果更好。

例如图 7-25(a)丁字梁刚性较小,焊后主要产生上拱和角变形,有时也有旁弯。当单件生产时,可以做一个临时操作台如图 7-25(b)所示,把丁字梁用螺旋卡具夹紧,为了防止角变形,可采用反变形法,在中间垫一小板条,在夹具力的作用下,造成角反变形。焊接顺序可以任意进行。也可以利用丁字梁本身"背靠背"地进行刚性固定,如图 7-25(c)所示,同时采取反变形。

4. 散热法

散热法又称强迫冷却法,就是把焊接处的热量迅速散走,使焊缝附近的金属受热面积大大减小,达到减小焊接变形的目的。图 7-26(a)是水浸法的示意图,常用于表面堆焊和焊补。

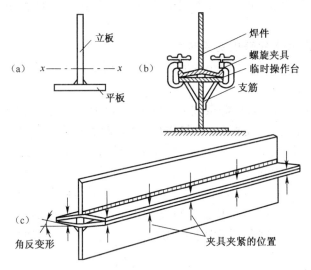

图 7-25 丁字梁在刚性夹具下进行焊接

图 7-26(b)是应用散热垫的示意图。散热垫一般采用紫铜板,有的还钻孔通水。这些垫板越靠近焊缝,防止变形的效果越好。

散热法比较麻烦,而且对于具有淬火倾向的钢材不宜采用,否则易裂。

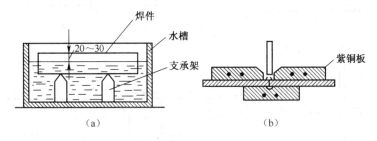

图 7-26 散热法示意图
(a)水浸法;(b)散热垫法。

5. 锤击焊缝法

用圆头小锤对焊缝敲击的方法可以减小某些接头的焊接变形和应力。因为焊接变形和应力主要是由于焊后焊缝发生缩短所引起,因此,对焊缝适当锻延使其伸长补偿了这个缩短,就能减小变形和残余焊接应力。一般采用 0.454kg～0.680kg 重的手锤,锤的端头带有 R3mm～5mm 圆角。底层和表面层焊道一般不锤击,避免金属表面冷却硬化。其余各焊道每焊完一道后,立刻锤击,直至将焊缝表面打出均匀的密密麻麻的麻点为止。

在冷焊补铸铁件时也经常应用锤击焊缝的方法,但其主要目的是防止产生热应力裂纹。

在实际生产中防止焊接变形的方法很多,上述仅仅是其中主要的几种,而且在实际应用中往往都不是单独采用,而是联合采用。选择防止变形的方法,一定要根据焊件的结构形状和尺寸,并分析其变形情况而决定。

7.3.3 焊接变形的矫正

对于焊接结构,首先应采取各种有效措施控制和防止变形。但由于各种原因,焊后往往会产生超出产品技术要求所允许的焊接变形。这时必须加以矫正,使之符合产品质量要求。各种矫正变形的方法实质上都是造成新的变形以抵消已经发生的变形。生产中常用的矫形方法主要有机械矫形法和火焰矫形法。

1. 机械矫形法

机械矫形法是将变形的零部件或结构中尺寸较短的部分通过机械力的作用,使之产生塑性延展并与零部件结构中尺寸较长的部分相适应而恢复原来形状或达到所要求的形状。

薄板焊接后,由于焊缝区金属的冷却收缩,使长度缩短,而薄板边缘是冷金属,不会发生缩短,这样对边缘金属产生了压缩力,使其出现皱褶,形成波浪变形,如图7-27(a)所示。矫正的办法是将薄板置于滚板机内,并在焊缝上放一块钢板条,由辊子来回滚压,由于外力的作用,使焊缝金属得到伸长,而对薄板边缘的压缩力相应消失,使薄板平整,如图7-27(b)所示。

薄板波浪变形也可用锤击焊缝的方法矫正,如图7-27(c)所示。锤击时,为了不使焊缝表面产生斑痕,需垫一平锤,使锤头的打击力通过平锤传到焊缝上,使其延伸,达到矫正的目的。

在实际生产中,工字梁焊接时由于焊接顺序不合理或者防止焊接变形的措施不当,焊后会产生弯曲变形,也可以采用机床或压力机矫正工字梁弯曲变形。

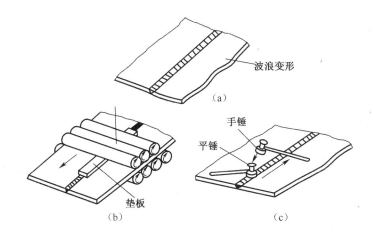

图 7-27　薄板波浪变形的机械矫正

机械矫形法是通过冷加工塑性变形来矫形的。因此,发生冷加工塑性变形部位的材料将消耗一部分塑性,并发生一定程度的脆化,降低了结构的安全系数。通常适用于高塑性材料,较脆的高强度材料则不宜采用。当焊接接头存在有表面缺陷(如咬边)时应慎用。

2. 火焰矫形法

火焰矫形法是将变形零部件或结构中尺寸较长的部分进行加热,利用加热时发生的压缩塑性变形和冷却时的收缩变形,使之与零部件或结构中尺寸较短的部分相适应而恢复原来的形状或达到所要求的形状。根据加热方式的不同,可分为点状加热矫正焊接变形、线状加热矫正焊接变形和三角形加热矫正焊接变形。

如图7-28所示是以梅花式点状加热矫正箱形梁腹板变形的实例。箱形梁焊接后,由于焊缝的冷却收缩,会在腹板的某些部位凸起鼓包。可以梅花式点状加热鼓包,并由中间向四周进行,由于加热膨胀受到周围冷金属的阻碍,使鼓包处的金属纤维在冷却后收缩而变短,鼓包趋向平整。有时在加热一点后用水冷却,可以得到更好的效果。

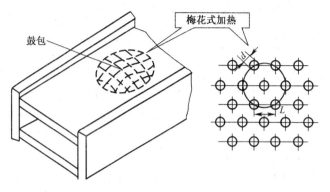

图 7-28　箱形梁腹板变形的矫正

7.4　焊接残余应力的控制与消除

结构在焊接以后不仅产生变形,而且内部存在着焊接残余应力。残余应力的存在对大多数焊接结构的安全使用没有影响,也就是焊后不必进行消除应力处理。有些情况下,需要消除焊接结构中的残余应力。

7.4.1　减小焊接应力的几种方法

1. 采用合理的焊接顺序

除了防止弯曲及角变形要考虑合理安排焊接顺序外,为了减小应力也应选择合理的焊接顺序。

(1)平面上的焊缝焊接时,要保证焊缝的纵向及横向(特别是横向)收缩能够比较自由,而不是受到较大的约束。例如焊对接焊缝时,焊接方向要指向自由端。因此,分段退焊法虽能减少一些变形,但焊缝横向收缩受阻较大,故焊接应力较大。

(2)收缩量最大的焊缝应当先焊,因为先焊的焊缝收缩时受阻较小,故应力较小。例如,一个结构上既有对接缝,也有角接缝时,应先焊对接焊缝,因对接焊缝的收缩量较大。

(3)对接平面上带有交叉焊缝的接头时,必须采用保证交叉点部位不易产生缺陷的焊接顺序。

2. 事先留出保证焊缝自由收缩的余量

船体或容器上常需要将已有的孔用钢板堵焊起来,这种环焊缝沿着纵向和横向均不能自由缩短,因此产生很大的焊接应力,在焊缝区特别是在焊第一、二层焊缝时,很容易产生被应力撕裂的热应力裂纹。这种裂纹产生在温度下降的过程中,总是沿着薄弱的断面开裂。克服的方法之一是将补板边缘压出一定的凹鼓形。焊后补板由于焊缝收缩而被拉成平直形,起到减小焊接应力、避免裂纹产生的作用。

3. 开缓和槽减小应力法

厚度大的工件刚性大,焊接时容易产生裂纹。在不影响结构强度性能的前提下,可以采用在焊缝附近开缓和槽的方法。这个方法的实质是减小结构局部刚性,尽量使焊缝有自由收缩的可能。如图 7-29(a)所示是一圆形封头,需补焊上一塞块。因钢板较厚,又是封闭焊缝,焊后易裂。采取在靠近焊缝的地方开槽(见图 7-29(b)),以减小该处的刚性,焊接时可避免裂纹。

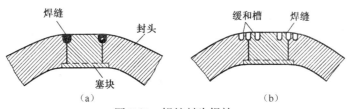

图 7-29　锅炉封头焊补

4. 采用"冷焊"的方法

这种方法的原则是使整个结构上的温度分布尽可能均匀。即要求焊接部位这个"局部"的温度应尽量控制得低些,同时这个"局部"在结构这一"整体"中所占的面积范围应尽量小些。与此同时,结构的整体温度则升温越高些越好,例如冬季室内比室外好;升温 30℃～40℃的环境温度比一般室温好。这种造成结构中温度差别尽可能缩小的方法,能有效地减小焊接应力和由此引起的热应力裂纹。

具体做法如下。

(1)采用焊条直径较小、焊接电流偏低的焊接规范。

(2)每次只焊很短的一道焊缝。例如焊铸铁每道只焊 10mm～40mm。焊刚度大的构件,每次只焊半根到一根焊条。等这道焊缝区域的温度降到不烫手时才能焊下一道很短的焊缝。

(3)同时采用锤击焊缝的办法。在每道焊缝的冷却过程中,用小锤锻打焊缝,使焊缝金属受到锻打减薄而向四周伸长,抵消一些焊缝的收缩,起到减小焊接应力的作用。补板焊接也可以采用这种方法避免裂纹,但比起将补板事先加工成凹鼓形的工艺方法,效果差些。有时可把两种办法结合起来采用。注意在每道只焊半根到一根焊条的前提下,第一层焊缝断面尽量厚大些。焊补铸铁件常从熔合线撕裂,故每一道焊缝的断面应稍薄些。

5. 整体预热法

用这种方法减小焊接应力的原理同"冷焊法"本质上是相似的,即同样是使焊接区的温度和结构整体温度之间的差别减小。差别愈小,冷却以后焊接应力也愈小,产生裂纹的倾向也愈小。铸铁件的热焊、许多耐磨合金堆焊时整体预热的目的之一就是缩小这种温度差别,减小焊接应力,从而起到防止裂纹的作用。预热还可以起到其它作用,对于不同的金属,这些作用也不同。例如,热焊时铸铁焊补还有助于避免白口;对于耐磨堆焊还有助于改善堆焊金属和基本金属的组织和性能等。由于整体加热的用途和具体对象不同,加热温度也各不相同。

6. 采用加热"减应区"法

选择结构的适当部位进行低温或高温加热使之伸长。加热这些部位以后再去焊接或焊补原来刚性很大的焊缝时,焊接应力可大大减小。这个加热的部位就叫做"减应区"。这种方法和"冷焊"法及整体预热法的原理相似,只是更加巧妙地解决了如何造成较小的温度差(这里不同的是,不是焊接部位温度和焊件整体温度之间的温度差,而是焊接部位温度和焊件上那些阻碍焊接区自由收缩的部位温度之间的温度差),从而减小了焊接热应力,有利于避免热应力裂纹。很显然,与整体预热相比较,采用这种方法减小应力的技术难度较大,但加热成本大大降低。用图 7-30 来进一步说明这个方法。图中所示的减应区受到加热时,因热膨胀而伸长。由于焊接部位此时还没有受热,因此焊接部位的对缝间隙(或者是将要焊补的裂纹的间隙)增大。增大的数值取决于减应区伸长的数值。焊接或焊补以后,焊接部位与减应区同样处于较高温度,冷却时一起自由收缩,因此减小了应力。

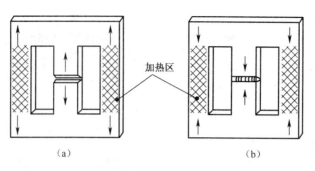

图 7-30 加热"减应区"法示意图

(a)加热减应区时,焊口间隙增大;(b)焊后焊接受热区与减应区一起冷却收缩。

7.4.2 消除焊接残余应力的方法

1. 整体高温回火(消除应力退火)

将焊接结构整体放入加热炉中,并缓慢地加热至一定的温度。对低碳钢结构来说大约在600℃~650℃,并保温一定时间(一般按每毫米厚度保温 4min~5min 计算,但不少于 1h),然后在空气中冷却或随炉缓冷。考虑到自重可能引起构件的歪曲等变形,在放入炉子时要把构件支垫好。

整体高温回火消除焊接残余应力的效果最好,一般可把80%~90%以上的残余应力消除掉,是生产中应用广的一种方法。

2. 局部高温回火

对焊接结构应力大的地方及周围加热到比较高的温度,然后缓慢地冷却。这样做并不能完全消除焊接应力,但可以降低残余内应力的峰值,使应力分布比较平缓,起到部分消除应力的作用。

3. 低温处理消除焊接应力

这种方法的基本原理是利用在结构上进行不均匀地加热造成适当的温度差别来使焊缝区产生拉伸变形,从而达到消除焊接应力。具体做法是在焊缝两侧(见图 7-31)用一对宽 100mm~

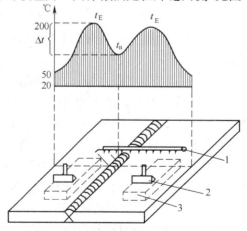

图 7-31 低温消除焊接应力示意图

t_E—加热区温度;t_n—焊缝区温度;Δt—温度差。

1—冷却水管;2—火焰喷嘴;3—加热区。

150mm,中心距为 120mm～270mm 的氧—乙炔火焰喷嘴加热,使构件表面加热至 200℃左右。在火焰喷嘴后面一定距离,喷水冷却。造成加热区与焊缝区之间一定的温度差。由于两侧温度高于焊缝区,便在焊缝区产生拉应力,于是焊缝区金属被拉长,达到部分消除焊缝拉伸内应力的目的。这种方法消除应力的效果可达 50%～70%,目前生产中已有应用。

4. 整体结构加载法

把已经焊好的整体钢结构,根据实际工作情况进行加载荷,使结构内部应力接近屈服强度,然后卸载,能达到部分消除焊接应力的目的。例如容器结构可以在进行水压试验的同时,消除部分残余应力。但应注意,用这种方法后,结构会产生一些残余变形。

第8章 焊接结构类型与焊接接头形式

采用焊接连接的接头形式多种多样,采用焊接制造出来的金属结构也多种多样,但都可以根据其特点进行分类。本章简要介绍焊接结构的类型、焊接接头的基本形式以及焊缝的表示方法。

8.1 焊接结构的类型

8.1.1 焊接结构的特点

与铆接、螺栓连接的结构或者与铸造、锻造的结构相比较,焊接结构有下列特点:
(1)焊接接头强度高。
(2)焊接结构设计灵活性大。
(3)焊接接头密封性好。
(4)易于结构的变更和改型。
(5)适用于制作大型或重型、结构简单且单件小批量生产的产品结构。

8.1.2 焊接结构的分类

焊接结构类型众多,其分类方法也不全相同,各个分类方法之间也有交叉和重复现象。即使在同一个焊接结构中也有局部的不同结构形式,因此很难准确地对其分类。但是通常的分类方法可以从用途(使用者)、结构形式(设计者)和制造方式(生产者)三个方面来进行分类。具体的分类方法见表8-1。

表 8-1 焊接结构的类型

分类方法	结构类型	焊接结构的代表产品	主要受力载荷
按用途分类	运载工具	汽车、火车、船舶等	静载、疲劳、冲击载荷
	储存容器	球罐、气罐等	静载
	压力容器	锅炉、钢包等	静载、热疲劳载荷
	起重设备	建筑塔吊、起重设备等	静载、低周疲劳
	建筑设备	桥梁、钢结构的房屋等	静载、风雪载荷
	焊接机器	减速机、机床车身等	静载、交变载荷
按结构形式分类	桁架结构	桥梁、网架结构等	静载、低周疲劳
	板壳结构	容器、锅炉等	静载、热疲劳载荷
	实体结构	焊接齿轮、机身等	静载、交变载荷
按制造方式分类	铆焊结构	小型机器结构等	静载
	栓焊结构	桥梁、轻钢结构等	静载、风雪载荷
	铸焊结构	机床车身等	静载、交变载荷
	锻焊结构	大型厚壁压力容器等	静载、交变载荷
	全焊结构	船舶、压力容器等	静载、低周疲劳

8.2　焊接接头的形式

根据接头的构造形式不同,焊接接头可以分为对接接头、T 形接头、十字接头、搭接接头、盖板接头、套管接头、塞焊(槽焊)接头、角接接头、卷边接头和端接接头十种类型。如果同时考虑到构造形式和焊缝的传力特点,这十种类型的接头中,又有若干类型接头具有本质上的结构类似性。例如,十字接头可视为两个 T 形接头的组合;盖板接头、套管接头和塞焊及开槽焊接头,都通过角焊缝连接,实质上是搭接接头的变形。所以,焊接接头的基本类型实际上共有五种,即对接接头、T 形(十字)接头、搭接接头、角接接头和端接接头。

熔焊是应用最广泛、最普遍的焊接方法,上述五大类接头基本类型都适用于熔焊。

8.2.1　对接接头

对接接头是把同一平面上的两被焊工件相对焊接起来而形成的接头。从受力的角度看,对接接头是比较理想的接头形式,与其它类型的接头相比,它的受力状况较好,应力集中程度较小。焊接对接接头时,为了保证焊接质量,减少焊接变形和焊接材料消耗,根据板厚或壁厚的不同,往往需要把被焊工件的对接边缘加工成各种形式的坡口,进行坡口对接焊,对接接头常用的坡口形式有单边卷边、双边卷边、I 形、V 形、单边 V 形、带钝边 U 形、带钝边 J 形、双 V形、带钝边双 V 形以及带钝边双 J 形等,如图 8-1 所示。

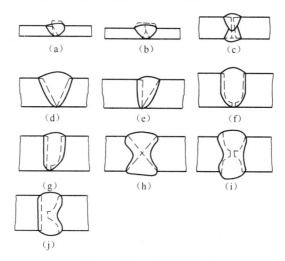

图 8-1　坡口对接接头举例
(a)单边卷边;(b)双边卷边;(c)I形;(d)V形;(e)单边 V 形;(f)带钝边 U 形;
(g)带钝边 J 形;(h)双 V 形;(i)带钝边双 U 形;(j)带钝边双 J 形。

8.2.2　T 形接头

T 形接头(包括斜 T 形和三联接头)及十字接头,是把互相垂直的或成一定角度的被焊工件(两块板或三块板)用角焊缝连接起来的接头,是一种典型的电弧焊接头,能承受各种方向的力和力矩。这种接头也有多种类型,例如有不焊透和焊透的,有不开坡口和开坡口的。不开坡口的 T 形及十字接头通常都是不焊透的,开坡口的 T 形及十字接头是否焊透要看坡口的形状和尺寸,T 形及十字接头常用的坡口形式有单边 V 形、带钝边单边 V 形、双单边 V 形、带钝边

双单边 V 形、带钝边 J 形、带钝边双 J 形等,如图 8-2 所示。开坡口焊透的 T 形及十字接头,其强度可按对接接头计算,特别适用于承受动载的结构。

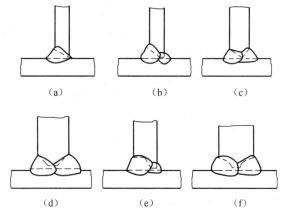

图 8-2　开坡口的 T 形及十字接头举例

(a)单边 V 形;(b)带钝边单边 V 形;(c)双单边 V 形;(d)带钝边双单边 V 形;(e)带钝边 J 形;(f)带钝边双 J 形。

8.2.3　搭接接头

搭接接头是把两被焊工件部分地重叠在一起或加上专门的搭接件用角焊缝或塞焊缝、槽焊缝连接起来的接头。搭接接头的应力分布不均匀,疲劳强度较低,不是理想的接头类型。但由于其焊前准备和装配工作简单,在结构中仍然得到广泛应用。搭接接头有多种连接形式,不带搭接件的搭接接头,一般采用正面角焊缝、侧面角焊缝或正面、侧面联合角焊缝连接,有时也用塞焊缝、槽焊缝连接,如图 8-3 所示。塞焊缝、槽焊缝可单独完成搭接接头的连接,但更多的是用在搭接接头角焊缝强度不足或反面无法施焊的情况。加搭接件(盖板或套管)的搭接接头由于它的受力状态不理想,对于承受动载的接头不宜采用。

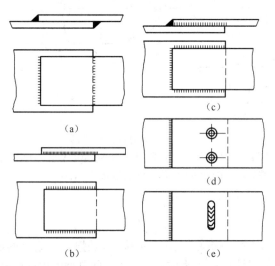

图 8-3　搭接接头举例

(a)正面角焊缝连接;(b)侧面角焊缝连接;(c)联合角焊缝连接;
(d)正面角焊缝+塞焊缝连接;(e)正面角焊缝+槽焊缝连接。

8.2.4 角接接头

角接接头是两被焊工件端面间构成大于 30°、小于 135°夹角的端部进行连接的接头。角接接头多用于箱形构件上,常见的连接形式如图 8-4 所示。它的承载能力视其连接形式不同而各异。图 8-4(a)最为简单,但承载能力最差,特别是当接头处承受弯曲力矩时,焊根处会产生严重的应力集中,焊缝容易自根部撕裂。图 8-4(b)采用双面角焊缝连接,其承载能力可大大提高。图 8-4(c)为开坡口焊透的角接接头,有较高的强度,而且具有很好的棱角,但厚板时可能出现层状撕裂问题。图 8-4(d)是最易装配的角接接头,不过其棱角并不理想。

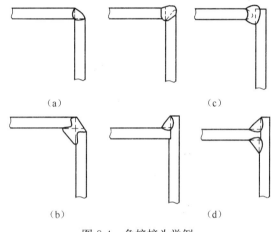

图 8-4　角接接头举例

8.2.5 端接接头

端接接头是两被焊工件重叠放置或两被焊工件之间的夹角不大于 30°,在端部进行连接的接头。端接接头实际上是一种小角度的角接接头,常常用在不重要的结构件上。

8.3　焊缝的表示方法

8.3.1 焊缝的图示法

工件焊接后形成的结合部位称为焊缝。在技术图纸和技术文件中,按我国 1990 年 1 月 12 日公布的 GB1 2212—1990《技术制图焊接符号的尺寸、比例的简化表示法》的相关规定正确表示焊接接头。其中规定,需要在图样中简易绘制焊缝时,可用视图、剖视图或断面图表示,也可以用轴测图示意表示。

8.3.2 焊缝符号

我国焊缝符号和焊接方法代号分别由 GB/T 324—1988《焊缝符号表示法》和 GB/T 5185—2005《焊接及相关工艺方法代号》规定。这两个国家标准与国际标准 ISO 2553—1992《焊接、硬钎焊和软钎焊在图样上的表示方法》和 ISO 4063—1998《焊接和相关工艺—工艺名称和参照代码》基本相同,可以等效采用。

国家标准规定的焊缝符号包括基本符号、辅助符号、补充符号和焊缝尺寸符号。焊缝符号一般由基本符号与指引线组成,必要时还可以加上辅助符号、补充符号和焊缝尺寸符号。

1. 基本符号

基本符号是表示焊缝横截面形状的符号。GB/T 324—1988 中规定了 13 种基本符号,见表 8-2。加上基本符号的组合、基本符号与辅助符号的组合以及该标准附录(补充件)中 A4 关于喇叭形焊缝、单边喇叭形焊缝、堆焊缝及锁边焊缝等四种特殊符号,就可以表示熔焊和电阻焊各种不同横截面形状的焊接接头。

表 8-2　焊缝基本符号

序号	名　称	示　意　图	符　号
1	卷边焊缝 (卷边完全熔化)		 八
2	I 形焊缝		‖
3	V 形焊缝		 ∨
4	单边 V 形焊缝	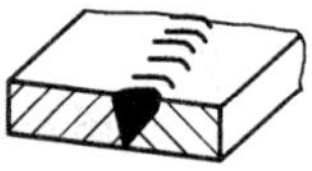	∨
5	带钝边 V 形焊缝	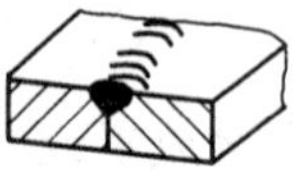	 Y
6	带钝边单边 V 形焊缝	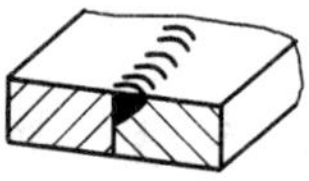	 Y
7	带钝边 U 形焊缝	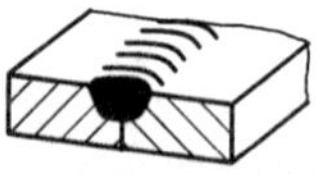	Y
8	带钝边 J 形焊缝	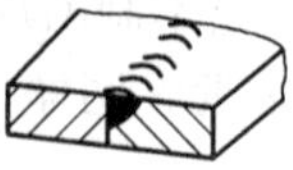	Y
9	封底焊缝		 ⌣
10	角焊缝		△

序号	名　称	示　意　图	符　号
11	塞焊缝或槽焊缝		⊓
12	点焊缝		○
13	缝焊缝		⊖

2. 辅助符号

辅助符号是表示焊缝表面形状特征的符号。GB/T 324—2008 中规定了三种辅助符号，见表 8-3。辅助符号往往要与基本符号配合使用，当对焊缝表面形状有明确要求时采用，不需要确切地说明焊缝表面形状时则可以不用。补充符号是为了补充说明焊缝某些特征而采用的符号。GB/T 324—1998 中规定了五种补充符号。若加上标准示例表中列出的交错断续焊缝符号 Z，也可以说有六种。在新的焊缝符号标准中（GB/T 324—2008），辅助符号和补充符号合并称为补充符号，并列出了 10 种补充符号，见表 8-3。

表 8-3　焊缝辅助符号

序号	名称	示　意　图	符号	说　明
1	平面		—	焊缝表面经过加工后平整
2	凹面	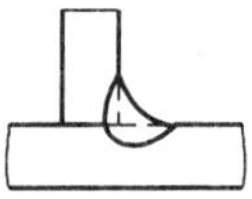	⌣	焊缝表面凹陷
3	凸面		⌢	焊缝表面凸起
4	圆滑过渡		 ⌣⌣	焊趾处过渡圆滑
5	永久衬垫	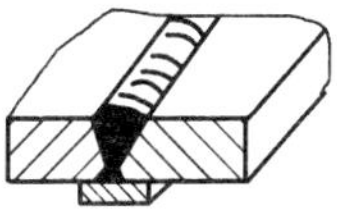	M	衬垫永久保留
6	临时衬垫		MR	衬垫在焊接完成后拆除
7	三面焊缝	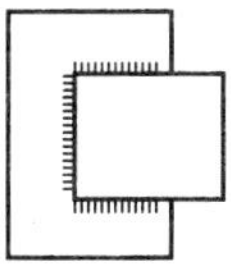	⊓	三面带有焊缝

147

序号	名称	示 意 图	符号	说 明
8	周围焊缝	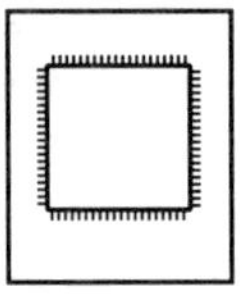	○	沿着工件周边施焊的焊缝,标注位置为基准线与箭头线的交点处
9	现场焊缝		◤	在现场焊接的焊缝
10	尾部		<	可以表示所需的信息

3. 补充符号

是为了补充说明焊缝的某些特征采用的符号。

4. 焊缝尺寸符号

焊缝尺寸符号是表示坡口和焊缝各特征尺寸的符号,GB/T 324—2008 中总共规定了 16 个尺寸符号,焊缝尺寸符号见表 8-4。

表 8-4 焊缝尺寸符号

符号	名称	示意图	符号	名称	示意图
δ	工件厚度	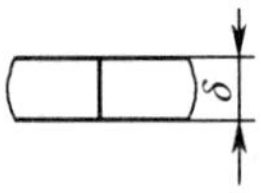	H	坡口深度	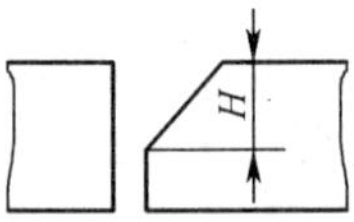
α	坡口角度	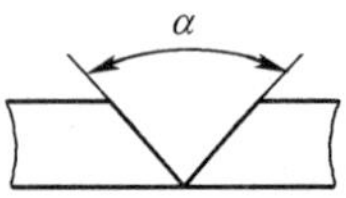	S	焊缝有效厚度	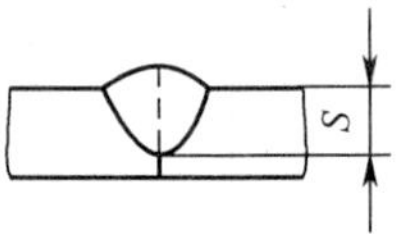
β	坡口面角度	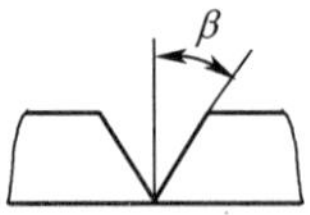	c	焊缝宽度	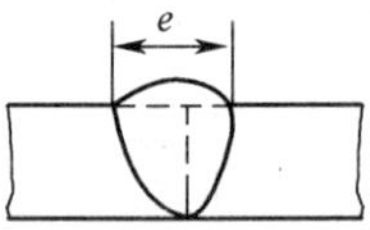
b	根部间隙	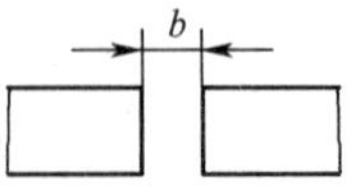	K	焊脚尺寸	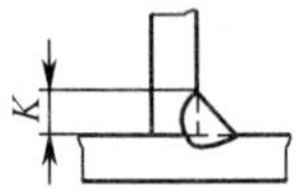
p	钝边	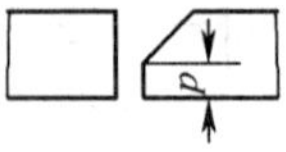	d	点焊熔核直径	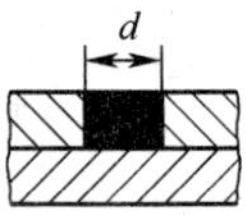
R	根部半径	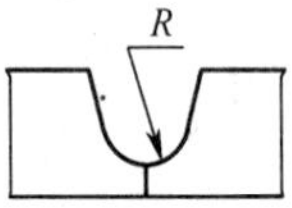	n	焊缝段数	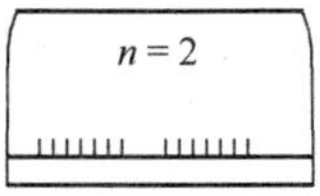

148

符号	名称	示意图	符号	名称	示意图
l	焊缝长度		N	相同焊缝数量	*N=3*
e	焊缝间距		h	余高	

8.3.3 焊缝的标注方法

焊缝符号和焊接方法代号必须通过指引线及有关规定才能准确无误地表示焊缝。

1. 指引线

在焊缝符号中,基本符号和指引线为基本要素。焊缝的准确位置通常由基本符号和指引线之间的相对位置决定,具体位置包括箭头线的位置;基准线的位置;基本符号的位置。

指引线一般由带箭头的箭头线和两条基准线(一条为实线,另一条为虚线)两部分组成,如图 8-5 所示。基准线一般应与图样的底边平行,必要时也可与底边垂直。实线和虚线的位置可根据需要互换。

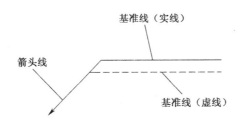

图 8-5 标注焊缝的指引线

基本符号在实线侧时,表示焊缝在箭头侧;基本符号在虚线侧时,表示焊缝在非箭头侧。标准规定,箭头线相对焊缝的位置一般没有特殊要求,但是在标注 V 形、单边 V 形、J 形等焊缝时,箭头应指向带有坡口一侧的工件,必要时允许箭头线弯折一次。基准线的虚线可以画在基准线的实线上侧或下侧,基准线一般应与图样的底边相平行,但在特殊条件下亦可与底边相垂直。如果焊缝和箭头线在接头的同一侧,则将焊缝基本符号标注在基准线的实线侧;相反,如果焊缝和箭头线不在接头的同一侧,则将焊缝基本符号标注在基准线的虚线侧。此外,标准还规定,必要时焊缝基本符号可附带有尺寸符号及数据。

2. 尺寸及数据

焊缝符号和焊接方法代号的标注原则如图 8-6 所示。

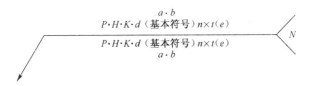

图 8-6 焊缝尺寸符号及标注原则

标注规则如下：

(1)焊缝横截面上的尺寸标注在基本符号的左侧。

(2)焊缝长度方向的尺寸标注在基本符号的右侧。

(3)坡口角度、坡口面角度、根部间隙等尺寸标注在基本符号的上侧或下侧。

(4)相同焊缝数量符号标注在尾部。

(5)当需要标注的尺寸数据较多又不易分辨时,可在数据前面增加相应的尺寸符号。当箭头线方向变化时,上述原则不变。

确定焊缝位置的尺寸不在焊缝符号中给出,而是标注在图样上;在基本符号的右侧无任何标注而又无其它说明时,表示焊缝在工件的整个长度上是连续的;在基本符号的左侧无任何标注而又无其它说明时,表示对接焊缝要完全焊透;塞焊缝、槽焊缝带有斜边时,应标注孔底的尺寸。

第9章 母材的下料与坡口加工

焊接生产是从母材的下料开始。所谓"下料"就是按尺寸要求切割所需的材料。切割方法分为机械切割与热切割两大类,机械切割主要包括剪裁和锯切,热切割主要包括气体火焰切割、等离子弧切割和激光切割。本章主要介绍金属材料各种切割方法的原理、特点及主要设备,并介绍焊接母材坡口的加工方法。

9.1 机械切割方法及设备

9.1.1 剪裁

1. 剪切原理

在专用剪切机床上,通过剪刃对钢材的剪切部位施加一定的剪切力,使剪刃压入钢材表面,当其内产生的内应力达到和超过金属的抗剪强度时,便会使金属产生断裂和分离。

2. 剪切特点

切口光洁平齐质量高,操作方便条件好,节省人力效率高。

3. 常用剪切设备及其应用范围

(1)联合冲剪机。联合冲剪机属多功能剪床,既可剪钢材,又可剪型材,还可进行冲孔,如图9-1所示。在焊接结构生产中,主要用于冲孔和剪切中小型材。

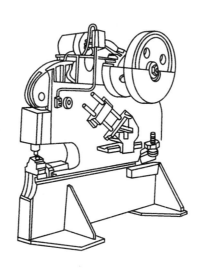

图9-1 联合冲剪机

(2)圆盘剪切机。主要用于剪切曲线形状的坯料和薄而长的板料,如图9-2所示。

(3)振动剪床。用于剪切4mm以下钢板的直线或曲线工件(包括圆孔)。

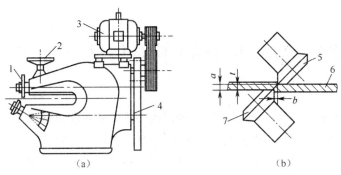

图 9-2　圆盘剪切机

(a)下剪刀倾斜;(b)两剪刀轴线平行。

1—圆盘剪刀;2—手轮;3—电动机;4—齿轮;5—上剪刀;6—工件;7—下剪刀。

(4)龙门式剪板机。龙门式剪板机是工厂中应用最普遍的一种金属板材剪切设备,如图 9-3 所示。

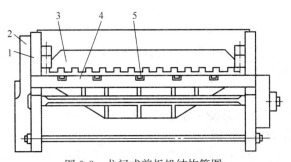

图 9-3　龙门式剪板机结构简图

1—床身;2—传动机构;3—压紧机构;4—工作台;5—托料架。

按刀刃装配位置不同分为平口剪板机(两刀刃上下平行)和斜口剪板机(两刀刃成一定角度),如图 9-4 所示。按传动方式的不同分为机械传动剪板机(≤10mm)和液压传动剪板机(>10mm)。

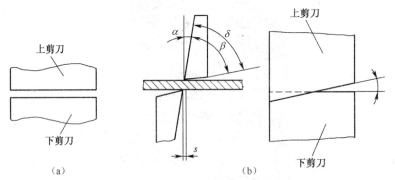

图 9-4　龙门式剪板机剪刃位置示意图

(a)平刃剪切;(b)斜刃剪切。

这种剪切不是纯剪切,伴有弯曲,在剪断线旁约有 2mm～3mm 的区域内因受挤压而产生变形,出现加工硬化现象。为保证加工质量,对于具有裂纹敏感性的材料,该硬化层应予以消除。

已知剪切力便可计算剪切板厚。由于材质不同,在同一剪切力下,所剪板厚有所不同,一般不锈钢为碳钢的 1/3 板厚。

9.1.2 锯切

锯切是一种以切削的方法将各种型材和一定规格的钢板实施切断的加工方法。

锯切的切口平滑、尺寸准确、精度高;但切割速度慢、效率低,只能切割在一定尺寸范围内较小截面的型材、管材、棒材或板材。所以在结构制造生产中应用较少。锯切又分为有齿锯切、无齿锯切、砂轮锯切三种方式。

无齿锯切又称为线锯切,它是以高速旋转摩擦生热来加热软化金属,同时以强力推进磨削而切断金属材料,属于小型型材精密切割。

砂轮锯切是用厚为 2.5mm~5mm 的高强度砂轮片为切削刀具,高速旋转(可达 5000r/min),对金属进行快速磨削加工而切断金属。主要用于切断小截面的管材、棒材和小规格型材。

9.2 热切割方法及设备

9.2.1 气体火焰切割(简称气割)

1. 气割原理

气割的实质是金属在氧中的燃烧过程。它利用可燃气体和氧气混合燃烧形成的预热火焰,将被切割金属材料加热到其燃烧温度,由于很多金属材料能在氧气中燃烧并放出大量的热,被加热到燃点的金属材料在高速喷射的氧气流作用下,就会发生剧烈燃烧,产生氧化物,放出热量,同时氧化物熔渣被氧气流从切口处吹掉,使金属分割开来,达到切割的目的。

气割过程包括三步:

(1)火焰预热——使金属表面达到燃点;

(2)喷氧燃烧——氧化、放热(上部金属燃烧放出的热量加热下部金属到燃点);

(3)吹除熔渣——金属分离。

2. 气割的特点

设备简单、使用方便;切割速度快、生产效率高;成本低、适用范围广。可切割各种形状的金属零件,厚度达 1000mm,可切碳钢、低合金钢;可用于毛坯,亦可用于开坡口或割孔。

3. 实现气割的条件

气割不能用于所有金属的下料,因为实现气割的金属应满足以下条件:

(1)金属的燃点应低于其熔点;

(2)燃烧后形成的产物流动性要好,黏度要小;

(3)金属燃烧时应能放出大量的热以预热下层金属,这是实现连续切割的条件;

(4)金属应有较低的导热系数 μ。

根据上述条件可以看出:

(1)低、中碳钢和普通低合金钢可用气割下料。但随着含碳量的增加,熔点下降,燃点升高,切割越难实现;随着含碳量的增加,切割边缘产生淬火裂纹的倾向性增加,所以要切割碳的质量分数高于 0.7% 的碳钢,须预热 400℃~700℃;当碳的质量分数大于 1%~1.2% 时,无法气割。

(2)铸铁含碳量较高,其熔点大大低于燃点,且燃烧时产生的 SiO_2 流动性很差,因此不适合于气割。

(3)低锰、低铬钢可用气割下料,但应注意切口处淬硬倾向。

(4)铬的质量分数大于 5% 的钢、不锈钢、铜、铝及其合金通常不采用气割下料。

4. 气割用气体

气割用气体可分为可燃性气体和助燃性气体两类。可燃性气体种类很多,如乙炔、氢、天然气、煤气、液化石油气等。

气割时,究竟选用哪一种气体要根据以下因素决定:

(1)气体燃烧热效率的高低;

(2)经济性;

(3)安全性;

(4)储运的方便性。

5. 影响气割质量的主要因素

(1)预热火焰;

(2)切割氧;

(3)切割速度;

(4)割嘴与工件表面的间距;

(5)钢板初始温度。

6. 气割方法与设备

(1)手工气割(见图 9-5)。

(2)机械气割——小车式直线气割机(见图 9-6)。

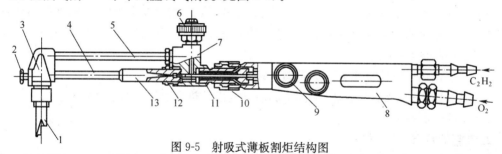

图 9-5　射吸式薄板割炬结构图

1—割嘴;2—支架螺钉;3—割嘴接头;4—混合气管;5—高压氧管;6—高压氧手轮;7—中部主体;
8—手柄;9—氧气手轮;10—连接套;11—销钉螺母;12—射吸管螺母;13—射吸管。

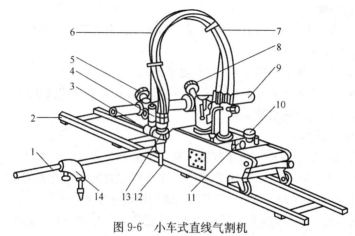

图 9-6　小车式直线气割机

1—半径杆;2—导轨;3—割炬升降手轮;4—升降杆;5—割炬横移手轮;6—氧气软管;7—燃气软管;8—齿条横移手轮;
9—带齿条横移杆;10—电源插座;11—调速旋钮;12—割嘴;13—割炬夹持器;14—定位架。

(3)机械气割——摇臂仿形气割机(见图9-7)。

(4)机械气割——光电跟踪气割机(见图9-8)。

(5)机械气割——数控气割机(见图9-9)。

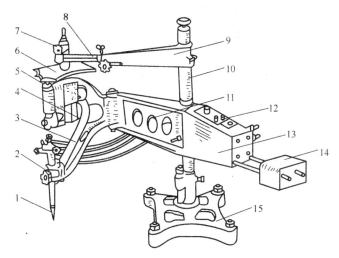

图 9-7　CG2 型摇臂仿形气割机

1—割嘴；2—割嘴调节架；3—主臂；4—驱动电机；5—磁性滚轮；6—靠模板；7—连接器；8—固定样板调节杆；
9—横移架；10—立柱；11—基臂；12—控制盘；13—速度控制箱；14—平衡锤；15—底座。

图 9-8　UXC 型光电跟踪气割机

9.2.2　等离子弧切割

1. 等离子弧切割的原理、特点及应用

1)等离子弧切割的原理

等离子弧的形成及类型前已述及,作为压缩电弧,其能量密度高、挺度好,既可用于焊接,亦可用于切割。

等离子弧切割是利用高温高速等离子弧,将切口金属及氧化物熔化,并将其吹走而完成切割过程。等离子弧切割属于熔化切割,利用高温等离子焰来熔化被切割工件,并借助焰流的机械冲击力把熔融金属强行排除而形成割缝。这与气割在本质上是不同的。

在高温等离子焰形成的同时,喷嘴孔道内弧柱周围的冷却气体被弧柱加热,在孔道内形成高温高压气体,从喷嘴内向外高速喷出,使等离子弧焰流在孔道口处具有很高的速度(可达声

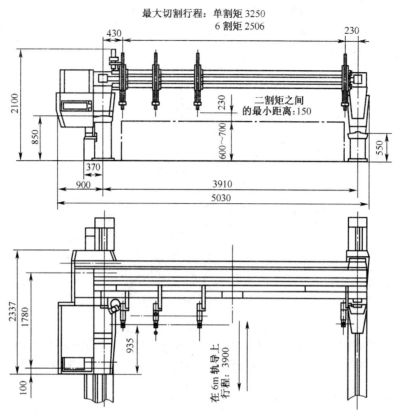

图 9-9 一种门架式数控气割机结构图

速或超声速),表现出强大的冲击力。一般的等离子弧切割不用保护气,工作气体和切割气体从同一喷嘴内喷出。引弧时,以喷出的小气流离子气体作为电离介质,切割时,同时喷出大气流气体以排除熔化金属。

2)等离子弧切割的特点

(1)适用范围广。能量集中,温度高,可切割任何高熔点的金属和非金属材料。

(2)切割质量高。由于等离子弧柱较细,冲刷力大,所以它切口窄小,边缘平滑整齐。

(3)切后变形小。因切口窄小,产生的热影响区很小,所以不会产生气割时出现的边缘淬裂、淬硬或变形较大等现象。

3)等离子弧切割的应用

由于等离子弧的温度和速度极高,所以任何高熔点的金属及其氧化物都能被熔化并吹走,因此可切割各种金属。目前主要用于切割不锈钢、铝、镍、铜及其合金等。此外,也可用于切割非金属材料。

等离子弧切割可采用转移型电弧或非转移型电弧。非转移型等离子弧适宜于切割非金属材料。由于非转移型等离子弧的工件不接电,电弧挺度差,若用来切割金属材料,其切割厚度小。因此,切割金属材料通常采用转移型等离子弧。

2. 等离子弧切割机的组成

常用等离子弧切割机主要由以下几部分组成。

1)切割电源

通常采用陡降外特性的直流电源。与等离子弧焊接不同的是切割电源具有较高的空载电压(150V～400V),而焊接电源空载电压约为65V～120V。

常用的切割电源有两种形式:

(1)专用切割电源。

(2)普通直流弧焊机串联使用作为切割电源。

在没有专用切割电源的情况下,可将两台以上普通直流弧焊机串联起来组成切割电源。串联台数的多少取决于切割时工件厚度的大小和切割速度的快慢。

2)控制箱

主要有程序控制器、高频振荡器、电磁气阀及各种控制元件。

其作用是:完成引弧提前送气、滞后停气、通水及切断电源等动作。在切割过程中,实现规范参数的调节。

3)气路系统

主要作用:防止钨极氧化,压缩电弧和保护喷嘴不烧损;供气系统的好坏直接影响着切割质量的高低,所以要求供气系统气路畅通,压力要适中 2.45×10^5 Pa～3.43×10^5 Pa。

4)水路系统

切割时,割炬处在10000℃以上的高温下工作,为保证喷嘴不被烧坏和切割的正常进行,须通以循环水。为了及时稳定地供水,要求水压为 1.47×10^5 Pa～1.96×10^5 Pa,并在水路上安装水压开关,以控制电路的工作。

5)割炬

主要由上、下枪体和喷嘴三部分组成。在这三部分中,喷嘴是割炬的核心部分,也是产生等离子弧的关键零件。它的结构形式是否合理、几何尺寸是否正确,直接影响着电弧压缩程度的大小和能否稳定燃烧;直接关系到切割能力、质量和喷嘴的使用寿命。

3. 常用等离子弧切割设备举例

按机械化和自动化程度,等离子弧切割设备可分为手工等离子弧切割、机械等离子弧切割和数控等离子弧切割。

(1)手工等离子弧切割机(见图9-10)。

图9-10 手工空气等离子弧切割机

(2)数控等离子弧切割机(见图 9-11)。

(3)数控等离子弧/火焰切割机。比较常见的是数控等离子弧与火焰两用切割机,如图 9-12 所示。

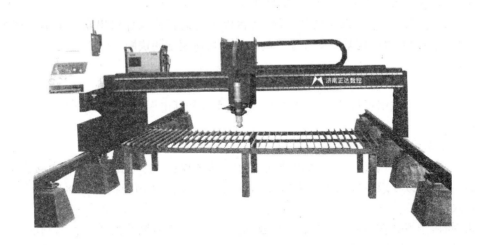

图 9-11　数控等离子弧切割机

图 9-12　数控等离子弧/火焰切割机

9.2.3　激光切割

1. 激光切割原理

激光切割是采用激光束照射到工件表面时释放的能量来使工件熔化并蒸发而实现切割。激光切割时,由于激光束聚焦成很小的光斑,使焦点处的功率密度很高,此时激光束输入的热量远远超过被材料反射、传导或扩散的部分,材料很快被加热至熔化、蒸发形成孔洞;随着光束与材料相对线性移动,使孔洞连续形成宽度很窄的切缝。

用于切割的激光源,除了少数场合采用 YAG 固体激光器外,绝大部分采用电—光转换效率较高并能输出较高功率的 CO_2 气体激光器,其工作功率一般为 500W～5000W。由于能量非常集中,所以仅有少量热传到工件的其它部分,所造成的变形很小甚至没有变形,因此利用激光可以非常准确地切割复杂形状的坯料,所切割的坯料不必再作进一步的处理。此外,激光切割特别适合于难以用机械方法切割的材料,比如极硬和脆性材料。

2. 激光切割的主要特点

1)激光切割的切缝窄,工件变形小,切口精度高

由于激光的光斑尺寸很小,能量密度很高,以致切缝很窄,切边受热影响很小,工件基本没有变形。此外,激光切割无毛刺、皱折、精度高,优于等离子弧切割。对许多机电制造行业来说,由于微机程序控制的现代激光切割系统能方便切割不同形状与尺寸的工件,它往往比冲切、模压工艺更被优先选用;尽管它加工速度还慢于模冲,但它没有模具消耗,无须修理模具,还节约更换模具时间,从而节省了加工费用,降低了生产成本,所以从总体上考虑是更有优势的。

2)激光切割是一种高能量密度、可控性好的无接触加工

(1)激光束对工件不施加任何力,它是无接触切割方法。这就意味着:工件无机械变形;无刀具磨损,也谈不上刀具的转换问题;切割材料无须考虑它的硬度,即激光切割能力不受被切材料的硬度影响,任何硬度的材料都可以切割。

(2)激光束可控性强,并有高的适应性和柔性,因而与自动化设备相结合很方便,容易实现切割过程自动化;由于不存在对切割工件的限制,激光束具有无限的仿形切割能力;与计算机结合,可整张板排料,节省材料。

3)激光切割具有广泛的适应性和灵活性。

与其它常规加工方法相比,激光切割具有更大的适应性。首先,与其它热切割方法相比,同样作为热切割过程,别的方法不能像激光束那样作用于一个极小的区域,结果导致切口宽、热影响区大和明显的工件变形。其次,激光能切割非金属,而其它热切割方法则不能。

3. 激光切割的应用

激光切割应用很广,可用于切割各种金属与非金属材料。激光切割过程中可添加与被切材料相适合的辅助气体。钢切割时利用氧作为辅助气体,氧与熔融金属产生放热反应,同时帮助吹走割缝内的熔渣。切割聚丙烯一类塑料使用压缩空气,而切割棉、纸等易燃材料时使用惰性气体。进入喷嘴的辅助气体还能冷却聚焦透镜,防止烟尘进入透镜座内污染镜片并导致镜片过热。大多数有机与无机材料都可以用激光切割。许多金属材料,不管它是什么样的硬度,都可以进行无变形切割。当然,对高反射率材料,如金、银、铜和铝合金,又是好的传热导体,采用激光切割比较困难。

4. 激光切割的主要工艺

1)汽化切割

在高功率密度激光束的加热下,材料表面温度升至沸点温度的速度非常快,足以避免热传导造成的熔化,于是部分材料汽化成蒸汽消失,部分材料作为喷出物从切缝底部被辅助气体流吹走。一些不能熔化的材料,如木材、碳素材料和某些塑料就是通过这种汽化切割方法切割成形的。

汽化切割过程中,蒸汽带走熔化质点和冲刷碎屑,形成孔洞。汽化过程中,大约 40% 的材料化作蒸汽消失,而有 60% 的材料是以熔滴的形式被气流驱除的。

2)熔化切割

当入射的激光束功率密度超过某一值后,光束照射点处材料内部开始蒸发,形成孔洞。一旦这种小孔形成,它将作为黑体吸收所有的入射光束能量。小孔被熔化金属壁所包围,然后,与光束同轴的辅助气流把孔洞周围的熔融材料带走。随着工件移动,小孔按切割方向同步横

移形成一条切缝。激光束继续沿着这条缝的前沿照射,熔化材料持续或脉动地从缝内被吹走。

3)氧化熔化切割

熔化切割一般使用惰性气体,如果代之以氧气或其它活性气体,材料在激光束的照射下被点燃,与氧气发生激烈的化学反应而产生另一热源,称为氧化熔化切割。

(1)材料表面在激光束的照射下很快被加热到燃点温度,随之与氧气发生激烈的燃烧反应,放出大量热量。在此热量作用下,材料内部形成充满蒸汽的小孔,而小孔的周围为熔融的金属壁所包围。

(2)燃烧物质转移成熔渣,控制氧和金属的燃烧速度,同时氧气扩散通过熔渣到达点火前沿的快慢也对燃烧速度有很大的影响。氧气流速越高,燃烧化学反应和去除熔渣的速度也越快。当然,氧气流速不是越高越好,因为流速过快会导致切缝出口处反应产物即金属氧化物的快速冷却,这对切割质量是不利的。

(3)显然,氧化熔化切割过程存在着两个热源,即激光照射能和氧与金属化学反应产生的热能。据估计,切割钢时,氧化反应放出的热量要占到切割所需全部能量的60%左右。很明显,与惰性气体比较,使用氧作辅助气体可获得较高的切割速度。

(4)在拥有两个热源的氧化熔化切割过程中,如果氧的燃烧速度高于激光束的移动速度,割缝显得宽而粗糙。如果激光束移动的速度比氧的燃烧速度快,则所得切缝狭而光滑。

4)控制断裂切割

对于容易受热破坏的脆性材料,通过激光束加热进行高速、可控的切断,称为控制断裂切割。这种切割过程主要是:激光束加热脆性材料小块区域,引起该区域大的热梯度和严重的机械变形,导致材料形成裂缝。只要保持均衡的加热梯度,激光束可引导裂缝在任何需要的方向产生。

要注意的是,这种控制断裂切割不适合切割锐角和角边切缝。切割特大封闭外形也不容易获得成功。控制断裂切割速度快,不需要太高的功率,否则会引起工件表面熔化,破坏切缝边缘。其主要控制参数是激光功率和光斑尺寸大小。

5. 激光切割设备

激光切割机主要由六个部件组成:机架、光路系统(激光器)、电路、工作平台、水路、操作软件。而光路系统也有六个部件:光源、光源传导系统(镜片)、机械传动系统、电子线路、控制软件、辅助设备(抽风系统、冷水系统、吹气系统等)。

如图9-13所示为VL1530H200型激光切割机,其主要技术指标如表9-1所列。

图9-13 VL1530H200型激光切割机

表 9-1　VL1530H200 型激光切割机的主要技术指标

型号	VL1530H200	型号	VL1530H200
工作台面尺寸/(mm×mm)	1700×3200	最大切割速度/(m/min)	7
最大加工尺寸/(mm×mm)	1500×3000	激光器功率/kW	1.5/2/3/4
最高行进速度/(m/min)	60		

9.3　坡口加工方法及设备

1. 坡口加工及其目的

坡口加工是将焊缝两侧的工件边缘加工成一定的形状和尺寸,主要目的是使厚度较大的工件能被充分焊透。

2. 常用的坡口加工方法

1)机械切削加工

在机械切削加工中,应用最为广泛的是在刨边机上进行的钢板的坡口加工和开坡口。因为在刨边机上可以进行各种金属材料的坡口加工,且加工精度高,坡口尺寸准确,刚性夹紧装置可以防止产生加工变形。但这种方法只能加工直线,且设备较贵,占地面积较大,其加工速度也比火焰切割慢。

坡口加工的设备有刨边机(见图 9-14)、铣边机等(见图 9-15)。

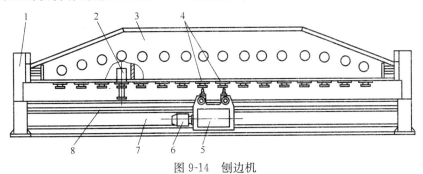

图 9-14　刨边机

1—立柱;2—压紧装置;3—横梁;4—刀架;5—进给箱;6—电动机;7—床身;8—导轨。

2)气体火焰加工

坡口加工所用的气割设备和工艺规范与钢材下料时完全相同。在进行坡口加工时,使用气割具有以下特点:

(1)适用范围广。不仅可切直线,也可进行曲线加工;而且特别适用于大厚度工件的加工。

(2)加工速度快。利用多个割嘴,一次可加工各种形式的坡口。

(3)切口处残存熔渣和一定的硬化层,必须进行打磨和清理。

(4)有裂纹敏感性的材料不适合用此方法进行坡口加工。

3)碳弧气刨加工

碳弧气刨是一种对金属进行"刨削"加工的工艺方法。它主要用在清理焊根,清除有缺陷的焊缝;也可用于焊缝开坡口,特别是开 U 形坡口;同时可用于切割气割难以加工的金属。

(1)碳弧气刨的原理。碳弧气刨是利用在碳棒与工件之间产生的电弧热将金属熔化,同时

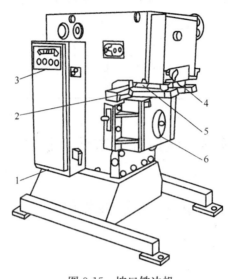

图 9-15　坡口铣边机

1—床身;2—导向装置;3—控制柜;4—压紧和防翘装置;5—铣刀;6—升降工作台。

用压缩空气将这些熔化金属吹掉,从而在金属上刨削出沟槽的一种热加工工艺。其工作原理如图 9-16 所示。

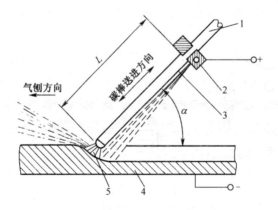

图 9-16　碳弧气刨工作原理示意图

1—碳棒;2—气刨枪夹头;3—压缩空气;4—工件;5—电弧;L—碳棒外伸长;α—碳棒与工件夹角。

(2)碳弧气刨的特点。

①与用风铲或砂轮相比,效率高,噪声较小,并可减轻劳动强度。

②与等离子弧气刨相比,设备简单,压缩空气容易获得且成本低。

③由于碳弧气刨是利用高温而不是利用氧化作用刨削金属的,因而不但适用于黑色金属,而且还适用于不锈钢、铝、铜等有色金属及其合金。

④由于碳弧气刨是利用压缩空气把熔化金属吹去,因而可进行全位置操作;手工碳弧气刨的灵活性和可操作性较好,因而在狭窄工位或可达性差的部位,碳弧气刨仍可使用。

⑤在清除焊缝或铸件缺陷时,被刨削面光洁,在电弧下可清楚地观察到缺陷的形状和深度,故有利于清除缺陷。

⑥碳弧气刨也具有明显的缺点,如产生烟雾、粉尘污染、弧光辐射、对操作者的技术要求高。

（3）碳弧气刨的应用。

①清焊根。

②开坡口，特别是中、厚板对接坡口，管对接 U 形坡口。

③清除焊缝中的缺陷。

④清除铸件的毛边、飞刺、浇铸口及缺限。

（4）碳弧气刨的设备及材料。碳弧气刨系统由电源、气刨枪、碳棒、电缆气管和压缩空气源等组成。如图 9-17 所示。

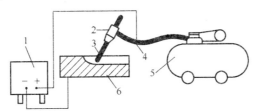

图 9-17 碳弧气刨系统示意图

1—电源；2—气刨枪；3—碳棒；4—电缆气管；5—空气压缩机；6—工件。

第 10 章　母材的成形

焊接母材通常是在加工成一定的形状之后才进行焊接的。焊接母材的成形方法主要有压延成形、弯曲成形、卷制成形以及水火成形等,本章将对这些成形方法和设备进行介绍。

10.1　压　延　成　形

压延也称拉延或拉深,是利用具有一定半径的模具,将已下料得到的平板坯料制成各种形状的开口空心零件的冲压工序。

压延可以在普通的压力机或专用压延压力机或液压机上进行。压延所用模具与冲裁模不同,其凸、凹模没有锋利的刃口,而其工作部分都具有较大的半径,并且凸、凹模之间的间隙一般大于板料厚度。压延工序加工零件的尺寸范围可以从直径几毫米到 3m,厚度为 0.2mm～300mm。用压延工序可以制成筒形、锥形、球形、方盒形和其它形状不规则的零件。

虽然各种零件的冲压过程都叫压延,但由于几何形状的特点不同,故其在确定压延的工艺参数、工序数目及工艺顺序方面都不一样。本节以整体封头的成形过程来介绍压延的基本原理。

封头是锅炉、压力容器、炼油和化工设备等受压容器上的重要构件。封头按其形状可分为平底封头、碟形封头、椭圆形封头及球形封头等。

10.1.1　封头的压延工艺过程

封头冲压过程中,板料的变形很大。对于壁厚或冲压深度过大的封头,若在冷态下冲压,不仅需要较大功率的压力机,而且会使成形后的封头产生严重的冷作硬化,甚至形成裂纹。为保证封头的质量,多采用热冲压。

1. 压延成形过程

整体封头的压延如图 10-1 所示。先将工件加热到适当温度,然后将其放置在下模上,并对准中心;放下压边圈,将坯料压紧到合适程度,以保证冲压时使坯料各处能均匀变形,防止封头产生波纹和皱折。开动压力机加压,使坯料逐渐变形,并落入下模。提起上模,使封头与凸模脱离。

2. 封头的壁厚变化

整体封头的拉延过程,无论采用压边圈拉延或不采用压边圈拉延,一般在接近大曲率部位,封头壁厚都要变薄。椭圆形封头在曲率半径最小处变薄最大,一般壁厚减薄量:碳钢封头可达 8%～10%,铝封头可达 12%～15%。球形封头在底部变薄最严重,可达 12%～14%。在设计封头和制定其冲压工艺时,都应予以考虑。

影响封头壁厚变化的因素如下:

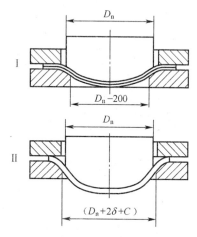

图 10-1　薄壁封头的二次压延
Ⅰ—第一次预成型;Ⅱ—最后成形。

(1)材料强度越低,壁厚变薄量越大。

(2)变形程度越大,封头底部越尖,壁厚变薄量越大。

(3)上、下模间隙及下模圆角越小,壁厚变薄量越大。

(4)压边力过大或过小,压制温度超高,都会导致壁厚减小。

10.1.2 封头压延成形模具

1. 封头压延成形模具的设计要求

(1)设计凸模、凹模尺寸时,必须考虑到工件热成形冷却后的收缩量和冷压延成形后的回弹量。

(2)凸模应有脱模斜度,工件脱模方法应简单、方便、可靠。

(3)在模具结构上要考虑到防止受热变形而造成模具的损坏。

(4)定位装置要保证坯料进出方便、迅速、定位准确。

(5)尽量选用自润滑性好的材料制造模具。

2. 封头压延成形模具的设计参数

根据制造要求的不同,封头的压延成形可分为冷压和热压两种。

当采用冷压模具时,封头在成形后会产生回弹,其数值大小与所用材料的力学性能、变形程度、工件形状、模具结构及间隙有关,一般是靠经验数据确定后,采用试压修正模具的方法来确定。

当采用热压模具时,封头在成形后必然会收缩,其数值大小与所用材料、工件形状、尺寸、板厚、脱模温度及冷却条件有关,收缩量为 $\delta = \alpha \Delta T \times 100\%$(α 为材料的线膨胀系数; ΔT 为封头始压温度与终止温度之差)。

10.2 弯 曲 成 形

板材的弯曲一般是在压力机或卷板机上进行的,统称为压弯和卷弯。本节重点讨论板材的压弯成形。板材的卷弯(或称卷制)在10.3节中介绍。

10.2.1 板材压弯变形过程

如图 10-2 所示是 V 形件的压弯过程。在弯曲变形过程中,弯曲半径 r_0、r_1,$\cdots$,r_k 及支点距离 l_0、l_1,$\cdots$,l_k 随着成形过程变化而逐渐减小。

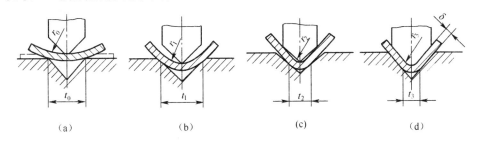

(a)　　　　　　(b)　　　　　　(c)　　　　　　(d)

图 10-2 板料弯曲变形过程

(a)、(b)自由弯曲阶段;(c)接触弯曲阶段。

10.2.2 弯曲工艺及设备

1. 最小相对弯曲半径 R_{min}

又称最小弯曲系数,是衡量弯曲件变形程度的主要标志。是弯曲件的内角半径 r 与板料厚度 δ 的比值,即 $R_{min}=r/\delta$。R_{min} 值越小则变形程度越大,工件就越容易在外层开裂。

最小相对弯曲半径 R_{min} 与材料的力学性能和热处理状态等有关,而且板材的平面方向性、侧面和表面质量也都有重要影响。

2. 冷压弯时的回弹

在实际生产中,回弹是影响弯曲件质量的主要因素,为此,应采取相应的技术措施加以预防。

1)影响回弹的因素

(1)材料的力学性能。当材料的屈服强度 σ_s 越高,材料的弹性模量 E 越大,变形越小,压弯角的回弹量越大。

(2)最小相对弯曲半径 R_{min}。回弹量与 R_{min} 成正比,R_{min} 越大,变形越小,则回弹值越大。

(3)工件的形状。通常 U 形件的回弹比 V 形件的回弹小。

(4)模具间隙。模具间隙对回弹的影响很大,两者成正比。

(5)矫正力。矫正力与弯曲回弹成反比。

2)减小回弹的措施

(1)增加工件刚性。如图 10-3、图 10-4 所示。

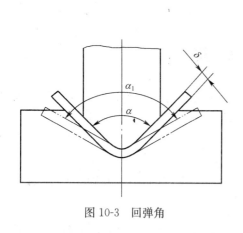

图 10-3 回弹角

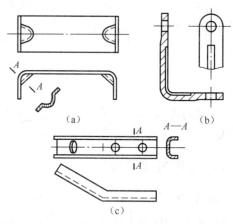

图 10-4 改进工件结构以增加刚性

(2)提高材料塑性。在弯曲件材料选用上,采用屈服强度小、弹性模量大、力学性能比较稳定的材料。对硬材料或经冷作硬化的材料,在弯曲前进行退火软化处理。

(3)修正模具。将模具的角度减小一个回弹角,或将凸模做出等于回弹角的倾斜度,也可将凸模和顶板做成圆弧曲面,利用曲面部分的回弹来补偿两直边的回弹量,如图 10-5 所示。

(4)加压矫正法。在弯曲终了时进行加压矫正,以增加弯曲处的塑性变形程度,使弯曲件内、外表面拉压两区纤维回弹趋于抵消,可减小回弹量,如图 10-6 所示。

(5)缩小模具间隙。当其它条件相同时,缩小凸、凹模间隙,使材料有挤薄现象发生,也可有效地减小回弹。

(6)拉弯法。当弯曲大圆弧工件时,由于相对弯曲半径很大,这时可采用拉弯工艺。拉弯

166

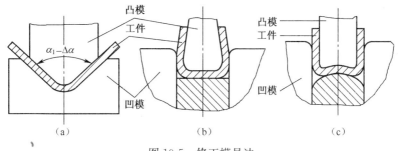

图 10-5 修正模具法

(a)V形件压弯时减小回弹角;(b)凸模带倾斜度的U形件压弯;(c)凸模和顶板带曲面的U形件压弯。

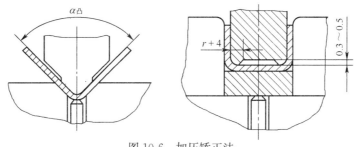

图 10-6 加压矫正法

工艺可以在专用拉弯机上进行(见图 10-7),也可采用拉弯模在普通压力机上进行。拉弯模结构如图 10-8 所示。

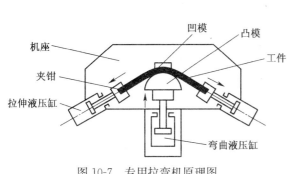

图 10-7 专用拉弯机原理图

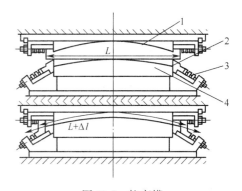

图 10-8 拉弯模

1—上模;2—夹子;3—弹簧;4—下模。

3. 常用冲压设备

冲压设备是利用冲模对钢板进行冲裁、落料、切边、压弯、拉伸、矫正等工作的。常用的冲压设备有机械压力机和液压机两大类。压弯过程中所用设备除此两类外,尚有专用压弯机。进行板材压弯时,可根据板材的性质、形状、尺寸、冲压工艺要求来选用相应吨位的加工设备。

1)机械式压力机

机械式压力机如图 10-9 和图 10-10 所示。

2)液压机

如图 10-11 所示为单臂液压机外形图。

3)板料折弯机

如图 10-12 所示为板料折弯机外形图。

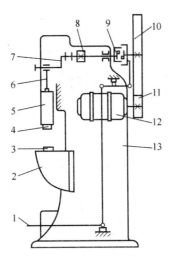

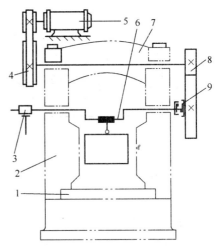

图 10-9　开式曲柄压力机结构简图

1—脚踏;2—工作台;3—凹模;4—凸模;5—滑块;6—连杆;
7—偏心轴;8—制动器;9—离合器;10—大齿轮;11—小齿轮;
12—电动机;13—机体。

图 10-10　闭式曲柄压力机结构简图

1—工作台;2—立柱;3—制动器;4—带轮;5—电动机;
6—曲柄;7—横梁;8—齿轮;9—离合器。

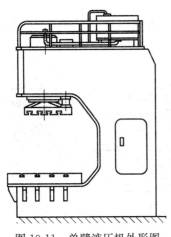

图 10-11　单臂液压机外形图

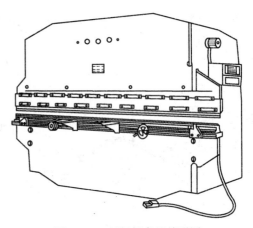

图 10-12　板料折弯机外形图

10.2.3　管材和型材的弯曲

1. 管材的弯曲

1)管子的冷弯

(1)冷弯的特点。具有加工过程简单,操作方便,表面光洁,变形小等优点,所以是一种普遍使用的方法。但冷弯时材料变形抗力大,塑性较差,往往受到弯曲半径及设备能力的限制,故这种方法多用于小直径管子的弯曲。

(2)管子的冷弯方式。分为手动弯管和机动弯管两种。其冷弯方式有挤弯、弯管机弯管、滚弯和压弯。

(3)冷弯的条件。

①薄壁管:壁厚与管子中径之比<0.06时;

②管子弯曲半径:一般不小于管子外径的三倍;

③管径<φ108mm 时,多采用冷弯。

(4)确定管子最小弯曲半径的因素。

①管子的变形抗力(材质);

②壁厚的大小与管径的粗细;

③弯管机的功率大小和结构形式;

④管子的弯曲形状(变形角度,冷弯时考虑回弹量问题,要过弯 3°～5°)。

(5)管子弯曲时的主要变形形式。

①外侧管壁因受拉应力而变薄;

②管子截面形状发生失圆现象;

③管壁内侧因压应力作用而失稳起皱;

④管子因弯曲半径过小而卷裂。

(6)防止和消除管子弯曲变形的措施。

①拉拔式冷弯时,施加顶镦力——防止减薄破裂。

②拉拔式弯管时,采用芯棒法,或采用内侧防皱板,主要为了防止内壁起皱。

③配置槽形胎模和压紧滚轮——防止失圆。

(7)有芯冷弯的特点。芯棒形式及使用特点

①圆头式:制造方便,但防扁效果较差,是目前最为常用的芯棒形式。

②尖头式:芯头可向前伸进,以减小与管壁的间隙。防扁效果较好,且具有一定的防皱作用。

③勺式:与外壁支承面更大,防扁效果好,具有一定的防皱作用。

④单向关节式:可深入管子的内部,与管子一起弯曲,防扁效果更好。弯后借油缸抽出芯棒,可对管子进行矫圆。只可在一个方向上弯曲。

⑤万向关节式:效果同单向关节式,无方向性。

⑥软轴式:同万向关节式。

2)管子的热弯

热弯时的温度:碳钢、低合金钢 800℃～1000℃;不锈钢 1000℃～1150℃。管子的热弯方法有以下几种。

(1)有填充物热弯。

①填充物:砂子。

②目的:防止管子弯曲时变形或折皱。

③主要用于薄壁管或弯曲半径较小的管子。

④注意事项:加热要均匀,包括砂子的加热;弯曲用力要均匀,防止管子起皱或断裂;终弯温度不低于 800℃。

(2)无填充物热弯。一般在专用弯管机上进行。

(3)管子的热弯加热方式。

①火焰加热。

②中频感应加热(见图 10-13)。

2. 型钢的弯曲

型材包括角钢、槽钢、工字钢、T 形钢、圆钢和扁钢等。

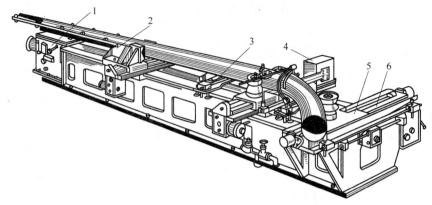

图 10-13　感应加热式弯管机

1—纵向进给机构;2—夹紧滑座;3、5—管子支撑装置;4—感应变压器;6—弯曲辊移动机构。

1)型材弯曲时的变形

除圆钢和扁钢外,其它型材在弯曲时,由于重心线与力的作用线不在同一平面上,型材除受弯曲力矩外,还受到扭曲的作用。因此,型材的断面会发生畸变。型材弯曲时,中性层以外的材料由于受拉而产生翘曲变形;中性层以内的材料由于受压而产生折皱变形。

2)最小弯曲半径 R_{min}

最小弯曲半径就是使型材最外侧材料在拉力作用下,临近发生撕裂时的弯曲半径。它与材料的性能、热处理状态及表面状态等因素有关。

当型材受力而弯曲时,在中性层外侧和内侧的材料分别受拉力和压力的作用,拉力的大小主要由弯曲半径决定。弯曲半径越小,型材外侧所受的拉力就越大,材料就会发生翘曲而使壁厚减薄,严重时会产生撕裂现象。因此,必须限制型材弯曲时的最小弯曲半径。

3)型材的弯曲方法

(1)型钢的冷弯——多数为机动弯曲。

①卷弯:在三辊或四辊型钢弯曲机上进行,如图 10-14 所示。

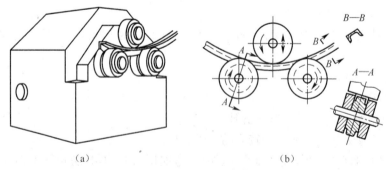

图 10-14　三辊型材弯曲机

(a)外形;(b)工作过程。

②拉弯:在大吨位压力机上用拉弯模进行弯曲,如图 10-15 所示。

(2)型钢的热弯——多为手工操作。当型材规格大、弯曲半径较小;缺少冷弯设备或设备能力不足;或是不允许冷弯及一次性生产工件数量较少,采用冷弯设备和制作冷弯模具不经济时,则采取热弯。

热弯大多是在大型工作平台上,用人工操作方法进行弯制。

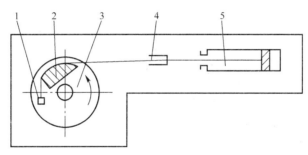

图 10-15　型材拉弯工作原理简图

1—夹头;2—靠模;3—旋转工作台;4—型材;5—拉力液压缸。

10.3　卷 制 成 形

钢板的卷制(即滚弯)是对已经按尺寸要求剪裁下料,并经边缘加工后的板材实施弯曲的工艺方法。它是在卷板机(或称滚弯机)上,利用工作辊相对位置变化和旋转运动,对坯料进行连续弯曲加工的,是焊接结构生产中圆筒形、锥形等工件的主要加工方式。

1. 钢材的卷制要求

钢材冷弯曲加工时,应符合下列规定:

其变形率 $\varepsilon < 5\%$,钢板的最小弯曲半径 $R \geqslant 25S$(S 为板厚);对压力容器而言,$\varepsilon = 2.5\% \sim 3\%$。否则,必须在加热状态下进行。通常当 $D/S > 40$ 时,可在冷态下进行,当 $D/S < 40$ 时,必须热弯。如图 10-16 所示。

根据《压力容器安全技术监察规程》的规定:

当低碳钢和 16MnR 板厚 $S \leqslant 0.03Dg$、低合金钢板厚 $S \leqslant 0.025D_g$(D_g 为工件的公称直径)时可采用冷弯方法,否则应进行热弯或加工后热处理。

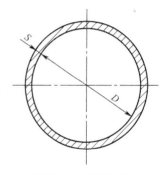

图 10-16　钢板卷制的
直径与壁厚的关系

当弯曲厚度较大,或曲率半径较小时,要想按要求的曲率进行弯曲加工,而又不致使材料受损,保证其弯曲质量,就必须采用热弯曲加工。

注:钢板热弯曲时,除特殊需要,经技术负责人批准外,同一部位的加热次数不得超过二次(可加热二次)。

2. 卷板机及其工作原理

1)卷板机的结构

卷板机的主要结构形式分为对称式三辊卷板机(见图 10-17、图 10-18(a))、非对称式三辊卷板机(见图 10-18(b))、四辊卷板机(见图 10-18(c))、立式卷板机。

典型对称式三辊卷板机的结构如图 10-17 所示。

对称式三辊卷板机的结构由一个上辊和两个对称布置的下辊组成。上辊可上下移动;两下辊固定,并为主动辊,可正反向旋转,辊径多小于上辊,如图 10-17、图 10-18(a)所示。其结构简单,功率较大,是工厂中应用最广泛的一种卷板机。

2)卷板机的工作原理

如图 10-18 所示为三种类型卷板机的工作原理示意图。

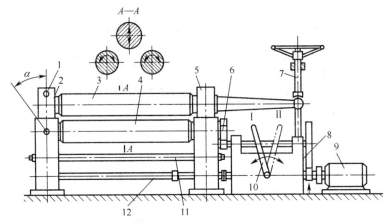

图 10-17　典型对称式三辊卷板机的结构简图

1—插销;2—活动轴承;3—上辊;4—下辊;5—固定轴承;6—齿轮;

7—卸板装置;8—减速器;9—电动机;10—操纵手柄;11—拉杆;12—上辊压紧传动螺杆。

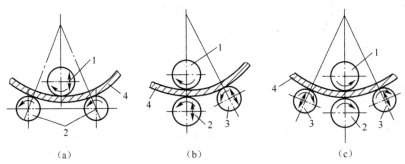

图 10-18　卷板机的工作原理

(a)对称式三辊卷板机;(b)不对称式三辊卷板机;(c)四辊卷板机。

1—上辊;2—下辊;3—侧辊;4—板料。

说明:

(1)在一次卷制过程中,需使板材的变形曲率相同。

(2)上辊几次下压,就将钢板弯卷到需要的曲率半径。

(3)板料的两端不能同时进入三辊之间,得不到弯曲,称为剩余直边。剩余直边的长度约为两下辊中心距的 1/2。滚圆时,需事先采取预弯措施或留取相应的切边余量。

3. 钢板的卷制过程

1)钢板的预弯

使用对称式三辊卷板机进行钢板的卷制时,在钢板的两端各存在一个平直段(约为两下辊中心距的 1/2)无法卷弯。为此,在卷制之前,应采用相应的方法将钢板两端弯曲成所要求的曲率。预弯的方法有以下两种,如图 10-19 所示。

(1)模压预弯——在压力机上利用模具进行,主要用于大厚度板材的预弯。

(2)弯胎预弯——利用弯曲胎板在卷板机上进行,主要用于较薄板的预弯,预弯胎具板一般用厚度大于筒体厚度两倍以上的板材制成。

在冷预弯时考虑到回弹量等问题和卷板机两下辊中心距的大小,应注意:

①胎模具的弯曲半径一般应小于筒体的最小弯曲半径。

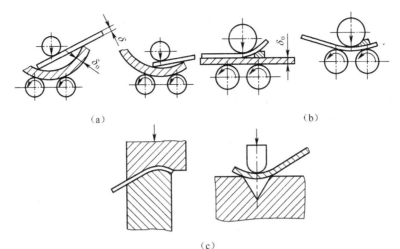

（a） （b）

（c）

图 10-19　常用预弯方法

(a)适于$\delta_0 \geq 2\delta$，$\delta \leq 24mm$；(b)适于薄板；(c)适于各种板厚。

②预弯长度应大于两下辊的中心距，通常为$(6 \sim 20)\delta$。

2)对中(见图 10-20)

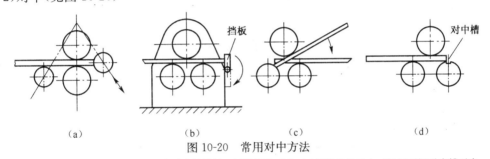

（a） （b） （c） （d）

图 10-20　常用对中方法

(a)用四辊卷板机的侧辊对中；(b)有对中挡块的三辊卷板机对中；(c)倾斜进料对中；(d)用下辊对中槽对中。

为了防止钢板在卷制过程中出现扭斜，产生轴线方向的错边，滚卷之前在卷板机上摆正钢板的过程为对中。常用的对中方法有以下几种：

(1)在三辊卷板机上可采用对中挡板对中法、倾斜进料对中法、辊上槽线对中法。

(2)在四辊卷板机上可采用侧辊对中法。

3)卷制(见图 10-21)

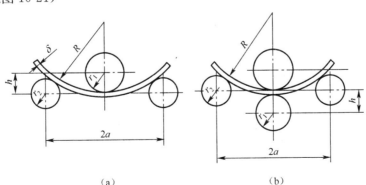

（a） （b）

图 10-21　卷板机辊子的位置关系

(a)三辊卷板机；(b)四辊卷板机。

173

钢板对中后可实施滚卷,使上辊下压,钢板产生一定曲率的弯曲。上辊的下压量与滚卷次数有关,依据下面原则调整:

(1)冷卷时,不超过材料允许的最大变形率。

(2)上辊下压产生的下压力保证辊子不打滑。

(3)根据板厚、材质,一次下压量不超过卷板机的额定功率。

(4)卷制时,求取弯曲半径 R_0 和上下辊(或中心辊与侧辊)的中心距 h。

(5)卷板机可卷制的最小圆筒直径 D_{min} 应比上辊直径 d 大 15%～20%,即 $D_{min} = d + (0.15～0.2)d$。

(6)考虑冷卷时的回弹量,应过卷 20mm～30mm,过卷量的大小以不造成金属性能变坏为宜。为防止过卷,应随时用样板进行测量。

4)矫圆

在滚圆完毕后,将圆筒点焊或对纵缝进行焊接后,应再次滚圆,以使椭圆度和突变量达到规定的范围。步骤如下:

(1)逐渐加载,达到最大矫正曲率。

(2)重点矫正焊缝区,经测量直到合格。

(3)逐渐卸载,至卷制过程结束。

10.4 水 火 成 形

1. 水火成形原理

水火成形即水火弯板,起源于 20 世纪 50 年代,现已在造船行业广泛应用。水火成形本质上是一种热应力成形,是通过对工件进行局部加热或冷却,利用工件内部温度分布不均匀所产生的热应力来驱动工件变形的成形方法。如图 10-22 所示。

热应力成形过程不需要模具的参与,适用于单件或小批量的成形生产。热应力成形技术既可广泛应用于金属板材、管材以及其它型材的弯曲成形,也可用于对变形的矫正。目前应用最多的是造船行业中对船体曲面板的成形,可以成形各种复杂形状的三维曲面。

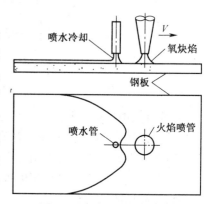

图 10-22　水火成形示意图

按照加热热源的不同,热应力成形可以分为采用火焰加热的水火弯板成形、采用激光加热的激光热应力成形以及采用高频感应加热的高频感应热应力成形。目前技术最成熟、应用最多的是采用火焰加热的水火弯板成形。

2. 水火成形设备

我国大连理工大学先后与大连造船厂、大连新船重工组成联合课题组,从 20 世纪 80 年代中期以来,对水火弯板的变形机理、影响因素、加工参数确定等问题进行了持续十几年的研究工作,得到了参数设计的软件系统,并成功地在船厂生产中应用。

广州广船国际股份有限公司与上海交通大学合作在水火弯板计算机应用系统方面进行了多年的开发研究,于 2005 年 11 月成功开发了我国第一台数控水火弯板机及专家系统。如图 10-23 所示。

图 10-23　数控水火弯板机

第11章 焊接工艺装备

装配在焊接结构制造工艺中占有很重要的地位,这不仅是由于装配工作的质量好坏直接影响着产品的最终质量,而且还因为装配工序的工作量大,约占整个产品制造工作量的30%~40%。所以,提高装配工作的效率和质量,在缩短产品制造工期、降低生产成本、保证产品质量等方面,都具有重要的意义。

本章将系统地介绍焊接结构装配时的定位、装配焊接夹具、焊接变位机械等。

11.1 工件的定位

11.1.1 工件的定位原理

1. 六点定位原理

如图11-1(a)所示,任何空间的刚体未被定位时都具有六个自由度,即沿三个互相垂直的坐标轴的移动(见图11-1(b))和绕这三个坐标轴的转动(见图11-1(c))。因此,要使零件(一般可视为刚体)在空间具有确定的位置,就必须约束其六个自由度,如图11-2所示。

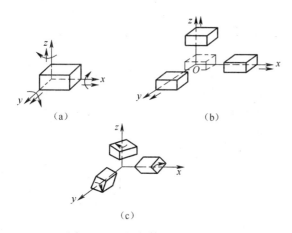

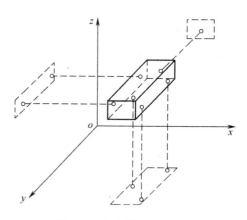

图 11-1 空间物体的六个自由度

(a)刚体时六个自由度;(b)刚体三个互相垂直的移动;

(c)刚体绕三个坐标轴的转动。

图 11-2 长方体的六点定位

上述六点定位定则亦适用于装焊工装夹具的设计,但应加以灵活应用。

对于待装配的每个结构元件,不必都以六个支承点来定位,而可利用先装好的零件作为后装配零件的定位支承点。这可简化夹具的结构,减少定位器的数量。

在实际装配中,可由定位销、定位块、挡板等定位原件作为定位点;也可以利用装配台或工件表面上的平面、边棱及胎架模板形成的曲面代替定位点;有时还由在装配平台或工件表面画出的定位线起定位点的作用。

2. 定位基准及其选择

1) 定位基准

在结构装配过程中,必须根据一些指定的点、线、面,来确定零件或部件在结构中的位置,这些作为依据的点、线、面称为定位基准。

如图 11-3 所示,圆锥台漏斗上各件间的相对位置,是以轴线和 M 面为定位基准确定的。

如图 11-4 所示为一四通接头,装配时支管 Ⅱ、Ⅲ 在主管 Ⅰ 上的相对高度是以 H 面为定位基准而确定的,而支管的横向定位则以主管轴线为定位基准。

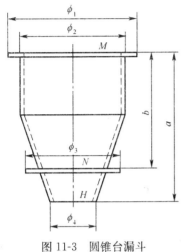

图 11-3　圆锥台漏斗　　　　　　　　图 11-4　四通接头

2) 定位基准的选择

合理地选择装配定位基准,对保证装配质量,安排零部件装配顺序和提高装配效率有着重要的影响。通常根据如下原则选择定位基准。

(1) 尽可能选用设计基准作定位基准,这样可以避免因定位基准与设计基准不重合而引起较大的定位误差。

(2) 同一构件上与其它构件有连接或配合关系的各个零件,应尽量采用同一定位基准,这样能保证构件安装时与其它构件的正确连接或配合。

(3) 应选择精度较高又不易变形的零件表面或边棱作定位基准,这样能够避免由于基准面、线的变形造成的定位误差。

(4) 所选择的定位基准应便于装配中的零件定位与测量。

在实际装配中,定位基准的选择要完全符合上述所有的原则有时是不可能的。因此,应根据具体情况进行分析,选出最有利的定位基准。

11.1.2　定位器

定位器是将待装配零件在装焊夹具中固定在正确位置的器具,亦可称定位元件,结构较复杂的定位器称为定位机构。

在装焊工装夹具中常用的定位器主要有挡铁、支撑钉、定位销、定位槽、V 形铁、定位样板等。这些定位器的外形如图 11-5 所示。其中挡铁和支撑钉用于零件的平面定位,定位销用于零件的基准孔定位。V 形铁用于圆柱体和圆锥体的定位,定位槽用于矩形截面零件的定位。

如图 11-6 所示为电磁定位装置,用于铁磁性零件的定位。

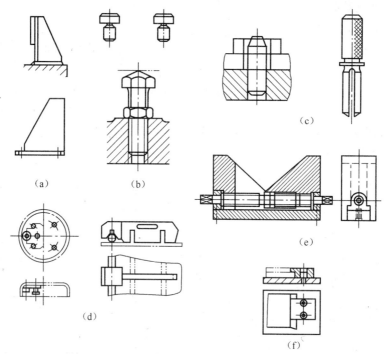

图 11-5　各种形式的定位器

(a)挡铁;(b)支撑钉;(c)定位销;(d)定位槽;(e)V形铁;(f)定位样板。

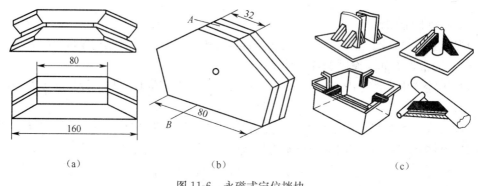

图 11-6　永磁式定位挡块

(a)直角用;(b)多用;(c)应用示例。

11.1.3　零件的定位方法

根据零件的具体情况选取零件的定位方法。根据定位方法的不同可分为如下几种。

1. 划线定位

划线定位是利用在零件表面或装配台表面划出工件的中心线、接合线、轮廓线等作为定位线,来确定零件间的相互位置,通常用于简单的单件小批量装配或总装时的部分较小零件的装配。

如图 11-7(a)所示为以划在工件底板上的中心线和接合线作定位线,以确定槽钢、立板和三角形加强筋的位置;如图 11-7(b)所示为利用大圆筒盖板上的中心线和小圆筒上的等分线(也常称为中心线)来确定两者的相对位置。

2. 样板定位

利用小块钢板或小块型钢作为挡铁,取材方便。也可以用经机械加工后的挡铁提高精度。挡铁的安置要保证构件重点部位(点、线、面)的尺寸精度,也便于零件的装拆。常用于钢板与钢板之间的角度装配和容器上各种管口的安装。

如图 11-8 所示为斜 T 形结构的样板定位装配。

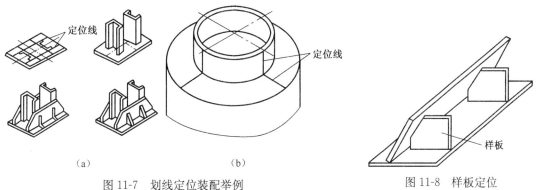

图 11-7　划线定位装配举例　　　　　　　　图 11-8　样板定位

(a)中心线和结合线作定位线;(b)圆筒等分线作定位线。

3. 定位元件定位

是用一些特定的定位元件(如板块、角钢、销轴等)构成空间定位点来确定零件的位置,并用装配夹具夹紧装配。它不需要划线,装配效率高,质量好,适用于批量生产。

4. 胎卡具(又称胎架)定位

金属结构中,当一种工件数量较多,内部结构又不很复杂时,可将工件装配所用的各定位元件、夹具和装配胎架三者组合为一个整体,构成装配胎卡具。

如图 11-9(a)所示为汽车横梁结构,它由拱形板 4、槽形板 3、角形板 6 和主平板 5 等零件组成。其装配胎卡具如图 11-9(b)所示,它由定位铁 8、螺栓卡紧器 9、回转轴 10 共同组合连接在胎架 7 上。装配时,首先将角形铁置于胎架上,用定位铁 8 定位并用螺栓卡紧器 9 固定,然后装配槽形板和主平板,它们分别用定位铁 8 和螺栓卡紧器 9 卡紧,再将各板连接处定位焊。该胎卡具还可以通过回转轴 10 回转,把工件翻转到使焊缝处于最有利的施焊位置焊接。

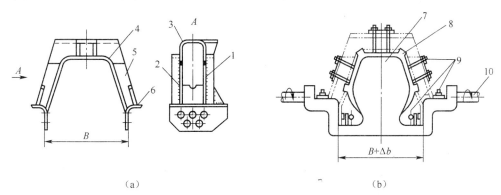

图 11-9　胎具固定法

(a)汽车横梁;(b)胎具。

1、2—焊缝;3—槽形板;4—拱形板;5—立平板;6—角形板;7—胎架;8—定位铁;9—螺栓卡紧器;10—回转轴。

11.1.4 定位焊

定位焊是用来固定各焊接零件之间的相互位置,以保证整个结构件得到正确的几何形状和尺寸。定位焊有时也叫点固焊。

定位焊所用的焊条应和焊接时所用焊条相同,保证焊接质量。

11.2 装配焊接夹具与胎具

11.2.1 概述

装配焊接夹具是指将待装配的零件准确组对,定位并夹紧的工艺装备。某些夹具专用于装配工序,称为装配夹具;某些夹具专用于焊接工序,则称为焊接夹具。既可用于装配又可用于焊接的夹具则称为装焊夹具。也可把上述几类夹具统称为装焊夹具。

1. 装配焊接夹具的分类

装配焊接夹具按夹紧机构动力的种类可分成如图 11-10 所示的六类。

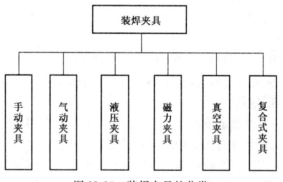

图 11-10 装焊夹具的分类

装配焊接夹具按其结构形式和用途,还可分成通用装焊夹具、专用装焊夹具、单一装焊夹具、复式装焊夹具和组合式装焊夹具等。

2. 装焊夹具的组成

装焊夹具通常由各种定位器、夹紧机构、夹具体和装配平台等组成。

按照所装配焊件的结构,夹具体上可安装多个不同的夹紧机构和定位器。其中夹具体必须按所装焊件的结构进行设计,而定位器、夹紧机构和装配平台则大多数是通用的标准件。

11.2.2 装焊夹具

在装焊过程中,凡属用来对零部件施加外力使其获得正确定位的工艺装备统称为装焊夹具。它包括简单轻便的通用夹具和装配胎架用的专用夹具。

装焊夹具对零件的紧固方式有夹紧、压紧、拉紧、顶紧(或撑开)等四种。

装焊夹具按其动力源可分为手动、气动、液压、磁力夹紧等方式。

1. 手动夹具

1)楔条夹具

楔条夹具是利用锤击或用其它机械方法获得外力,利用楔条的斜面移动,将外力转变为所需的夹紧力,从而达到对工件的夹紧,如图 11-11 所示。

2)杠杆夹具

它是利用杠杆原理将工件夹紧的。既能用于夹紧,又能用于矫正和翻转钢材。

3)螺旋式夹具

螺旋式夹具是通过丝杆与螺母间的相对运动传递外力,使之达到紧固零件的,它具有夹、压、拉、顶、撑等多种功能。如图 11-12~图 11-15 所示。

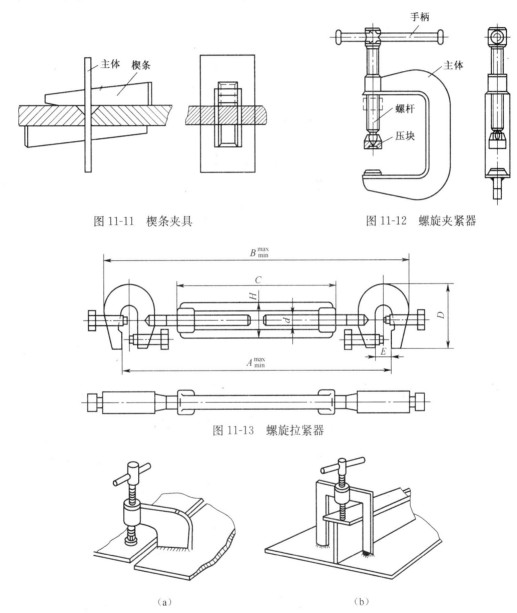

图 11-11　楔条夹具　　　　　　　图 11-12　螺旋夹紧器

图 11-13　螺旋拉紧器

（a）　　　　　　　　　　（b）

图 11-14　螺旋压紧的形式与应用

2. 气动夹具

它主要是由气缸、活塞和活塞杆组成,是利用其气缸内的压缩空气的压力推动活塞,使活塞杆做直线运动,施加夹紧力的装置。如图 11-16 所示。

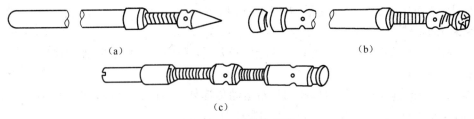

（c）

图 11-15　螺旋推撑器

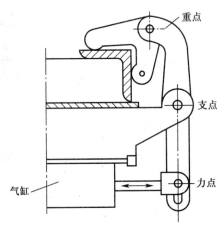

图 11-16　气动夹具的工作方式

3. 液压夹具

液压夹具的工作原理与气动夹具相似,如图 11-17 所示。其优点是比气动夹具有更大的压紧力,夹紧可靠,工作平稳;缺点是液体容易泄漏,辅助装置多,且维修不便。

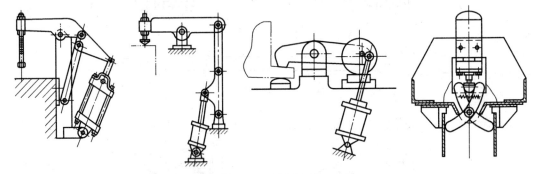

图 11-17　液压夹具

4. 磁力夹具

它主要靠磁力吸紧工件,可分为永磁和电磁式两种类型,应用较多的是电磁式磁力夹具,如图 11-18 所示。磁力夹具操作简便,而且对工件表面质量无影响,但其夹紧力通常不是很大。

5. 真空夹紧机构

真空夹紧机构是利用真空泵或以压缩空气为动力的喷嘴所射出的高速气流使夹具内腔形成真空,借助大气压力将焊件压紧的装置。它适用于夹紧特薄的或挠性的焊件,以及用其它方法夹紧容易引起变形或无法夹紧的焊件。

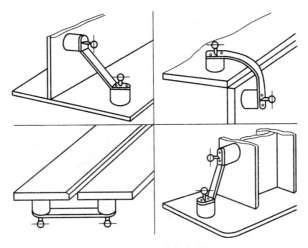

图 11-18　磁力夹具

夹紧器机构是通过喷嘴喷射气流而形成真空的。以压缩空气为动力,省去了真空泵等设备,比较经济。但因其夹具内腔的吸力与气源气压和流量有关,所以要求提供比较稳定的气源。另外,工作时会发出刺耳的噪声,不宜用在要求工作安静的场所。

6. 组合夹具和专用夹具

组合夹具和专用夹具在机械化和自动化装焊作业中已起到越来越重要的作用,对于提高焊件的装配精度,缩短装配周期,实现精密焊接等都是不可缺少的工艺装备。

1)组合夹具

由一系列可任意组合的装配平台,各种形式和规格的定位器、紧固件和夹紧器等拼装而成,是一种可拆卸又可重新拼装的工装夹具。

2)专用夹具

为某一特定形状的部件或整个焊件而设计的一种装焊夹具。其特点是夹具体的结构形状、定位器和夹紧机构的布置是按所装焊的焊件形状和形位公差考虑的。如图 11-19 所示。

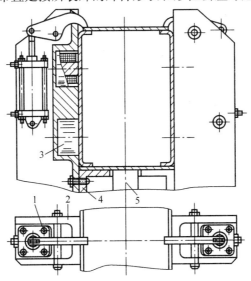

图 11-19　焊接箱形梁组装用专用夹具

1—夹具体(兼有定位作用);2—立柱(腹板定位器);3—液压缸夹紧器;4—腹板电磁夹紧器;5—顶出液压缸。

183

11.2.3 装焊用胎架

在工件结构不适于以装配平台作支承（如船舶、机车车辆底架、飞机和各种容器结构等）时，就需要制造装配胎架来支承工件进行装配。所以，胎架经常用于某些形状比较复杂、要求精度较高的结构件。它的主要优点是利用夹具对各个零件进行方便而精确的定位。

有些胎架还可以设计成可翻转的，把工件翻转到适合于焊接的位置。

利用胎架进行装配，既可以提高装配精度，又可以提高装配速度。但由于胎架制作费用较大，故常为某种专用产品设计制造，适用于流水线或批量生产。如图 11-9 所示。

11.3 焊接变位机械

焊接变位机械是改变焊件、焊机或焊工空间位置来完成机械化、自动化焊接的各种机械装备。

使用焊接变位机械可缩短焊接辅助时间，提高劳动生产率，减轻工人劳动强度，保证和改善焊接质量，并可充分发挥各种焊接方法的效能。

焊接变位机械的分类及各类所属设备如图 11-20 所示。

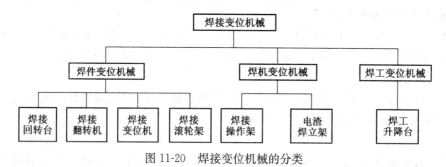

图 11-20　焊接变位机械的分类

11.3.1 焊件变位机械

焊件变位机械是在焊接过程中改变焊件空间位置，使其有利于焊接作业的各种机械装备。根据焊件变位机械的功能不同，可分为焊接回转台、焊接翻转机、焊接变位机和焊接滚轮架等四类。它们各自的变位特点是有差异的，应注意选择。此外，还要注意各自的承重能力、驱动方式及驱动功率和制动、自锁能力等。下面分别进行介绍。

1. 焊接回转台

焊接回转台是将工件绕垂直轴或倾斜轴回转的焊件变位机械，主要用于回转体工件的焊接、堆焊或切割。图 11-21 是几种常用回转台的具体结构形式。

2. 焊接翻转机

焊接翻转机是将工件绕水平轴转动或倾斜，从而使之处于有利于装焊位置的焊件变位机械，主要用于梁、柱、框架等结构的焊接。

焊接翻转机的种类较多，常见的有头尾架式、框架式、转环式、链条式、推拉式等，如图 11-22 所示。

1)头尾架式翻转机

结构形式与车床类似，其头架为驱动端，可单独使用，利用安装在头架卡盘上的夹具，可为

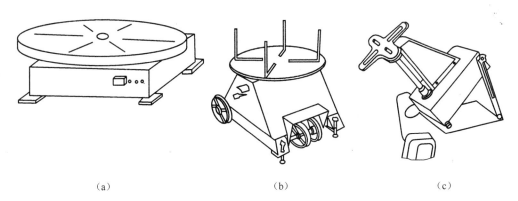

（a）　　　　　　　　　　　（b）　　　　　　　　　　　（c）

图 11-21　几种常用的焊接回转台

（a）固定式回转台；（b）移动式回转台；（c）倾角可调式回转台。

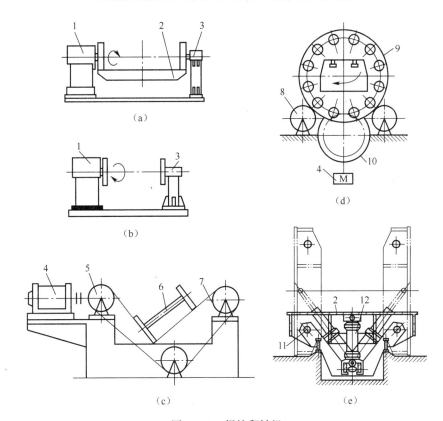

（a）

（b）

（d）

（c）

（e）

图 11-22　焊接翻转机

（a）框架式；（b）头尾架式；（c）链条式；（d）转环式；（e）推拉式。

1—头架；2—翻转工作台；3—尾架；4—驱动装置；5—主动链轮；6—工件；

7—链条；8—托轮；9—支承环；10—钝齿轮；11—推拉式轴销；12—举升液压缸。

短小的工件翻转变位。为适应不同长度的系列产品生产需要，尾架可模仿车床上的尾座，做成可移动式，如图 11-23 所示。

2）框架式焊接翻转机

可翻转工作台的回转轴安装在两端的支架上，由电机提供工作台回转的动力。适用于板结构、桁架结构等较长焊件的倾斜变位，工作台上还可进行装配作业。

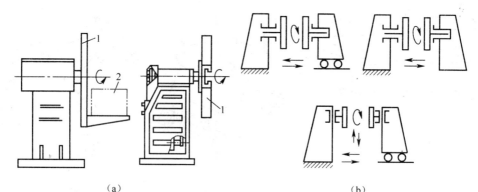

（a）   （b）

图 11-23　头架单独使用和尾架移动式的翻转机

(a)头架单独使用的翻转机；(b)尾架移动式的翻转机。

1—工作台；2—工件。

3）链条式翻转机

链条式翻转机是利用电动机驱动链轮带动环形链条翻转焊件的一种变位机械，如图 11-24 所示。

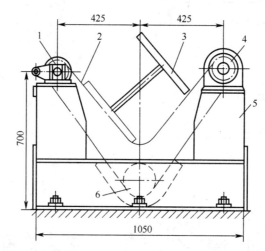

图 11-24　一种专用于梁柱构件自动焊接的链条式翻转机

1—链轮；2—链条；3—工字梁；4—轴承座；5—驱动机构；6—制动轮。

4）转环式翻转机

形状较特殊的型钢及桁架结构采用上述链条式翻转机翻转变位比较困难，这些构件可以采用转环式翻转机，如图 11-25 所示。

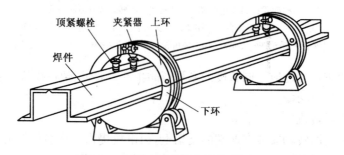

图 11-25　转环式翻转机结构外形图

186

5)推拉式翻转机

推拉式翻转机是利用液压缸和杠杆机构,将焊件翻转到预定位置的一种变位机构,它具有结构简单、动作快捷和操作方便的特点。经常用于梁柱焊接生产线中配合自动焊接装置,将焊件翻转到船形位置施焊。

如图 11-26 所示为推拉式翻转机与悬臂式自动焊装置组合使用的示意图。

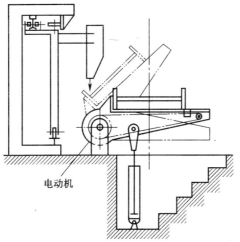

电动机

图 11-26　推拉式翻转机与悬臂式自动焊装置的组合使用

3. 焊接变位机械

1)功能及结构形式

焊接变位机是在焊接作业中将焊件回转并倾斜,使焊件上的焊缝置于有利施焊位置的焊件变位机械。

焊接变位机主要用于机架、机座、机壳、法兰、封头等非长形焊件的翻转变位。

焊接变位机按结构形式可分为三种。

(1)伸臂式焊接变位机。如图 11-27 所示,其回转工作台绕回转轴旋转并安装在伸臂的一端,伸臂一般相对于某一转轴成角度回转,而此转轴的位置多是固定的,但有的也可在小于100°的范围内上下倾斜。

(2)座式焊接变位机。如图 11-28 所示,其工作台连同回转机构通过倾斜轴支承在机座上,工作台以焊速回转,倾斜轴通过扇形齿轮或液压缸,多在 110°～140°的范围内恒速或变速倾斜。

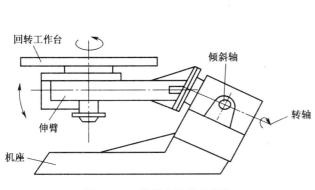

图 11-27　伸臂式焊接变位机

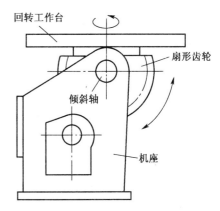

图 11-28　座式焊接变位机

187

该机稳定性好,一般不用固定在地基上,搬移方便,适用于 0.5t~50t 焊件的翻转变位。

(3)双座式焊接变位机。如图 11-29 所示,工作台安装在 U 形架上,以所需的焊接速度回转;U 形架座在两侧的机座上,多以恒速或所需的焊接速度绕水平轴线转动。

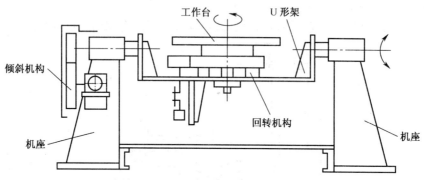

图 11-29　双座式焊接变位机

该机不仅稳定性好,而且如果设计得当,可使焊件安放在工作台上后,随 U 形架倾斜的综合重心位于或接近倾斜机构的轴线,从而使倾斜驱动力矩大大减小。因此,重型焊接变位机多采用这种结构。

焊接变位机的基本结构形式虽只有上述三种,但其派生形式很多,有些变位机的工作台还具有升降功能,如图 11-30 所示。

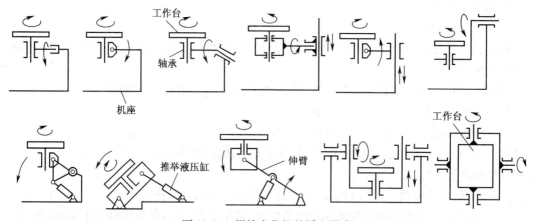

图 11-30　焊接变位机的派生形式

图 11-31 是焊接变位机的基本操作状态示意图。该图中工件上方的箭头用来示意焊嘴的位置和方向。

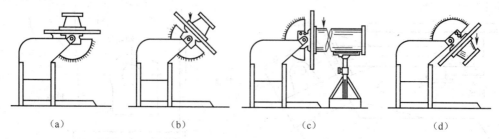

(a)　　　　　　　(b)　　　　　　　(c)　　　　　　　(d)

图 11-31　焊接变位机操作示意

(a)工作台水平;(b)工作台倾斜 45°;(c)工作台倾斜 90°;(d)工作台倾斜 135°。

2）焊接变位机的驱动方式

焊接变位机的工作台兼有回转、倾斜两个运动,有的中型焊接变位机的工作台还有升降运动。它们各自的驱动机构是相对独立的,力源也是可以选择的。其中,工作台的回转运动大都配合焊接操作,多采用直流电动机驱动,无级调速。近年出现的全液压变位机,其工作台的回转运动也是用液压马达驱动的。

工作台倾斜运动有两种主要的驱动方式:一种是采用扇形齿轮机构,通过电动机传动,带动工件(工作台)倾斜(见图 11-28);另一种是采用液压缸来推动工作台倾斜,如图 11-32 所示。这两种方式都有应用,但在小型变位机中以前者为多。

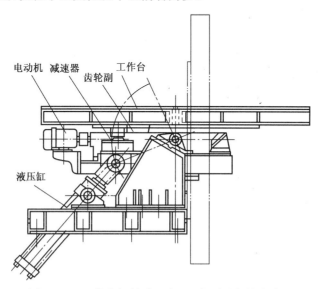

图 11-32　工作台倾斜采用液压缸推动的焊接变位机

3）焊接变位机的选用

焊接变位机的选用,可以按下列步骤进行:

(1)确定拟采用焊接变位机焊接的各种焊件的最大重量以及必要的工夹具的重量。

(2)确定焊件重心位置及其至工作平台回转中心的距离,即综合重力偏心距。

(3)计算所需的回转力矩,即负载重量(N)×偏心距(m)=回转力矩(N·m)。

(4)计算所需的翻转力矩,即焊件在工作平台上的重心高加上工作平台至翻转轴中心线的距离×焊件总重量=翻转力矩(N·m)。

(5)按工件总重、所需的回转力矩和翻转力矩综合考虑并加一定的裕量,从标准系列中选择大于计算值 1.3 倍~1.5 倍的焊接变位机。

4. 焊接滚轮架

1）滚轮架功能及结构形式

焊接滚轮架是借助主动滚轮与焊件之间的摩擦力带动焊件旋转的变位机械。焊接滚轮架主要用于筒形焊件的装配与焊接。若对主、从动滚轮的高度作适当调整,也可进行锥体、分段不等径回转体的装配与焊接。对于一些非圆长形焊件,若将其装卡在特制的环形卡箍内,也可在焊接滚轮架上进行装焊作业。

焊接滚轮架按结构形式分为两类:

(1)长轴式焊接滚轮架。滚轮沿两平行轴排列,与驱动装置相联的一排为主动滚轮,另一排为从动滚轮(见图 11-33),也有两排均为主动滚轮的,主要用于细长薄形焊件的组对与焊接。有的长轴式滚轮架其滚轮为一长形滚柱,直径 0.3m~0.4m,长度 1m~5m。筒体置于其上不易轴向变形,适用于薄壁、小直径、多筒节焊件的组对和环缝的焊接,如图 11-34 所示。

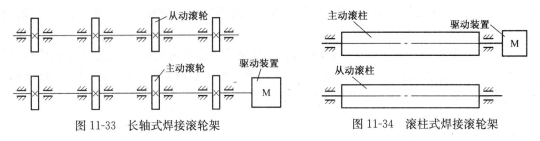

图 11-33　长轴式焊接滚轮架　　　　　　　图 11-34　滚柱式焊接滚轮架

(2)组合式焊接滚轮架。如图 11-35 所示,它的主动滚轮架如图 11-35(a)所示,从动滚轮架如图 11-35(b)所示,混合式滚轮架(即在一个支架上有一个主动滚轮座和一个从动滚轮座)如图 11-35(c)所示,都是独立的,使用时可根据焊件的重量和长度进行任意组合,其组合比例也不仅是 1 与 1 的组合。因此,使用方便灵活,对焊件的适应性很强,是目前应用最广泛的结构形式。

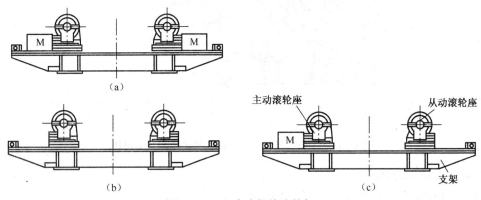

图 11-35　组合式焊接滚轮架
(a)主动滚轮架;(b)从动滚轮架;(c)混合式滚轮架。

2)焊接滚轮架的滚轮间距调节

调节方式有两种:一种是自调式的;另一种是非自调式的。

自调式的可根据焊件的直径自动调整滚轮的间距;非自调式的是靠移动支架上的滚轮座来调节滚轮的间距。也可将从动轮座设计成如图 11-36 所示的结构形式,以达到调节便捷的目的,但调节范围有限。

11.3.2　焊机变位机械

焊机变位机械是改变焊接机头空间位置进行焊接作业的机械设备。它主要包括焊接操作机和电渣焊立架。

焊接操作机的结构形式很多,使用范围

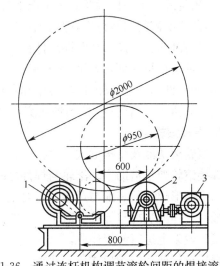

图 11-36　通过连杆机构调节滚轮间距的焊接滚轮架
1—从动轮座;2—主动轮座;3—驱动装置。

190

很广,是能将焊接机头(焊枪)准确送到待焊位置并保持在该位置,或以选定焊速沿设定轨迹移动的焊接机头的变位机械。常与焊件变位机械相配合,完成各种焊接作业。若更换作业机头,还能进行其它的相应作业。

电渣焊立架的结构形式和功能相对单一,主要用于厚壁焊件立缝的焊接。

1. 焊接操作机

按其结构形式及应用特点可分为四种。

1)平台式操作机(见图 11-37)

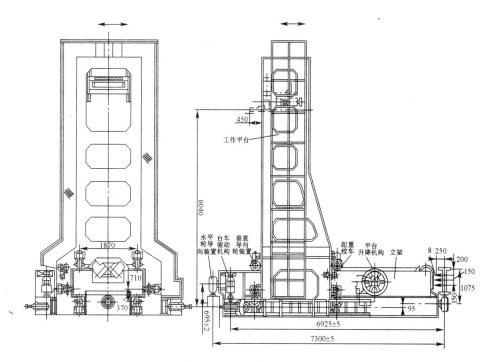

图 11-37　平台式操作机

2)横臂式焊接操作机

这类焊接操作机根据横臂的结构不同又分为以下几种。

(1)悬臂式操作机。如图 11-38(a)所示的短悬臂式焊接操作机,主要由底座 1、立柱 2、悬臂升降机构 3、悬臂 4 以及机头移行机构 5 等组成。

(2)伸缩臂式焊接操作机。如图 11-39 所示,焊接小车或焊接机头和焊枪安装在伸缩臂的一端,伸缩臂通过滑鞍安装在立柱上,并可沿滑鞍左右伸缩。

3)门式操作机

这种操作机有两种结构,一种是焊接小车坐落在沿门架可升降的工作平台上,并可沿平台上的轨道横向移行,如图 11-40 所示;另一种是焊接机头安装在一套升降装置上,该装置又坐落在可沿横梁轨道移行的跑车上。

2. 电渣焊立架

电渣焊立架如图 11-41 所示,是将电渣焊机连同焊工一起按焊速提升的装置。它主要用于立缝的电渣焊,若与焊接滚轮架配合,也可用于环缝的电渣焊。

191

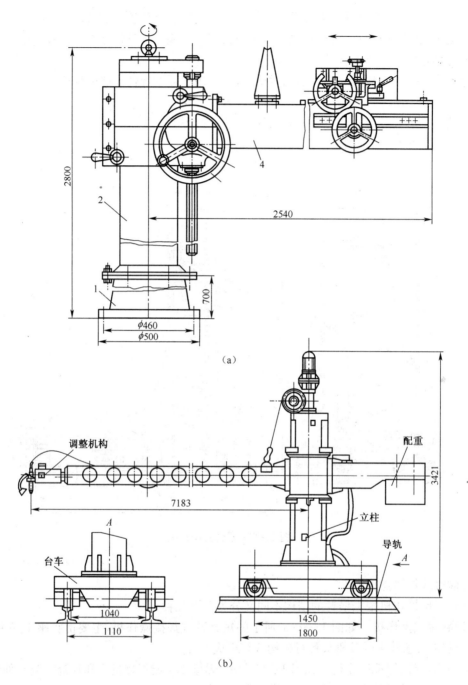

（a）

（b）

图 11-38 悬臂式操作机

11.3.3 焊工变位机械

焊工变位机械是改变焊工空间位置，使之在最佳高度进行作业的设备。它主要用于高大焊件的手工机械化焊接，也用于装配和其它需要登高作业的场合。

焊工升降台的常用结构有肘臂式（见图 11-42）、套筒式（见图 11-43）、铰链式（见图 11-44）三种。肘臂式焊工升降台又分管焊结构（见图 11-42）、板焊结构（见图 11-45）两种。

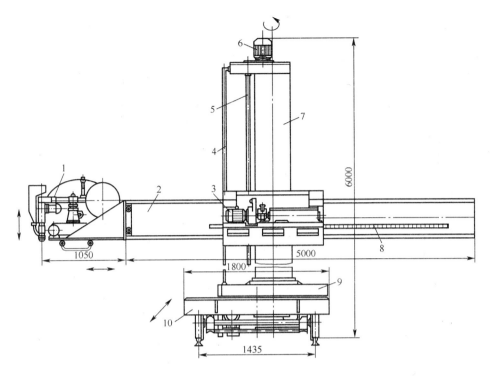

图 11-39　伸缩臂式焊接操作机

1—焊接小车；2—伸缩臂；3—滑鞍和伸缩臂进给机构；4—传动齿条；5—行走台车；
6—伸缩臂升降机构；7—立柱；8—底座及立柱回转机构；9—传动丝杠；10—扶梯。

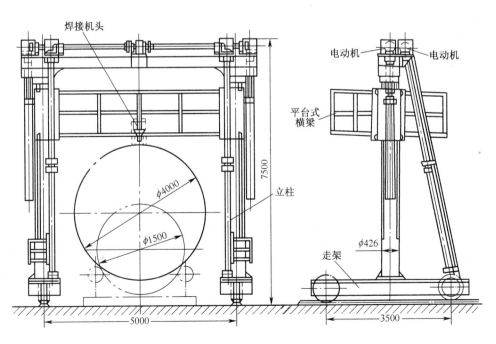

图 11-40　门式操作机

193

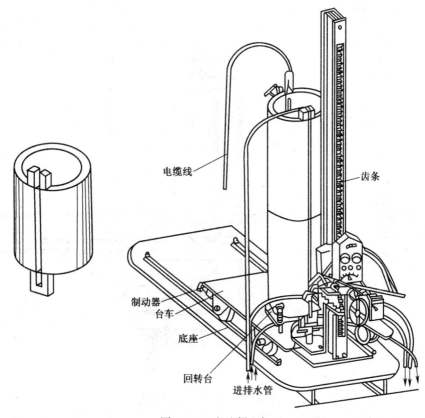

电缆线

齿条

制动器
台车
底座

回转台

进排水管

图 11-41 电渣焊立架

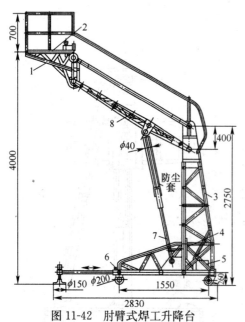

图 11-42 肘臂式焊工升降台

1—脚踏液压泵；2—工作台；3—立架；4—油管；
5—手摇液压泵；6—液压缸；7—行走底座；8—转臂。

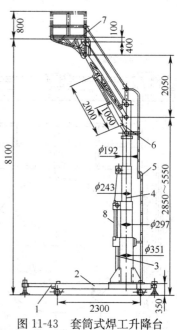

图 11-43 套筒式焊工升降台

1—可伸缩撑脚；2—行走底座；3—套筒升
降液压缸；4—升降套筒总成；5—工作台升降
液压缸；6—工作台；7—扶梯；8—滑轮钢索系统。

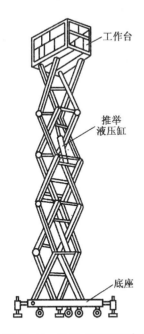

图 11-44 铰链式焊工升降台

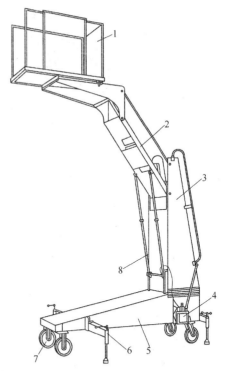

图 11-45 板焊结构肘臂式焊工升降台

1—工作台；2—转臂；3—立柱；4—手摇液压泵；

5—底座；6—撑脚；7—走轮；8—液压缸。

11.4 焊接机器人简介

焊接机器人又称机器人焊接加工系统,是 20 世纪 60 年代后期在国际上迅速发展起来的工业机器人技术的一个主要应用分支。目前在焊接领域已应用到电阻点焊、电弧焊、切割及热喷涂等。

11.4.1 焊接机器人的组成

机器人是指可以反复编程的多功能操作机,图 11-46 表示了通用焊接机器人的一般组成,它由焊接操作机、控制系统、焊机三部分组成。

1. 焊接操作机

焊接操作机就是通常所指的机器人,完成对焊件的焊接功能。焊接操作机具有 4 个～6 个自由度,可以完成各种复杂的动作,为其安装上焊矩即可进行焊接。

2. 控制系统

控制系统完成焊接机器人各部分的控制工作,如控制操作机各关节的回转、焊接电源等,并使其协调运行。控制系统还能完成示教—再现控制,即通过手工操作机器人,并将机器人的运动轨迹的数据自动存储在机器人的记忆装置中,然后再将数据读出,指挥机器人按原路径运行。控制部分还能实现一些智能功能,例如能根据焊接变形自动调整运动的路径,根据操作者的声音进行操作等。

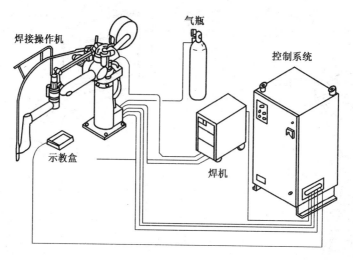

图 11-46　通用焊接机器人的一般组成

3. 焊机部分

焊机部分则提供焊接所需的电流、电压、送气、送丝等,也称为工艺保障部分。

11.4.2　机器人的自由度

机器人的动作要按自由度进行分类,在机器人的操作机部分,其臂和腕是基本动作部分。

任何一种机器人的臂部都有三个自由度,以保证臂的端部能够到达其工作范围内的任意一点。腕部的三个自由度是绕空间相互垂直的三个坐标轴 XYZ 的回转动作,一般称其为滚转、俯仰和偏转运动,如图 11-47 所示。

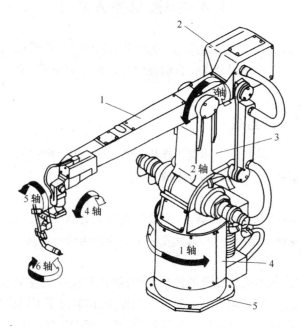

图 11-47　焊接机器人运动简图

1—上臂部;2—手腕驱动部;3—下臂部;4—旋转套;5—底座。

11.4.3　机器人与变位机械的配合

机器人还可以与各种变位机械配合,构成多达 12 个自由度的自动焊接系统。整个系统由焊接机器人控制系统集中控制和编程,可以极大地提高焊接生产效率。如图 11-48 所示是几种典型机器人与变位机的配置。

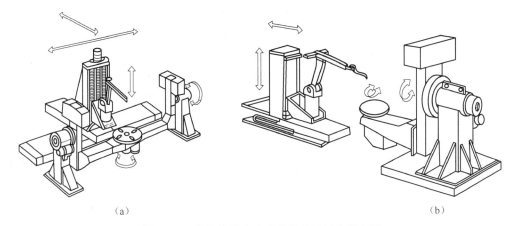

（a）　　　　　　　　　　　　　　　　　　（b）

图 11-48　焊接机器人自动化焊接系统典型配置
(a)双座式变位机焊接机器人;(b)悬臂式变位机焊接机器人。

第12章　焊接操作方法

焊接质量的优劣在很大程度上取决于焊工的操作技能,在练就高超的操作技能之前必须掌握正确的操作方法。本章介绍几种常用电弧焊方法的操作技术,以手工操作方法为主。

12.1　焊条电弧焊的操作方法

焊条电弧焊最基本的操作是引弧、运条和收尾。

1. 引弧

引弧即产生电弧。焊条电弧焊是采用低电压、大电流放电产生电弧,依靠电焊条瞬时接触工件实现。引弧时必须将焊条末端与焊件表面接触形成短路,然后迅速将焊条向上提起 2mm～4mm 的距离,此时电弧即引燃。引弧的方法有两种:碰击法和划擦法,详见图 12-1。

1)碰击法

也称点接触法或称敲击法。碰击法是将焊条与工件保持一定距离,然后垂直落下,使之轻轻敲击工件,发生短路,再迅速将焊条提起,产生电弧的引弧方法。此种方法适用于各种位置的焊接。

2)划擦法

也称线接触法或称摩擦法。划擦法是将电焊条在坡口上滑动,成一条线,当端部接触时,发生短路,因接触面很小,温度急剧上升,在未熔化前,将焊条提起,产生电弧的引弧方法。此种方法易于掌握,但容易沾污坡口,影响焊接质量。

上述两种引弧方法应根据具体情况灵活应用。划擦法引弧虽比较容易,但这种方法使用不当时会擦伤焊件表面。为尽量减少焊件表面的损伤,应在焊接坡口处划擦,划擦长度以20mm～25mm 为宜。在狭窄的地方焊接或焊件表面不允许有划伤时,应采用碰击法引弧。碰击法引弧较难掌握,焊条的提起动作太快并且焊条提得过高,电弧易熄灭;动作太慢,会使焊条粘在工件上。当焊条一旦粘在工件上时,应迅速将焊条左右摆动,使之与焊件分离;若仍不能分离,应立即松开焊钳切断电源,以免短路时间过长而损坏电焊机。

3)引弧的技术要求

在引弧处,由于钢板温度较低,焊条药皮还没有充分发挥作用,会使引弧点处的焊缝较高,熔深较浅,易产生气孔,所以通常应在焊缝起始点后面 10mm 处引弧,如图 12-2 所示。引燃电弧后拉长电弧,并迅速将电弧移至焊缝起点进行预热。预热后将电弧压短,酸性焊条的弧长约等于焊条直径,碱性焊条的弧长应为焊条直径的 1/2 左右,进行正常焊接。采用上述引弧方法即使在引弧处产生气孔,也能在电弧第二次经过时,将这部分金属重新熔化,使气孔消除,并且不会留引弧伤痕。为了保证焊缝起点处能够焊透,焊条可作适当的横向摆动,并在坡口根部两侧稍加停顿,以形成一定大小的熔池。

引弧对焊接质量有一定的影响,经常因为引弧不好而造成始焊的缺陷。综上所述,在引弧时应做到以下几点:

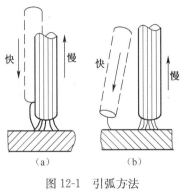

图 12-1　引弧方法

(a)碰击法；(b)划擦法。

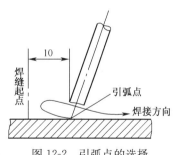

图 12-2　引弧点的选择

（1）工件坡口处无油污、锈斑，以免影响导电能力和防止熔池产生氧化物。

（2）在接触时，焊条提起时间要适当。太快，气体未电离，电弧可能熄灭；太慢，则使焊条和工件粘合在一起，无法引燃电弧。

（3）焊条的端部要有裸露部分，以便引弧。若焊条端部裸露不均，则应在使用前用锉刀加工，防止在引弧时碰击过猛使药皮成块脱落，引起电弧偏吹和引弧瞬间保护不良。

（4）引弧位置应选择适当，开始引弧或因焊接中断重新引弧，一般均应在离始焊点后面10mm～20mm 处引弧，然后移至始焊点，待熔池熔透再继续移动焊条，以消除可能产生的引弧缺陷。

2. 运条

电弧引燃后，就开始正常的焊接过程。为获得良好的焊缝成形，焊条得不断地运动。焊条的运动称为运条。运条是电焊工操作技术水平的具体表现。焊缝质量的优劣、焊缝成形的好坏，主要由运条来决定。

运条由三个基本运动合成，分别是焊条的送进运动、焊条的横向摆动运动和焊条的沿焊缝移动运动，如图 12-3 所示。

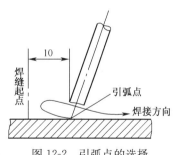

图 12-3　焊条的三个基本运动

1—焊条送进；2—焊条摆动；3—沿焊缝移动。

1)焊条的送进运动

主要是用来维持所要求的电弧长度。由于电弧的热量熔化了焊条端部，电弧逐渐变长，有熄弧的倾向。要保持电弧继续燃烧，必须将焊条向熔池送进，直至整根焊条焊完为止。为保证一定的电弧长度，焊条的送进速度应与焊条的熔化速度相等，否则会引起电弧长度的变化，影响焊缝的熔宽和熔深。

2)焊条的摆动和沿焊缝移动

这两个动作是紧密相联的，而且变化较多，较难掌握。通过两者的联合动作可获得一定宽度、高度和一定熔深的焊缝。所谓焊接速度即单位时间内完成的焊缝长度。如图 12-4 所示为焊接速度对焊缝成形的影响。焊接速度太慢，会焊成宽而局部隆起的焊缝；太快，会焊成断续细长的焊缝；焊接速度适中时，才能焊成表面平整、焊波细致而均匀的焊缝。

3)运条手法

为了控制熔池温度，使焊缝具有一定的宽度和高度，在生产中经常采用下面几种运条手法。

（1）直线形运条法。采用直线形运条法焊接时，应保持一定的弧长，焊条不摆动并沿焊接

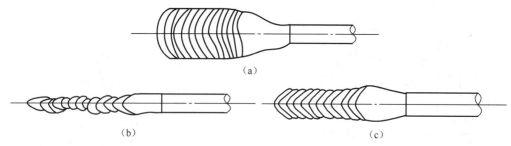

图 12-4　焊接速度对焊缝成形的影响
(a)太慢；(b)太快；(c)适中。

方向移动。由于此时焊条不作横向摆动，所以熔深较大，且焊缝宽度较窄。在正常的焊接速度下，焊波饱满平整。此法适用于板厚 3mm～5mm 的不开坡口的对接平焊、多层焊的第一层焊道和多层多道焊。

（2）直线往返形运条法。此法是焊条末端沿焊缝的纵向作来回直线形摆动，如图 12-5 所示，主要适用于薄板焊接和接头间隙较大的焊缝。其特点是焊接速度快，焊缝窄，散热快。

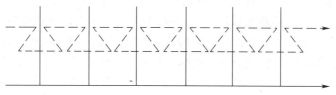

图 12-5　直线往返形运条法

（3）锯齿形运条法。此法是将焊条末端作锯齿形连续摆动并向前移动，如图 12-6 所示，在两边稍停片刻，以防产生咬边缺陷。这种手法操作容易，应用较广，多用于比较厚的钢板的焊接，适用于平焊、立焊、仰焊的对接接头和立焊的角接接头。

（4）月牙形运条法。如图 12-7 所示，此法是使焊条末端沿着焊接方向作月牙形的左右摆动，并在两边的适当位置作片刻停留，以使焊缝边缘有足够的熔深，防止产生咬边缺陷。此法适用于仰、立、平焊位置以及需要比较饱满焊缝的地方。其适用范围和锯齿形运条法基本相同，但用此法焊出来的焊缝余高较大。其优点是能使金属熔化良好，而且有较长的保温时间，熔池中的气体和熔渣容易上浮到焊缝表面，有利于获得高质量的焊缝。

图 12-6　锯齿形运条法

图 12-7　月牙形运条法

（5）三角形运条法。如图 12-8 所示，此法是使焊条末端作连续三角形运动，并不断向前移动。按适用范围不同，可分为斜三角形和正三角形两种运条方法。其中斜三角形运条法适用于焊接 T 形接头的仰焊缝和有坡口的横焊缝。其特点是能够通过焊条的摆动控制熔化金属，促使焊缝成形良好。正三角形运条法仅适用于开坡口的对接接头和 T 形接头的立焊。其特点是一次能焊出较厚的焊缝断面，有利于提高生产率，而且焊缝不易产生夹渣等缺陷。

（6）圆圈形运条法。如图 12-9 所示，将焊条末端连续作圆圈运动，并不断前进。这种运条方法又分正圆圈和斜圆圈两种。正圆圈运条法只适于焊接较厚工件的平焊缝，其优点是能使

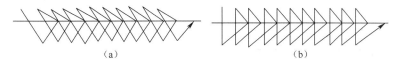

图 12-8　三角形运条法

(a)斜三角形运条法;(b)正三角形运条法。

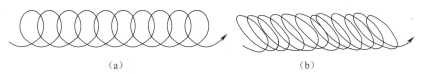

图 12-9　圆圈形运条法

(a)正圆圈形运条法;(b)斜圆圈形运条法。

熔化金属有足够高的温度,有利于气体从熔池中逸出,可防止焊缝产生气孔。斜圆圈运条法适用于 T 形接头的横焊(平角焊)和仰焊以及对接接头的横焊缝,其特点是可控制熔化金属不受重力影响,能防止金属液体下淌,有助于焊缝成形。

3. 收尾

电弧中断和焊接结束时,应把收尾处的弧坑填满。若收尾时立即拉断电弧,则会形成比焊件表面低的弧坑。

在弧坑处常出现疏松、裂纹、气孔、夹渣等现象,因此焊缝完成时的收尾动作不仅是熄灭电弧,而且要填满弧坑。收尾动作有以下几种。

1)划圈收尾法

焊条移至焊缝终点时作圆圈运动,直到填满弧坑再拉断电弧。主要适用于厚板焊接的收尾。

2)反复断弧收尾法

收尾时,焊条在弧坑处反复熄弧、引弧数次,直到填满弧坑为止。此法一般适用于薄板和大电流焊接,但碱性焊条不宜采用,因其容易产生气孔。

3)回焊收尾法

焊条移至焊缝收尾处立即停止,并改变焊条角度回焊一小段。此法适用于碱性焊条。

当换焊条或临时停弧时,应将电弧逐渐引向坡口的斜前方,同时慢慢抬高焊条,使得熔池逐渐缩小。当液体金属凝固后,一般不会出现缺陷。

12.2　半自动 CO_2 气体保护焊的操作方法

12.2.1　半自动 CO_2 气体保护焊的引弧与收弧

1. 引弧

半自动 CO_2 焊时,采用"短路引弧"法,引弧过程如图 12-10 所示。常用的引弧方式是将焊丝端头与焊接处划擦同时按焊枪按钮,称为"划擦引弧",这时引弧成功率较高。引弧后应迅速调整焊枪位置、焊枪角度,注意保持焊枪到焊件的距离。

引弧处由于工件的温度较低,熔深都比较浅,特别是在短路过渡时容易引起未焊透。为防止产生这种缺陷,可以采取倒退引弧法,如图 12-11 所示,引弧后快速返回工件端头,再沿焊缝

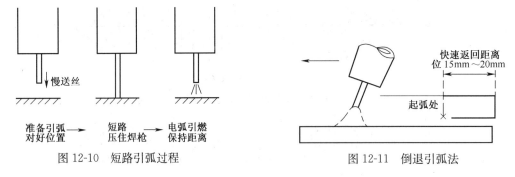

图 12-10 短路引弧过程   图 12-11 倒退引弧法

移动,在焊道重合部分进行摆动,使焊道充分熔合,以完全消除弧坑。

2. 收弧

焊道收尾处往往出现凹陷,称为弧坑。CO_2 电弧焊比一般焊条电弧焊用的电流大,所以弧坑也大。弧坑处易产生火口裂纹及缩孔等缺陷。为此,应设法减小弧坑尺寸。主要方法如下:

(1)采用带有电流衰减装置的焊机时,填充弧坑电流一般只为焊接电流的 $50\%\sim60\%$,易填满弧坑。

(2)没有电流衰减装置时,在熔池未凝固之时,应反复断弧、引弧几次,直至弧坑填满。

(3)使用工艺板,把弧坑引到工艺板上,焊完之后去掉它。

收弧时不能马上抬高喷嘴,即使弧坑已填满,电弧已熄灭,也要让焊枪在弧坑处停留几秒钟后才能移开。若收弧时立即抬高焊枪,则容易因保护不良引起缺陷。

12.2.2 半自动 CO_2 气体保护焊平焊操作技术

半自动 CO_2 气体保护焊平焊时通常要实现单面焊双面成形。所谓单面焊双面成形技术,就是从正面焊接,同时获得背面成形良好的焊道,常用于焊接薄板及厚板的打底焊道。单面焊双面成形技术常采用悬空焊接法和加垫板焊接法。

1. 悬空焊接法

无垫板的单面焊双面成形焊接对焊工的技术水平要求较高,对坡口精度、装配质量和焊接参数也提出了严格的要求。

坡口间隙对单面焊双面成形的影响很大。坡口间隙小时,焊丝应对准熔池的前部,增大穿透能力,使焊缝焊透;坡口间隙大时,为防止烧穿,焊丝应指向熔池中心,并进行适当摆动。摆动方式与坡口间隙有关,按下述情形确定。

(1)当坡口间隙为 0.2mm~1.4mm 时,一般采用直线式焊接或小幅(锯齿形)摆动。

(2)当坡口间隙为 1.2mm~2.0mm 时,采用月牙形的小幅摆动,在焊缝中心稍快些移动,而在两侧作片刻停留(0.5s)。

(3)当坡口间隙更大时,摆动方式应在横向摆动的基础上增加前后摆动,这样可避免电弧直接对准间隙,防止烧穿。

不同板厚推荐的根部间隙值见表 12-1。

2. 加垫板焊接法

加垫板的单面焊双面成形比悬空焊接容易控制,而且对焊接参数的要求也不十分严格。垫板材料通常为纯铜板。为防止铜垫板与焊件焊到一起,最好采用水冷铜垫板。表 12-2 是加

表 12-1　不同板厚推荐的根部间隙值(mm)

板厚	根部间隙	板厚	根部间隙
0.8	<0.2	4.5	<1.6
1.6	<0.5	6.0	<1.8
2.3	<1.0	10.0	<2.0
3.2	<1.6		

表 12-2　加垫板焊接的典型焊接参数

板厚/mm	根部间隙/mm	焊丝直径/mm	焊接电流/A	电弧电压/V
0.8～1.6	0～0.5	0.9～1.2	80～140	18～22
2.0～3.2	0～1.0	1.2	100～180	18～23
4.0～6.0	0～1.2	1.2～1.6	200～420	23～38
8.0	0.5～1.6	1.6	350～450	34～42

垫板焊接的典型焊接参数。

3. 操作要点

薄板对接焊一般都采用短路过渡,中厚板大都采用细滴过渡。坡口形状可采用 I 形、Y 形、单边 V 形、U 形和 X 形等。通常 CO_2 焊时的钝边较大而坡口角度较小。

在坡口内焊接时,如果坡口角度较小,熔化金属容易流到电弧前面去,而引起未焊透,所以在焊接根部焊道时,应该采用右焊法和直线式移动。当坡口角度较大时,应采用左焊法和小幅摆动焊接根部焊道。

左焊法操作的特点:

(1)易观察焊接方向。

(2)电弧不直接作用于母材上,熔深较浅,焊道平而宽。

(3)抗风能力强,保护效果好。

右焊法操作的特点与上述相反。

12.2.3　半自动 CO_2 气体保护焊的各种操作实例

1. 开坡口对接平焊的操作方法

1)焊前准备

焊件材料:Q235 钢板,尺寸及数量:300mm×150mm×8mm,一对,坡口角度为 60°,钝边厚度为 0.5mm～1mm,间隙为 1.5mm～2mm,如图 12-12 所示。

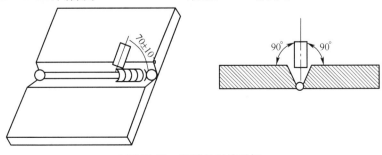

图 12-12　开坡口对接平焊

2)焊接工艺参数

焊接工艺参数见表12-3。

表12-3　开坡口对接平焊的焊接工艺参数

焊丝牌号	规格/mm	焊接电流/A	电弧电压/V	气体流量/(L/min)
H08Mn2SiA (ER50-6)	φ1.2	打底层:90～100	18～19	15
		盖面层:120～130	19～20	

3)操作要领

平焊时,采用左焊法,焊丝中心线前倾角为$10°～15°$。打底层焊丝要伸到坡口根部,采用月牙形的小幅度摆动焊丝,焊枪摆动时在焊缝的中心移动稍快,摆动到焊缝两侧要稍停顿$0.5s～1s$。若坡口间隙较大,应在横向摆动的同时作适当的前后移动的倒退式月牙形摆动,这种摆动可避免电弧直接对准间隙,以防烧穿。盖面层采用锯齿形或月牙形摆动焊丝,并在坡口两侧稍作停顿,防止咬边。

2. 开坡口对接立焊的操作方法

1)焊前准备

同开坡口对接平焊。

2)焊接工艺参数

焊接工艺参数见表12-4。

表12-4　开坡口对接立焊的焊接工艺参数

焊丝牌号	规格/mm	焊接电流/A	电弧电压/V	气体流量/(L/min)
H08Mn2SiA (ER50-6)	φ1.2	打底层:90～100	18～19	15
		盖面层:90～100	18～19	

3)操作要领

立焊时,打底层焊丝要伸到坡口根部,采用月牙形的小幅度摆动焊丝,焊枪摆动时在焊缝的中心移动稍快,摆动到焊缝两侧要稍作停顿$0.5s～1s$。若坡口间隙较大,应在横向摆动的同时作适当的前后移动的倒退式月牙形摆动,这种摆动可避免电弧直接对准间隙,以防烧穿。盖面层采用锯齿形或反月牙形摆动焊丝,并在坡口两侧稍作停顿,防止咬边。见图12-13。

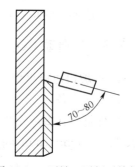

图12-13　开坡口平板对接焊

3. 开坡口对接横焊的操作方法

1)焊前准备

同开坡口对接平焊。

2)焊接工艺参数

焊接工艺参数见表12-5。

表12-5　开坡口对接横焊的焊接工艺参数

焊丝牌号	规格/mm	焊接电流/A	电弧电压/V	气体流量/(L/min)
H08Mn2SiA (ER50-6)	φ1.2	打底层:90～100	18～19	15
		盖面层:100～110	18～19	

3)操作要领

横焊时,采用左焊法,打底层焊丝要伸到坡口根部,采用月牙形的小幅度摆动焊丝,焊枪摆动时在焊缝的中心移动稍快,摆动到焊缝上坡口时要稍作停顿0.5s~1s。若坡口间隙较大,应在横向摆动的同时作适当的前后移动的倒退式月牙形摆动,这种摆动可避免电弧直接对准间隙,以防烧穿。盖面层采用斜锯齿形摆动焊丝,焊两道,第一道焊缝要熔合下坡口线,焊接速度略慢于第二道,焊第二道时要覆盖第一道焊缝的1/2,并要防止产生咬边现象。如图12-14所示。

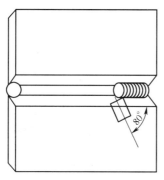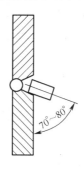

图12-14 开坡口对接横焊

4. 平角焊的操作方法

1)焊前准备

焊件材料:Q235钢板;尺寸及数量:300mm×60mm×6mm,一对;定位焊:对称焊两点,长度为5mm;当焊件较长时,每隔200mm焊一点,长度20mm~30mm。

2)焊接工艺参数

焊接工艺参数见表12-6。

表12-6 平角焊的焊接工艺参数

焊丝牌号	规格/mm	焊接电流/A	电弧电压/V	气体流量/(L/min)
H08Mn2SiA (ER50-6)	φ1.2	160~180	22~24	15

3)操作要领

焊脚尺寸决定焊接层数与焊接道数,一般焊脚尺寸在10mm~12mm以下时采用单层焊。超过12mm以上采用多层多道焊。

(1)单层焊:焊脚尺寸≤10mm。

①焊枪角度:如图12-15所示。

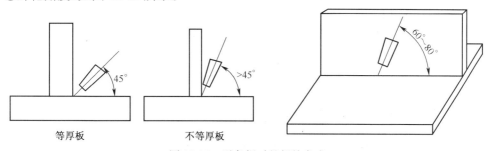

等厚板   不等厚板

图12-15 平角焊时的焊枪角度

205

②运丝方法:斜锯齿形,左焊法。斜锯齿形运条时,跨距要宽,并在上边稍作停留,防止咬边及焊脚尺寸下垂。如图 12-16 所示。

(2)多层多道焊。焊第一道与单层焊相同;焊第二道时,焊枪与水平方向的夹角应大些,使水平位置的焊件很好地熔合,多为 45°~55°,对第一道焊缝应覆盖 2/3 以上,焊枪与水平方向的夹角仍为 60°~80°,运丝方法采用斜锯齿形;焊第三道时,焊枪与水平方向的夹角应小些,约为 40°~45°,其它的不变,不至于产生咬边及下垂现象,运丝方法采用斜锯齿形,均匀运丝,对第二道焊缝的覆盖应为 1/3。如图 12-17 所示。

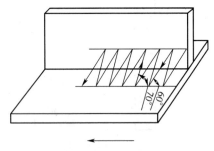

图 12-16 平角焊时的运丝方法

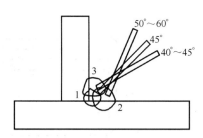

图 12-17 多层多道平角焊

5. 立角焊的操作方法

1)焊前准备

与平角焊相同。

2)焊接工艺参数

焊接工艺参数见表 12-7。

表 12-7 立角焊的焊接工艺参数

焊丝牌号	规格/mm	焊接电流/A	电弧电压/V	气体流量/(L/min)
H08Mn2SiA (ER50-6)	$\phi 1.2$	120~130	19~20	15

3)操作要领

(1)单层焊:焊脚尺寸≤14mm~16mm。

焊丝角度和摆动方法如图 12-18 所示。

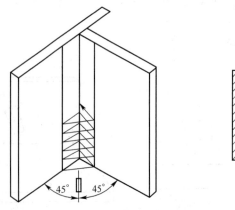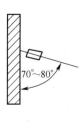

图 12-18 立角焊的焊丝角度和摆动方法

206

焊接前首先站好位置,使焊枪能充分摆动不受影响,焊丝摆动采用三角形或反月牙形,摆动间距要稍宽,约为4mm。三角形摆动时三个顶点要稍作停顿,并且顶点的停留时间要略长于其它两点,下边过渡要快,但要熔合良好,防止电弧不稳产生跳弧现象。

(2)多层焊。当焊件较厚、焊脚尺寸较大时需要采用多层焊,其焊丝角度和焊接方法与单层焊相同。

12.3　手工钨极氩弧焊的操作方法

TIG焊可分为手工TIG焊和自动TIG焊,其操作技术的正确与熟练是保证焊接质量的重要前提。由于工件厚度、施焊姿势、接头形式等条件不同,操作技术也不尽相同。下面主要介绍手工TIG焊基本操作技术。

1. 引弧

引弧前应提前5s～10s送气。引弧有两种方法:非接触引弧(高频振荡引弧或脉冲引弧)和接触引弧,最好是采用非接触引弧。采用非接触引弧时,应先使钨极端头与工件之间保持较短距离,然后接通引弧器电路,在高频电流或高压脉冲电流的作用下引燃电弧。这种引弧方法可靠性高,且由于钨极不与工件接触,因而钨极不至因短路而烧损,同时还可防止焊缝因电极材料落入熔池而形成夹钨等缺陷。

在用无引弧器的设备施焊时,需采用接触引弧法。即将钨电极末端与工件直接短路,然后迅速拉开而引燃电弧。接触引弧时,设备简单,但引弧可靠性较差。由于钨极与工件接触,可能使钨极端头局部熔化而混入焊缝金属中,造成夹钨缺陷。为了防止焊缝钨夹渣,在用接触引弧法时,可先在一块引弧板(一般为紫铜板)上引燃电弧,然后再将电弧移到焊缝起点处。

2. 焊接

焊接时,为了得到良好的气保护效果,在不妨碍视线的情况下,应尽量缩短喷嘴到工件的距离,采用短弧焊接,一般弧长4mm～7mm。焊枪与工件角度的选择也应以获得好的保护效果、便于填充焊丝为准。平焊、横焊或仰焊时,多采用左焊法。厚度小于4mm的薄板立焊时,采用向下焊或向上焊均可。板厚大于4mm的工件,多采用向上立焊。要注意保持电弧一定高度和焊枪移动速度的均匀性,以确保焊缝熔深、熔宽的均匀,防止产生气孔和夹杂等缺陷;为了获得必要的熔宽,焊枪除作匀速直线运动外,允许作适当的横向摆动。

在需要填充焊丝时,焊丝直径一般不得大于4mm,因为焊丝太粗易产生夹渣和未焊透现象。焊接时,焊枪、焊丝和工件之间必须保持正确的相对位置(见图12-19)。焊丝与工件间的角度不宜过大,否则会扰乱电弧和气流的稳定。手工钨极氩弧焊时,送丝可以采用断续送进和连续送进两种方法。要绝对防止焊丝与高温的钨极接触,以免钨极被污染、烧损,电弧稳定性被损坏;断续送丝时要防止焊丝端部移出气体保护区而氧化。环缝自动钨极氩弧焊时,焊枪应逆旋转方向偏离工件中心线一定距离,以便于送丝和保证焊缝的良好成形。

3. 收弧

焊缝在收弧处要求不存在明显的下凹以及产生气孔与裂纹等缺陷。为此,在收弧处应添加填充焊丝以使弧坑填满,这对于焊接热裂纹倾向较大的材料时尤为重要。此外,还可采用电流衰减方法和逐步提高焊枪的移动速度或工件的转动速度,以减少对熔池的热输入来防止裂纹。在焊接拼板接缝时,通常采用引出板将收弧处引出工件,使得易出现缺陷的收弧处脱离工件。

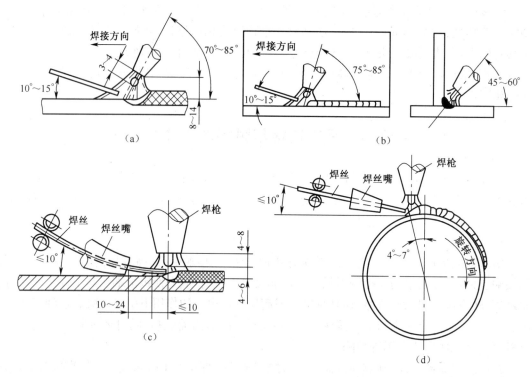

图 12-19 焊枪、焊丝和工件之间的相对位置
(a)对接焊条电弧焊;(b)角接焊条电弧焊;(c)平对接自动焊;(d)环缝自动焊。

熄弧后,不要立即抬起焊枪,要使焊枪在焊缝上停留 3s～5s,待钨极和熔池冷却后,再抬起焊枪,停止供气,以防止焊缝和钨极受到氧化。至此焊接过程便告结束,应关断焊机,切断水、电、气路。

12.4 埋弧焊操作技术

1. 对接直焊缝焊接技术

对接直焊缝的焊接方法有两种基本类型,即单面焊和双面焊。根据钢板厚度又可分为单层焊、多层焊,又有各种衬垫法和无衬垫法。

对于厚度在 14mm 以下的板材,可以不开坡口一次焊成;双面焊时,不开坡口的可焊厚度达 28mm。当厚度较大时,为保证焊透,最常采用的坡口型式为 Y 形坡口和 X 形坡口。单面焊时,为防止烧穿,保证焊缝的反面成形,应采用反面衬垫,衬垫的形式有焊剂垫、钢垫板或手工焊封底,如图 12-20 所示。另外,由于埋弧焊在引弧和熄弧处电弧不稳定,为保证焊缝质量,焊前应在焊缝两端接上引弧板和熄弧板,焊后去除,如图 12-21 所示。

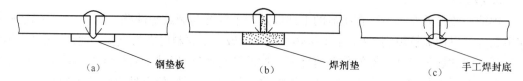

图 12-20 埋弧焊的衬垫和手工焊封底

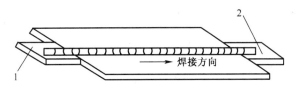

图 12-21 引弧板和熄弧板
1—引弧板；2—熄弧板。

1）焊剂垫法埋弧自动焊

在焊接对接焊缝时,为了防止熔渣和熔池金属的泄漏,采用焊剂垫作为衬垫进行焊接。焊剂垫的焊剂与焊接用的焊剂相同。焊剂要与焊件背面贴紧,能够承受一定的、均匀的托力。要选用较大的焊接规范,使工件熔透,以达到双面成形。

2）手工焊封底埋弧自动焊

对无法使用衬垫的焊缝,可先行用手工焊进行封底,然后再采用埋弧焊。

3）悬空焊

悬空焊一般用于无坡口、无间隙的对接焊,它不用任何衬垫,装配间隙要求非常严格。为了保证焊透,正面焊时要焊透工件厚度的 40%～50%,背面焊时必须保证焊透 60%～70%。在实际操作中一般很难测出熔深,经常是靠焊接时观察熔池背面颜色来判断估计,所以要有一定的经验。

4）多层埋弧焊

对于较厚钢板,一次不能焊完的可采用多层焊。第一层焊时,规范不要太大,既要保证焊透,又要避免裂纹等缺陷。每层焊缝的接头要错开,不可重叠。

2. 对接环焊缝焊接技术

圆形简体的对接环缝的埋弧焊要采用带有调速装置的滚胎。如果需要双面焊,第一遍需将焊剂垫放在下面简体外壁焊缝处。将焊接小车固定在悬臂架上,伸到简体内焊下平焊。焊丝应偏移中心线下坡焊位置上。第二遍正面焊接时,在简体外上平焊处进行施焊。

3. 角接焊缝焊接技术

埋弧自动焊的角接焊缝主要出现在 T 形接头和搭接接头中。一般可采取船形焊和斜角焊两种形式。

4. 埋弧半自动焊

埋弧半自动焊主要是软管自动焊,其特点是采用较细直径(2mm 或 2mm 以下)的焊丝,焊丝通过弯曲的软管送入熔池。电弧的移动是靠手工来完成,而焊丝的送进是自动的。半自动焊可以代替自动焊焊接一些弯曲和较短的焊缝,主要应用于角焊缝,也可用于对接焊缝。

第13章　焊接缺陷的检测与修复

焊接结构在制作过程中受各种因素影响,生产出每一件产品都不可能完美无缺,不可避免地产生焊接缺陷,它的存在在不同程度上影响到产品的质量和安全使用。焊接检验的目的之一就是运用各种检测方法把焊件上产生的各种缺陷检查出来,并按有关标准对它进行评定,以决定对缺陷的处理。

13.1　焊接缺陷的产生和预防

13.1.1　焊接缺陷分类

焊接缺陷按其在接头中的位置可分为内部缺陷和外部缺陷。

外部缺陷位于焊接接头的表面,用肉眼或低倍放大镜就可看到。外部缺陷有焊缝尺寸不符合要求、咬边、未熔合、未焊透、裂纹、弧坑、气孔和夹渣等。

内部缺陷位于焊接接头内部。这类缺陷需要用无损探伤方法和破坏性试验才能发现。内部缺陷有未焊透、未熔合、裂纹、气孔和夹渣等。

1. 外部缺陷

1)焊缝尺寸不符合要求

焊缝尺寸不符合要求的情况,具体有以下几种:

(1)焊缝表面粗糙,焊波不整齐,高低不平。

(2)焊缝宽度不均。

(3)焊缝余高过高或过低。

(4)角焊缝焊脚尺寸不够或偏移量过大。

2)弧坑

弧坑是指焊缝收尾处或焊缝相接处的下陷现象。

3)电弧擦伤

电弧擦伤是在焊接时,电弧对基体金属表面的擦伤。

4)焊缝凹陷

焊缝低于母材的现象称为凹陷。单面焊双面成形的手工电弧焊、仰焊及焊剂铜垫自动焊,有时产生此种缺陷。

5)未熔合

焊缝金属与母材金属之间、焊缝金属之间彼此没有完全熔合在一起的现象称为未熔合,按未熔合的部位可分层间未熔合和边缘未熔合。

6)咬边

咬边是由于电弧将焊缝边缘熔化后,没有得到熔敷金属补充所留下的缺陷。

7)焊瘤

焊接过程中熔化金属流溢到加热不足的母材上,这种未能与母材熔合在一起的堆积金属称为焊瘤。

焊瘤在手工电弧立、横、仰焊时容易产生;在手工电弧焊对接第一层焊接及单面焊双面成形的手工电弧焊时容易产生。

外部缺陷除上述以外,还有表面气孔、表面裂纹、未焊透和夹渣等缺陷。

2. 内部缺陷

1)气孔

在焊接过程中,由于焊缝金属中的气体来不及上浮逸出,而在其内部或表面形成的孔穴称为气孔。

根据气孔分布情况,分为单个气孔、连续气孔及密集气孔,如图13-1所示。

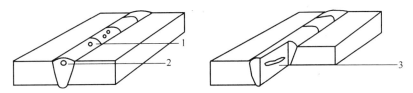

图 13-1　气孔示意图

1—表面气孔;2—内部气孔;3—条虫状气孔。

根据气孔的形状,分为球形、椭球形、漩涡状和毛虫状等

2)未焊透

焊缝金属与母材之间或双面焊焊缝金属之间未被电弧熔化而留下的空隙称为未焊透。未焊透常发生在单面焊根部和双面焊中部,如图13-2所示。

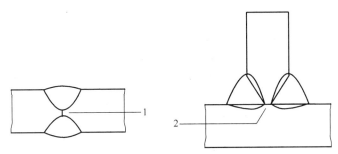

图 13-2　未焊透示意图

1—对接焊缝未焊透;2—角接焊缝未焊透。

3)裂纹

裂纹是指焊缝和基体中因开裂而形成的缝隙,如图13-3所示。

裂纹按其产生的部位不同,可分为纵向裂纹、横向裂纹、根部裂纹、弧坑裂纹、熔合区裂纹及热影响区裂纹,按其产生的温度和时间的不同,又分为热裂纹、冷裂纹和再热裂纹。

裂纹是焊接接头中最危险的缺陷,因此裂纹是不允许存在焊缝中的。

4)夹渣

在焊缝金属内部或熔合线上有非金属夹杂物存在称为夹渣,如图13-4所示。一般出现在多层多道焊焊道、焊道与坡口之间,呈不规则线条状。夹渣缺陷造成焊缝有效工作截面减小,降低其力学性能,还可造成应力集中导致整个结构的失效,对焊接接头带来的潜在危险性大于气孔。

3. 其它缺陷

1)过热或过烧

过热或过烧是指焊接时,金属被加热到一定的程度后,金属组织发生变化,晶粒长大,金属

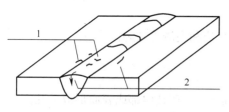

图 13-3 裂纹示意图
1—纵向裂纹；2—横向裂纹。

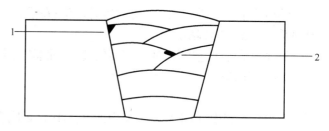

图 13-4 夹渣示意图
1—边夹渣；2—道间夹渣。

表面变黑并起氧化皮,金属变脆的现象。

2)夹钨

夹钨是指在钨极氩弧焊时,使钨极端部熔化和蒸发,过渡到焊缝并留在焊缝内。

13.1.2 焊接缺陷的特征、产生原因及预防措施

1. 热裂纹

热裂纹是指在焊缝凝固时或温度较高时产生的裂纹,又称为高温裂纹。

1)热裂纹特征

热裂纹经常发生在焊缝中及热影响区。裂纹有纵向裂纹、横向裂纹和弧坑裂纹。焊缝上的热裂纹常常沿焊缝的轴向分布;弧坑裂纹有纵向、横向及星状几种。

热裂纹的微观特征一般是沿晶界开裂,故又称晶间裂纹。裂纹折断的断口表面是氧化色彩,表面无光泽。

2)热裂纹产生的原因

焊接熔池在结晶过程中存在着偏析现象。偏析出的物质多为低熔点共晶和杂质,它们在结晶过程中被排挤在晶粒边界上,形成液态间层。由于熔点低,往往最后结晶凝固,而凝固以后的强度也极低。当焊接在结晶过程中由于收缩使焊缝受拉力;当拉伸应力足够大时,会将液态间层拉开或在其凝固后不久被拉断而形成裂纹。这种裂纹称为焊缝金属结晶裂纹。此外,如果近缝区母材的晶界上也存在低熔点共晶和杂质,则在加热温度超过其熔点的热影响区,这些低熔点化合物将熔化而形成液态间层,也会被拉开而形成所谓热影响区液化裂纹。

3)热裂纹的防止措施

热裂纹的产生与冶金因素和力的因素有关,可以采取以下措施来防止热裂纹。

(1)限制钢材及焊缝(焊条、焊丝、焊剂和保护气体等)中易偏析元素和有害杂质的含量。

(2)调节焊缝金属的化学成分,改善焊缝一次结晶组织,细化焊缝晶粒,以提高其塑性,减少或分散偏析程度。

(3)提高焊条和焊剂的碱度,降低焊缝中的杂质含量,改善偏析程度。

(4)控制焊接规范,适当提高焊缝形状系数,采用多层多道焊法,避免中心线偏析。奥氏体型不锈钢焊接时,应采用小线能量,以缩短焊缝金属在高温区的停留时间。

(5)采取降低焊接残余应力的各种工艺措施。

(6)焊缝起头或收尾时采用引弧板,或逐渐断弧,并填满弧坑,可以减少和避免弧坑裂纹的产生。

2. 冷裂纹

冷裂纹一般是指焊接时在 A_3 以下温度冷却过程中或冷却至室温以后所产生的裂纹。形成裂纹的温度通常在马氏体转变温度范围内,约为 200℃～300℃或其以下,故称冷裂纹。

冷裂纹有些在焊接后即出现,有些则在几小时、几天、几周甚至更长的时间以后才产生,故又称延迟裂纹。具有延迟性质的裂纹会造成预料不到的重大事故,因此,比一般裂纹具有更大的危险性,必须充分重视。

冷裂纹不仅在焊接低合金钢、中碳钢等易淬火钢时容易产生,而且也会在焊接钛合金及铝合金时产生。而低碳钢和奥氏体型不锈钢在焊接时遇到较少。

1)冷裂纹特征

焊缝和热影响区均可能产生冷裂纹,如图 13-5 所示。

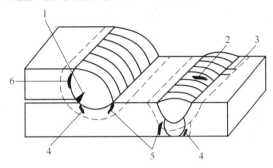

图 13-5　冷裂纹可能出现的部位和分类示意图

1—焊缝纵裂纹;2—焊缝横裂纹;3—热影响区横裂纹;4—焊根裂纹;5—焊趾裂纹;6—焊道下裂纹。

焊道下裂纹常发生在淬硬倾向较大、含氢量较高钢中的焊接热影响区。一般与熔合线平行,但也有垂直于熔合线的。

焊趾裂纹常发生在焊缝和母材的交界处或有明显应力集中的部位。

焊根裂纹产生在焊根附近或根部未焊透等缺口部位。根部裂纹可能发生在焊缝热影响区,也可能发生在焊缝金属内。

2)冷裂纹产生的原因

形成冷裂纹的三个因素:焊接接头形成淬硬组织、扩散氢的存在和富集、存在着较大的焊接拉伸应力。这三个因素相互促进,相互影响。在不同的情况下,三者中任何一个因素都可能成为导致裂纹产生的主要因素;但不可能是唯一的因素。许多情况下,氢是诱发冷裂纹的最活跃的因素。

3)冷裂纹的防止措施

防止冷裂纹产生的主要措施是降低焊缝中扩散氢含量,改善焊接接头的金属组织和减小焊接残余应力。具体措施如下:

(1)选用碱性焊条和焊剂,减少焊缝中的扩散氢含量。

(2)焊条和焊剂应严格按规定的要求烘干,随用随取。因为在焊条存放过程中能吸收空气中的水分,这些水分在电弧热的作用下分解为氢气,使焊缝金属中扩散氢含量增加。此外,还应仔细清除坡口处和焊丝上的油、锈和水分。

(3)选择合理的焊接规范,如焊接线能量、焊前预热、层间温度的控制、焊后缓冷等。控制 500℃～800℃时的冷却时间或 650℃时的冷却速度,改善焊缝及热影响区的金属组织。

(4)焊后立即进行消氢处理,使氢充分逸出焊接接头。

213

(5)焊后立即进行热处理,有些高强度钢和高合金钢等易淬火钢,焊后不待其冷却就立即进行退火处理,以消除内应力,去氢和使淬硬组织回火,改善焊接接头处的韧性。

(6)采用降低焊接残余应力的各种工艺措施。

3. 再热裂纹

再热裂纹是指一些含有钒、铬、钼、硼等合金元素的低合金高强度钢及耐热钢,经受一次焊接热循环后,在再经受一次加热的过程中(如消除应力退火、多层多道焊及高温下工作等),发生在焊接接头热影响区的粗晶区沿原奥氏体晶界开裂的裂纹。

1)再热裂纹特征

(1)再热裂纹产生部位均在热影响区的粗晶区,具有晶间断裂的特征。

(2)再热裂纹与加热的温度和加热时间有关,并存在着一个容易产生再热裂纹的敏感区。对于不同钢种,最易产生再热烈纹的敏感温度也不相同。另外,不是所有钢种都具有产生再热裂纹的敏感性。

(3)再热裂纹产生必须有大的残余应力或发生在应力集中部位。因此,在大拘束的厚大构件或应力集中部位最易产生再热裂纹。

2)再热裂纹产生的原因

关于再热裂纹产生的原因,认识还不一致,目前还存在不同的看法。通常认为再热裂纹是由于晶内二次硬化、晶间杂质富集及蠕变损伤等原因造成的。

3)再热裂纹的防止

在钢种及结构一定的条件下,防止再热裂纹产生,主要考虑改善过热区粗晶的塑性和减少焊接残余应力。主要措施如下:

(1)焊前预热和焊后进行后热处理。

(2)在满足设计要求的条件下,采用高塑性低强焊缝。

(3)尽量减少残余应力,如消除焊缝余高,减少咬边和根部未焊透等缺陷。

4. 未焊透

1)未焊透产生的原因

(1)接头的坡口角度小,根部间隙过窄或钝边过厚。

(2)双面焊时背面清根不彻底。

(3)焊接电流或焊炬火焰过小,或焊速过大等。

2)防止措施

(1)正确选用接头坡口尺寸和装配间隙,如单面焊双面成形的接头,其装配间隙为焊条直径,钝边高应为焊条直径的一半左右。

(2)双面焊要仔细清根。

(3)焊接时应选择合适的焊接速度和焊接电流,对导热快的焊件焊前应预热。

5. 未熔合

1)产生的原因

(1)焊接电流或火焰能率过小。

(2)焊条、焊丝、焊炬或火焰偏于坡口一侧,焊接电弧偏吹,使母材或前一层焊缝金属未得到充分熔化。

(3)坡口或前一层焊缝表面有油、锈和脏物,焊接时由于温度不够,未能将其熔化,阻碍了金属之间的熔合。

2)防止措施

(1)焊条和焊炬的倾斜角度要合适,运条摆动应适当,要注意观察坡口两侧的熔化情况。

(2)选择稍大的焊接电流和火焰能率,焊速不宜过快,要充分熔化母材或前一层焊缝金属。

(3)焊接时发现焊条偏心,应及时调整角度,使电弧处于正确方向。

(4)仔细清除坡口和焊缝上的脏物。

6. 夹渣

1)产生的原因

(1)坡口角度过小,焊接电流过小,熔池凝固过快,熔渣来不及浮到熔池表面。

(2)多层多道焊时,每道焊缝熔渣没有清理干净。

(3)焊条药皮成块脱落后,没被熔化。

(4)气焊时火焰能率不够,焊前工件清理不好,采用氧化焰,又没有将熔渣拨出熔池。

(5)焊条角度和运条方法不正确,熔渣和铁水分不清,阻碍熔渣上浮。

2)防止措施

(1)适当调整焊接电流,提高熔池温度,让熔渣充分浮出。

(2)采用工艺性能良好的焊条。

(3)仔细清理母材坡口处或前一焊道上的熔渣。

(4)焊接过程中始终要保持清晰的熔池,熔渣与铁水要分清。

(5)气焊时选用合适的火焰能率,并采用中性焰,焊接时应注意将熔渣拨出熔池。

7. 气孔

1)气体的来源

焊接过程中焊缝出观气孔的气体来源有以下几方面:

(1)熔池保护不好,大气中的气体侵入熔池。

(2)溶解于母材、焊丝和焊条中的气体。

(3)焊条药皮和焊剂吸附的水分及结晶水。

(4)焊丝和母材上的油、水、锈和污垢在焊接热源作用下分解的气体。

(5)气体保护焊的保护气体,如 CO^2 气体保护焊时,由于气体具有较大的氧化性,容易产生 CO 气孔。

2)产生气孔的原因

(1)焊条或焊剂受潮,未按规定要求烘干。

(2)焊条药皮变质、剥落,或因烘干温度过高,使药皮部分成分变质。

(3)焊丝和焊芯锈蚀,且清理不干净,焊剂中混入污物等。

(4)焊件坡口处有水、油、锈等污物,没有清除干净。

(5)电流过大造成焊条发红,药皮脱落使保护失效。

(6)采用碱性焊条焊接时,电弧过长,空气进入熔池。

(7)埋弧焊时电弧电压过高或网路电压波动过大。

(8)手工钨极氩弧焊时氩气纯度低,保护不良。

(9)气焊时火焰成分不对,焊炬摆动幅度大而快,焊丝填加不均匀。

(10)电弧偏吹,运条手法不稳。

(11)电流过小,焊接速度快,熔池存在时间短,气体来不及上浮。

(12)母材和焊接材料含碳量过高,焊条药皮脱氧能力差。

3)防止措施

(1)不得使用药皮开裂、剥落、变质、偏心的焊条和已锈蚀的焊条和焊丝。

(2)各种焊条或焊剂都应按规定温度和时间进行烘干。

(3)焊接坡口及其两侧 20mm～30mm 处油、水、锈应清理干净。

(4)要选用合适的焊接电流、电弧电压和焊接速度。

(5)采用碱性焊条焊接时,应短弧操作,若发现电弧偏吹,及时转动焊条角度。

(6)氩弧焊时,要使用符合要求的氩气。

(7)气焊时应选用中性火焰,操作技术要熟练。

(8)选用含碳量较低及脱氧能力强的焊条。

13.2 焊接缺陷的检测方法

为保证焊接接头的质量,必须在焊接生产过程中实行焊接质量检验,即焊接前检验、焊接过程中的检验和焊接后的检验。

焊接前检验包括技术文件、焊接材料及设备、施焊人员、焊接工艺的认可等的检验。

焊接过程中的检验包括工艺执行情况及设备运行情况的检验。

焊接后的检验包括对焊接接头外观、内在质量及包括力学性能在内的各种检验。

焊接后的检验是焊接检验中最后一道程序,是鉴定焊接质量的根据。其检验方法一般分为无损检验和破坏性检验两种,这里主要介绍焊接缺陷的无损检验。

不损坏被检查材料或成品的性能和完整性而检测其缺陷的方法称无损检验。在焊接生产中常用的无损检测方法是外观检查、无损探伤和密封性检验,为检测焊接接头内部和表面缺陷,判断其位置、大小、形状,并对焊接缺陷作定性、定量的评定。

常规的无损探伤方法有射线探伤、超声波探伤、磁粉探伤、渗透探伤等,其中射线探伤分 X 射线探伤、γ 射线探伤。

由于每种无损探伤方法原理不同而使其各有优点和局限性,各种探伤方法对缺陷的检出率不会是 100%,也不会完全相同。不同材质焊缝无损探伤方法选择见表 13-1。

表 13-1　不同材质焊缝无损探伤方法选择表

对象	方法	射线探伤	超声波探伤	磁粉探伤	渗透探伤
铁素体焊缝	内部	□	□	▲	▲
	表面	△	△	□	□
奥氏体焊缝	内部	□	△	▲	▲
	表面	△	△	▲	□
铝合金焊缝	内部	□	□	▲	▲
	表面	△	△	▲	□
其它金属焊缝	内部	□		▲	▲
	表面	△	‧	▲	□
注:□—很适用;△—有附加条件时适用;▲—不适用					

13.2.1 外观检查

外观检查是一种常用的简单而应用广泛的检验方法。以肉眼观察为主,可采用样板、量具和放大镜对焊缝外观尺寸和焊缝成形进行检查。锅炉及压力容器焊缝表面应光滑、美观,不允许存在气孔、夹渣、裂纹、弧坑、焊瘤、咬肉等缺陷。焊缝尺寸应符合有关图纸、技术条件和工艺要求。

焊缝外观检查,在一定程度上有助于分析、发现内部缺陷。例如:焊缝表面存在有咬边和焊瘤时,其内部则常常伴随有未焊透部位;焊缝表面存在有气孔,则意味着其内部可能不致密,有气孔和夹渣等。

每个焊工都要了解外观检查的要求,以及焊缝表面缺陷产生的原因和防止的措施。在焊接时认真操作,严格执行。这对保证焊缝质量起着重要作用。

13.2.2 密封性检验

检查有无漏水、漏气、漏油等现象的试验称为密封性检验,以检查焊接接头是否存在贯穿性缺陷及疏松组织等,多在容器、管道、船舶等产品建造中使用,一般密封性检验都在无损探伤后进行。

1. 水密性检验

水密性检验用来检验焊缝的致密性和受压元件的强度。水压试验通常在无损探伤和热处理后进行。水密性检验时用淡水注满受压元件,将受压元件的孔密封好,然后再用水泵加压。根据有关技术要求将压力增至工作压力的 1.2 倍~1.5 倍进行强度试验。在强度试验压力下,保持一定时间,一般为 5min,然后将压力降至工作压力,此时检验人员方可接近容器检查焊缝的致密性。试验人员用 lkg~1.5kg 圆头小锤在距焊缝 15mm~20mm 处沿焊缝轻轻敲打。如发现焊缝有小滴或水纹出现,即说明该处焊缝不致密,标出修补记号。在水压试验过程中应注意防护,将受压元件放在安全地点,试验人员不得接近受压元件,以防止发生意外爆破事故。水压试验用水温度略高于周围的空气温度,防止金属外壁表面结露,水压试验的最低试验水温,对于碳素钢和 16Mn 钢不应低于 5℃,对于其它低合金钢(不含低温钢),不应低于 15℃。

2. 气密性检验

将压缩空气压入焊接容器,利用容器内外气体的压力差检查有无泄漏的试验法。检查时在焊接接头处涂以肥皂水,如发现肥皂水冒泡,则表明该处不致密,存在焊接缺陷,应做出标记以便泄压后返修。按规定,气密性检验应在水压试验合格后进行。

气密性检验只能用很低的压力来检查焊缝的致密性。因为采用高压气体作强度试验发生爆炸的危险性很大。试验时不应敲击或震动受压元件。气密性检验常采用以下三种方法:

(1)在受压元件内充压缩空气,在受压元件外部被检部位涂肥皂水,如有气孔出现,说明该处致密性不好,有泄漏。

(2)沉水检查。将受压元件放在水中,其内部充压缩空气,检查水中有无气泡发生,如有气泡出现,说明受压元件致密性不好,有泄漏。

(3)氨气检查。在压缩空气中加入 10%氨气,将在 5%硝酸汞水溶液中浸过的纸条贴在焊缝外部(也可贴浸过酚酞试剂的白纸条)。如有泄漏会在纸条上留下黑斑点(用酚酞纸时为红斑点)。这种方法比较准确、经济、效率高。在环境温度较低的情况下可用此法检查焊缝的致密性。

3. 煤油检验

根据煤油黏度和表面张力小、具有较强的渗透力的特点检验焊接接头的致密性。检查时在焊缝一侧涂以白垩粉水,待干后在焊缝另一侧涂以煤油,如发现涂有白垩粉处有斑点和带状湿迹,则表明该处不致密,存在焊接缺陷。

13.2.3 无损探伤

1. 射线探伤

焊缝射线探伤是检验焊缝内部缺陷的一种准确而可靠的方法。它可以显示出缺陷的形状、平面位置和大小,可以定性、定量地检查缺陷。利用射线可穿透金属物质并在穿透过程中有被吸收、衰减和使感光材料感光的原理发现缺陷,并在胶片上显示其图像。其原理见图13-6。拍照时射线能量依焊件的材料、厚度而定,当射线能量一定时,焊缝在胶片上呈较白颜色,而有焊接缺陷部位则相当于截面减小,在胶片上与缺陷对应位置会因感光增加而颜色加深,其颜色加深变黑的程度与缺陷大小和缺陷与射线的方向有关,当缺陷大并与射线方向平行则反映到胶片上的颜色加深变黑明显。经拍照、处理后各种不同焊接缺陷在胶片上显现的影像是不同的,通过对胶片上影像的判读可对焊接缺陷进行评定。

射线探伤主要检查焊缝内部气孔、夹渣、未焊透及裂纹。

1)射线探伤的种类

射线探伤包括 X 射线、γ 射线,而以 X 射线应用较多。

(1)X 射线探伤。X 射线是电磁波,它可以穿透不透明的物体(包括金属),能使照相胶片发生感光作用,使某些化学元素和化合物产生荧光作用。当射线通过焊缝时,由于其内部不同的组织结构(包括缺陷)对射线的吸收能力不同,通过焊缝后射线强度也不一样,射线照射在胶片上,使胶片的感光程度也不同,因而可以通过冲洗后的胶片来判断和鉴定焊缝的内部质量。

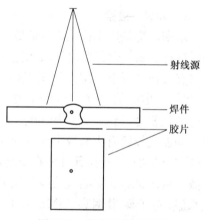

图 13-6　射线探伤示意图

(2)γ 射线探伤。γ 射线探伤是利用某些放射性物质,如钴、铯、铱、镭等的射线进行探伤的一种方法。γ 射线具有较强的穿透能力,故可以用来检查筒体壁厚大约 50mm 的产品。当焊缝厚度小于 50mm 时,γ 射线发现缺陷的灵敏度比 X 射线略低。因此,较小的缺陷往往不能发现,底片清晰度也较差,不适用于薄板的检验。X 射线和 γ 射线的透视方法、评定标准大致相同。

2)底片的识别

射线照像后经暗室处理所得到的软片叫做底片。底片应当清晰、灰雾小、灵敏度符合要求。焊缝在底片上呈现较白颜色,焊接缺陷在底片上呈现不同的黑色。较黑的斑点和条纹即是缺陷。

(1)裂纹。在底片上多呈现略带曲折的波浪状黑色细条纹,有时也呈直线状,轮廓较分明,两端较尖细,中部稍宽,不大有分枝,两端黑线最后消失。

(2)未焊透。在底片上多呈断续或连续的黑直线。不开坡口对接焊缝中的未焊透,其宽度常是较均匀的。V形坡口焊缝中的未焊透在底片上的位置多是偏离焊缝中心,呈断续状或连续状,宽窄不一致,黑度不太均匀;X形坡口双面焊缝中的未焊透在底片上呈黑色较规则的线状;角焊缝、丁字接头、搭接接头中未焊透呈断续状。

(3)气孔。手工焊焊缝中的气孔在底片上多呈圆形或椭圆形黑点,其黑度中心处较大,并均匀地向边缘减小。气孔的分布特征有密集分布、分散分布和连续分布等形式。连续分布的气孔,尤其在间距较小时,常伴随有细小的未焊透,对此要引起重视。自动焊焊缝中的气孔有时直径可达几毫米,其中间部分有时有夹渣。

(4)夹渣。在底片上多呈不同形状的点和条状。点状夹渣呈单独黑点,外观不太规则并带有棱角,黑度较均匀;条状夹渣呈宽而短的粗线条状,长条状夹渣线条较宽且宽度不均匀。

3)射线探伤质量标准

对焊缝质量的确认是以是否满足相关标准而评定的,需要指出的是,根据产品的不同所执行的标准也是不同的,如 GB 3323《钢熔化焊对接接头射线照相和质量分级》、JB 4730《压力容器无损检测》、GB/T 3558《船舶钢焊缝射线照相工艺和质量分级》及其它行业标准。

JB 4730《压力容器无损检测》适用于 2mm～250mm 板厚的碳素钢、低合金钢、不锈钢制压力容器对接焊缝,根据缺陷的性质、大小和数量将焊缝质量分成四级。

Ⅰ级焊缝内不允许裂纹、未熔合、未焊透和条状夹渣存在。

Ⅱ级焊缝内不允许裂纹、未熔合、未焊透存在。

Ⅲ级焊缝内不允许裂纹、未熔合以及双面焊或相当于双面焊的全焊透对接焊缝和加垫板单面焊中的未焊透存在。Ⅲ级焊缝中允许存在的单面焊未焊透的长度,按Ⅲ级条状夹渣评定。

焊缝缺陷超过Ⅲ级者为Ⅳ级。

射线探伤具有能发现焊缝中未焊透、气孔、夹渣、裂纹、未熔合等缺陷,能确定缺陷的平面投影位置和大小,展现缺陷的形状,检测结果直观并能长久保存的特点。射线探伤的不足是不能确定焊接缺陷所在的深度,对某些裂纹和未熔合因其缝隙太窄且与射线照射方向不一致时则难以发现。

学会识别各种焊接缺陷的影像特征以确定缺陷性质、位置,对返修工作很有帮助,应努力积累这方面的经验。

X 射线探伤是以 X 射线作为射线源,而 γ 射线探伤是以 γ 射线作射线源,γ 射线比 X 射线透照厚度大。需要强调的是射线能杀伤生物的白血球,对人体可造成伤害。

2. 超声波探伤

指利用超声波探测材料内部的无损检验法。根据焊缝中的缺陷与正常组织具有不同的声阻抗(材料密度与声速的乘积)和声波在不同声阻抗的异质界面上会产生反射的原理发现缺陷。超声波探伤时,利用将高频脉冲电信号转换为脉冲超声波由探头传入焊件,而超声波遇到缺陷和焊件底面时就分别发生不同的反射,反射波被探头所接受并转换成电脉冲信号,经处理放大后由示波器显示出脉冲波形,然后根据脉冲波形的位置、高低判断缺陷的位置、大小,如图 13-7 所示。近年还有用图形显示的超声波探伤仪。

超声波探伤适用于对接、角接焊缝内部缺陷的检验,能发现焊缝中的缺陷,并能测定缺陷的位置和尺寸,但较难判断缺陷的种类。超声波探伤对受检焊缝周边有光洁要求,不适用于奥氏体钢焊缝的检验。由于超声波探伤灵敏度高,设备轻,操作方便,对人体无害并能对受检质量作出当场评定等优点,广泛应用于各种焊接结构的检验。

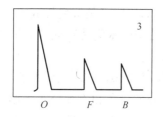
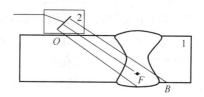

图 13-7　超声波探伤示意图

1—焊件；2—探头；3—示波器。

3. 磁粉探伤

指利用在强磁场中,铁磁材料表面缺陷产生的漏磁场吸附磁粉的现象而进行的无损检验法。磁粉探伤时,根据焊接结构的材料、焊缝形状尺寸确定相应的磁场方向和强度,进行磁化并均匀铺上磁粉。当焊缝表面或近表面无缺陷时,磁粉会按一定规律分布有序排列。当焊缝表面或近表面有缺陷时,磁力线会绕过磁阻大、导磁率低的缺陷位置产生弯曲,因缺陷而引起的漏磁会形成磁粉的积聚即所谓磁痕。显然,不同的焊接缺陷所显现的磁痕特征是不同的,磁粉探伤便是以对磁痕判读确认来检验焊接缺陷的,如图 13-8 所示。

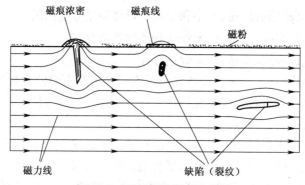

图 13-8　磁粉探伤原理示意图

此法可用于检查铁磁性材料制成的锅炉及压力容器表面或近表面的缺陷,如裂纹、未焊透、气孔等。磁粉探伤分为干法和湿法二种。干法是在充磁的工件表面撒上磁粉;湿法是在充磁的工件表面涂上磁粉悬浊液。磁粉探伤前应将受检表面及附近清理干净,去除污垢、铁锈和氧化皮,露出金属光泽。当焊波粗糙时,会造成磁粉堆积,影响缺陷识别,应打磨平滑。

探伤时,在被检部位周围产生磁场,使磁力线通过其中。当被检部位的表面和浅层有裂纹、未焊透等缺陷时,将产生漏磁现象。当将磁粉撒布或涂刷在被测材料表面时,磁粉将被漏磁场吸附,产生磁粉堆积,磁粉堆积处就是缺陷所在部位。根据磁粉堆积的形状、宽窄和位置可判断缺陷形状、大小和位置。缺陷的显露与缺陷和磁力线二者的相对位置有关,缺陷方向与磁力线方向平行时不易发观,而互相垂直时显露缺陷最清楚。

磁粉探伤后工件残留有剩磁,对有要求的工件应进行去磁处理,探伤后需热处理的工件可不进行退磁处理。磁粉探伤可用专用的探伤仪。磁化方法分直流电磁化法和交流电磁化法两种。直流电磁化法产生的磁场强度大,最深可发观表面下 3mm～4mm 处的缺陷。交流电磁化法一般只能发现浅层 1mm～1.5mm 以内的缺陷。

磁粉探伤不适用于非磁性材料,如奥氏体钢、铜、铝及其合金材料的检验。

4. 渗透探伤

渗透探伤是利用毛细现象来检查工件表面缺陷的一种探伤方法。其原理是将渗透性强的液体渗进材料表面缺陷后,再被吸出来,从而显示出缺陷的部位和形状。渗透探伤过程如图13-9所示。渗透探伤包括荧光法和着色法,可用于各种材料的表面裂纹、折叠、分层、疏松等检验。一般可发现深度 0.03mm~0.04mm、宽度 0.01mm 以上的表面缺陷。由于渗透探伤能对各种材料进行检验,所以其应用范围比磁粉探伤广。

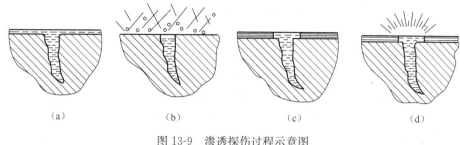

图 13-9　渗透探伤过程示意图
(a)渗透;(b)清洗;(c)显像;(d)检测。

1)着色法

按规定配好清洗刘、着色剂和显示剂就可以进行着色探伤。探伤操作程序如下:

(1)清理表面。当受检表面妨碍显示缺陷时,应进行打磨或抛光处理,并清除表面油、污、锈。

(2)预清洗。在喷涂着色液前,用煤油、丙酮等对表面清洗,然后用清洗剂清洗受检表面,并吹干。

(3)喷涂着色液。可以用毛刷将着色液刷在被检表面,反复涂刷数次使着色液充分渗入表面缺陷内。在喷(涂)着色液后,应保持 15min~30min 的渗透时间。着色探伤时,被检表面壁温不宜低于 5℃和高于 50℃。

(4)清洗。达到要求的渗透时间后,用干净棉纱将表面多余着色液擦去,再用清洗剂清洗。清洗时注意不可把存在缺陷内着色液洗掉。

(5)显像。清除表面多余的着色剂后,喷(涂)一层薄而均匀的显示剂,当显示剂干燥后进行检查。当材料表面存在缺陷时,在显示剂基底上显示缺陷图像。

2)荧光法

荧光探伤与着色探伤的程序类似,按规定配制清洗剂、显示剂和荧光液,就可进行荧光探伤。所不同的是用荧光液代替着色液。渗入缺陷内的荧光液,需要在紫外线照射下,才能在暗室中显示出缺陷,即荧光图像。

荧光探伤可以发现比着色探伤更细的裂纹,能显示的最小裂纹宽度为 0.001mm。但它需要紫外线光源,没有着色探伤方便。

13.3　焊接缺陷的修复

13.3.1　焊接缺陷的危害

焊接过程中,由于多种原因,往往会在焊接接头区域产生各种焊接缺陷。焊接缺陷将直接影响到产品结构的使用,甚至会引起各种事故的发生。

1. 引起应力集中

在焊接接头中某点的应力值比平均应力大许多倍,这种现象称为应力集中。造成应力集中的因素很多,其中焊缝中存在着焊接缺陷是一个很重要的原因。

在设计合理的结构中,如果焊接接头内存在着裂纹、未焊透以及其它带尖或缺口的缺陷,则接头的截面不连续和间断,存在有突变部位,在外力作用下将产生很大应力集中。当应力超过缺陷前端部位金属材料的断裂强度时,材料就开裂,接着新开裂的端部又产生应力集中,以此继续,使原缺陷不断扩展,直至产品破裂。在同样的应力条件下,随着缺陷尺寸和尖锐度的增大,应力集中越严重,产品破裂倾向也就越大。

2. 缩短使用寿命

焊接结构在使用过程中承受低周脉动载荷,若存在的焊接缺陷尺寸超过一定界限,循环一定周次后,缺陷会不断扩展、长大,直至引起结构断裂,因而缩短使用寿命。据统计,不少结构发生破断,多数是因为在低周疲劳载荷作用下,与存在焊接缺陷,特别是微裂纹有关。

3. 造成脆断

脆性断裂是一种低应力断裂,是结构在没有塑性变形情况下产生的快速突发性断裂。在低温下更容易发生,其危害性很大。焊接质量对产品脆断有很大的影响。美国对船舶事故调查表明:40%的脆断事故是从焊缝缺陷处发生的。如果焊缝缺陷发生在应力集中区则更加危险。因此,防止产品脆断的重要措施之一是尽量避免和控制焊接缺陷。

13.3.2 焊接缺陷的修复

1. 补焊前的准备工作

1)掌握补焊部位的缺陷

补什么设备、承压多少、补什么部位、重要程度如何以及该部位缺陷的性质等问题必须弄清楚,切不可贸然动火补焊。

经过一番了解之后,对于结构极不合理、材料品质低劣、制造质量极差、修补之后难以保证安全运行的锅炉、压力容器,应积极建议予以报废,或修补量很大、耗费钢材达整机50%以上者,也是没有修补价值的。

2)确认补焊部位的材质

这关系到用什么焊条、焊前是否需要预热、焊后是否需要退火处理。必要时,还必须在工程技术人员的指导下进行焊接工艺评定试验。因为补焊的次数有限,最多不得超过3次,应认真作业,谨慎处理,才有补焊成功的可能。

3)要有切实可靠的安全保障

进入锅炉、压力容器内部施焊时,要注意以下几点。

(1)做好防触电的绝缘保护措施。

(2)要清除有毒介质,对于氨罐、液氯储槽的补焊之前,应进行介质分析。

(3)对易燃、易爆介质的容器,应凭技术安全部门的"动火证"施工,在无"动火证",也没有可靠的安全保障措施的情况下,焊工有权拒绝补焊。

(4)进行补焊工作,必须有人监护。

4)必须彻底清除缺陷后再补焊

对于挖补、更换受压元件来说,矛盾并不突出,对于裂纹或拍片不合格件的返工修补,彻底清除缺陷是补焊的前提,是保证补焊质量根本所在。

一般的补焊工艺原则是:

(1)清除缺陷。以裂纹为例,用砂轮或碳弧气刨铲去缺陷。

(2)检验。用磁粉或着色探伤方法检验并确认把缺陷清除干净了。

(3)按规定的补焊工艺进行补焊。

(4)焊后进行热处理。

(5)待24h后进行探伤复检,直到合格为止。

倘若原缺陷没有清除于净,补焊后仍不合格,至少不理想,这样也就失去了补焊的实际意义。

2. 补焊方案的确定原则

1)补焊方法的确定

这里主要讲补焊方法的选择和补焊工艺的确定。选择补焊方法的主要根据是缺陷的大小、缺陷的长短、分布疏密程度、补焊坡口的深浅宽窄、工件的厚薄、补焊中能否将工件翻动等一系列因素。确定恰当的补焊方法,主要包括总的如何补焊、补焊的具体工艺要点和注意事项。

用什么方法补焊? 一般的情况下多数是采用手工电弧焊方法。它适用于各种复杂形状和分布的补焊坡口,各种焊接位置和各种材料。尽管手工补焊的效率不高,有时操作条件还很恶劣,但其适应性强,配合具体产品补焊用的电焊条容易购置,由经验丰富、操作熟练的有证焊工补焊,质量易于得到保证。所以手工补焊用得最广泛。

但对于有条件的单位,也不排斥采用特殊的补焊方法来补焊一些特定的产品。例如,当补焊坡口比较均匀,形状比较规则,而且可以将工件(或产品)翻转成平焊位置时,从补焊的工作效率出发,采用埋弧自动焊的方法是适宜的。譬如压力容器的环缝或纵缝中有缺陷时,特别是坡口处母材有原始缺陷时,采用埋弧自动焊可以获得较大的熔深,可以使焊缝热影响区熔化或再受一次正火作用,而使该处的塑性有所改善。

又如当材料的冷裂敏感性大,焊接位置恶劣以及希望焊后不进行热处理的补焊场合,采用加填充丝的钨极隋性气体保护焊会达到预期的良好效果。对于穿透性的缺陷,作为打底层也往往采用氩弧焊。对于某些壁厚很薄的工件进行补焊时,当然采用氩弧焊为宜。

2)补焊工艺的确定

至于如何补法,原则上应根据缺陷的情况,分以下几种情况,分别制定恰当的补焊工艺程序。

(1)缺陷尺寸不大,补焊坡口数量不多,各坡口之间距离又较大,则一般是单个坡口逐一分别补焊。

(2)若补焊的地力有数处,并且它们之间的距离又较近,通常都小于20mm～30mm,为了不使两坡口中间的金属受到补焊应力—应变过程的不利影响,则将这些缺陷连起来,挖凿成一个较大的坡口进行补焊。

(3)缺陷有好几个,而且是大小不一样,深浅、宽窄也不一样,因此在开凿坡口时只能开成深浅不一,局部地方较深,或宽窄不一,局部地方特别宽,仍是以清除净缺陷为原则。然后补焊时,先补焊深的部位,待补到一样深时再一起继续补焊起来。

(4)在容器的环焊缝或大接管的环形角焊缝中,若缺陷较多,在缺陷部位开凿补焊坡口的话,已占整个环形周围的大部分。为了使得补焊时形成比较均匀的焊接应力场,克服局部、不对称焊补所造成的畸变挠曲,宜将无缺陷的原焊缝也凿去一部分,使其形成全周型的补焊坡口。然后,先补焊那些较深或较宽的部位,再继续补焊剩余的部分,直至全周补妥。对于容器的环焊缝,按这个原则处理后便形成连续的补焊坡口,用手工电弧焊先补焊完那些较深或较宽的部位后,便可采用埋弧自动焊机将剩余部分补妥,效率高,外观成型也美观。

3. 补焊工艺大纲

补焊工艺的编制必须持十分认真的态度,必须充分发挥工艺人员、焊工的聪明才干,采取积极的、科学的技术措施,力争一次补焊成功。因为同一部位的多次补焊将会严重降低焊接接头的综合性能,而且补焊次数是有限的,完全可能因补焊质量低劣而导致产品报废。当然,增加补焊次数,延长了生产周期,不仅增加补焊费用,而且造成生产上的间接损失。

补焊工艺一般包括以下几方面的内容:补焊坡口的制备(挖制)、补焊方法的选择、补焊材料的选取,预热、后热和层间温度的确定和控制,焊后热处理方法的选择和热处理规范的制订,补焊遍数、补焊规范、焊后检验方法和合格验收标准的确定等方面。

1)补焊坡口的制备

补焊坡口的尺寸、形状主要取决于缺陷尺寸、性质及其分布特点,当然有时也会有前面所说的工艺补偿坡口。总而言之,所挖的坡口应该越小越好,只要能将缺陷除尽,又便于补焊操作即可。

对于不同的缺陷,所挖的坡口也往往有相应的要求

(1)缺陷是气孔、夹渣。通过探伤(射线、超声波)不仅可以确定缺陷的位置,而且可以确定在板厚的哪一侧,若在外侧,则从外侧挖坡口,若在内侧,而且靠近内表面时,最好从内侧开坡口。这样可以保证补焊质量、减少补焊工作量。

(2)缺陷是未焊透。自然在未焊透一侧开坡口。只有像液化石油气钢瓶那样的容器,才被迫从外侧控制坡口,而且必须挖穿但又不能间隙太大,否则无法保证补焊质量。

(3)缺陷是裂纹。顺着裂纹的方向控制坡口,每次挖削量要薄,挖净为止。

(4)如果缺陷是穿透性裂纹。依容器壁厚和是否允许双面补焊而异,补焊坡口有两种挖法。对于壁厚较薄,或不允许双面补焊时,只好单面开坡口,保持恰当的间隙;如果板厚较厚,又允许双面补焊操作时,先在一侧挖制坡口,坡口的深度超过板厚的一半,然后补焊妥当;再到另一侧挖制坡口,直到露出焊缝金属,然后再补焊完。这样补法焊缝热影响区均匀,焊后残余变形小。

不论怎样开坡口,为了防止控制过程和补焊过程中裂纹扩张,都须在挖制之前,在裂纹的尖端钻一个止裂孔。

补焊低合金高强度钢容器时,控制坡口前,还必须预热,预热的温度应不低于该钢种焊接时预热温度。这样便于消除裂纹周围的应力,这对于防止挖坡口和补焊操作中产生新的裂纹大有好处。

挖制补焊坡口的方法,大致有机械加工、风枪批铲、碳弧气刨和手工砂轮打磨几种,依具体情况而定。如用机械加工(车、刨、铣)能保证坡口尺寸,但对于缺陷很大、工件材料焊接性能不太差的容器,用碳弧气刨方法较好。

对于用风枪批铲和碳弧气刨挖制后的坡口,尚须用砂轮打磨,去除增碳层及淬硬层,直至露出金属光泽为止。

补焊坡口挖制出来后,应进行磁粉探伤或着色探伤,确保坡口表面无裂纹(老裂纹、新裂纹)等缺陷存在。

按照焊接工艺的要求,应对坡口进行去油污、锈斑的清理工作。

2)焊接材料的选取

选用什么焊接材料首先取决于采用什么方法补焊。但有一个原则,为便于深入狭窄坡口

进行补焊操作和减少焊接应力，一般都采用小规格、小电流进行补焊。而且要求认真除净油污、严格烘干。对于裂纹敏感性较高的材料，所采用的碱性低氢型焊条有时要烘到 400℃～450℃，保温时间应不少于 2h，还要注意防潮，随用随取。

采用埋弧自动焊时，通常仍然采用适宜于产品母材的原焊接工艺中所规定的焊丝和焊剂。

采用手工电弧焊时，电焊条的选择还要考虑到产品对焊缝的要求。对于压力容器，主要是考虑焊缝接头的力学性能（如强度、冲击韧性等），同时还要考虑焊条的工艺性和抗裂缝性能。大多数场合是采用原产品焊接工艺中规定的焊条进行补焊。遇到补焊处结构复杂、刚性大、坡口深等情况时，为防止发生根部裂缝，补焊时往往采用强度等级稍低的焊条打底。这种少量层数的强度稍低的打底焊缝一般不会影响整个焊接接头的性能。在双面补焊的场合下，用于打底的低强度焊条用得多一点也没有关系，待一面焊妥之后，反面清焊根时，多打磨一点，便可将低强度焊层全部清理干净，再补焊妥善，性能完全可以保证。

采用钨极氩弧焊补焊时，填充丝一般为与母材相类似的材料。但补焊壁厚大于 3mm 以上的压力容器时，通常不用氩弧焊，有时可用以打底。

3）补焊工艺规范准则

在大多数的情况下，补焊要求采用较低的焊接热输入量。这一方面是因为采用小的焊接规范可以获得较低的焊接应力及较小的焊接变形，使原焊缝区的塑性储备的消耗降低，另一方面是因为补焊工作在很多场合下位置比较困难，往往是立焊、横焊甚至是仰焊位置操作，根本不允许采用大的焊接电流。

补焊低合金高强度钢压力容器时，通常必须在预热的条件下进行，预热温度不低于原焊接时的预热温度。预热宽度视补焊处的厚度和结构的复杂程度而定。当坡口大而深时，预热宽度要大些。补焊容器大接管环形角焊缝时，若不是开成周围坡口而是某段进行补焊时，为减小热应力，要沿着大接管整周加热。

补焊时由于补焊坡口一般都不太长，再加上焊接条件差，焊工有急于求成的心理，特别要注意控制层间温度。倘若层间温度升高，对于低合金高强度钢接头的性能是很不利的，所以要引起足够的重视。

低合金高强度钢压力容器的补焊，为去除扩散氢，在绝大多数情况下要求进行后热处理。具体的要求在补焊工作一结束或补焊过程中因故停顿后立即进行，后热处理完必须用石棉板认真包覆补焊焊缝及热影响区，令其缓冷。当然，在补焊工作结束后能马上进行消除应力热处理的工件，可以免除后热处理。

在结构刚性大的部位施行补焊，为了消除焊接应力，往往采取层间锤击措施和中间热处理措施。

在预热及后热时，除考虑加热宽度、加热温度和保温时间外，还要注意加热速度和方法，使温度分布尽量均匀，减少温差应力。

4）补焊后的热处理

低合金高强度钢厚壁压力容器的重要部位和主要焊缝进行补焊时，均要求再次进行消除应力热处理。如果补焊部位有很多处，则须每一处补焊后进行一次局部的后热处理，待全部补焊工作完毕，整体工件进炉或现场进行热处理。倘若是局部补焊，则补焊后进行局部热处理。热处理温度通常不高于原来的焊后消除应力热处理的温度。局部热处理加热的方法有电红外线、感应电流、煤气、柴油喷燃器、液化油气等，对于小工件还可以用氧－乙炔焰加热。

5）补焊后的检验

补焊完毕和热处理以后，应用砂轮打磨补焊部位，使表面光洁或呈圆滑过渡，然后进行磁粉或着色探伤，以及焊接前原产品所要求的同样的检验内容进行检验验收，验收标准不低于原产品的要求。

探伤检验中着重检查原缺陷是否已返修好，返修中是否有产生新的超标缺陷，并以此决定是否需要进行二次补焊。

这里还必须指出，低合金高强度钢压力容器的补焊返修工作必须慎之又慎。因为产生缺陷（裂纹）的部位，往往就是由于刚性分布不均匀所致，或者就是比较难焊的部位才产生的缺陷（夹渣），所以补焊时就要求有更精细的焊接工艺规程和更高超的焊接技艺。另外，因补焊过程中要挖凿补焊坡口（应力释放）和再焊接（热应力、相变应力），至少会引起容器的局部区域或大部区域（大面补焊时）的应力发生二次重新分布，因此出现原来有缺陷的部位补好了，而原来无缺陷的部位又重新裂开了的情形，所以在补焊后，对于重大产品不仅在补焊处必须进行探伤检验，而且还须对整个焊接接头作全面的质量检查。

第14章　典型焊接结构的制造

本章简要介绍几种典型焊接结构的制造工艺过程,包括梁柱的焊接、压力容器的焊接、船体的焊接、桁架的焊接几部分。

14.1　梁柱的焊接

梁和柱是建筑金属结构中的基本元件,其断面形状如图 14-1 所示,分成开式断面和闭式断面两大类。

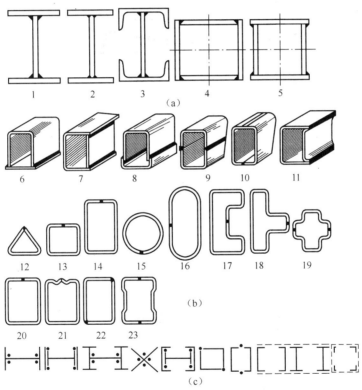

图 14-1　焊接梁、柱的断面图
(a)板材或型材组成的梁、柱;(b)弯曲件组成的梁、柱;(c)断面简图。

焊接梁和柱的制造方法基本相同,主要生产工艺流程有四部分,即备料、装配、焊接、矫形。装配和焊接经常是交叉进行。

除了少数重型梁、柱结构采用 16Mn 钢制造外,大多数均选用 Q235 类低碳钢制造。

14.1.1　工字形断面的梁与柱的焊接

1. 工字形断面的梁与柱的构成
建筑工程经常使用具有各种工字形和 H 形(当翼板宽度与腹板高度比值较大时称 H 形)

断面的梁或柱,其基本形都是由一块腹板和上、下两翼板(或称盖板)互相垂直而构成,仅仅在相互位置、厚与薄、宽与窄和有无肋板等方面有区别。

应用最多的是腹板居中、左右和上下对称的工字断面的梁和柱,一般由四条纵向角焊缝连接。

2. 工字形断面的梁与柱制造中的变形形式

制造这种对称的工字梁和柱,必须要控制的主要变形有:

(1)翼板角变形;

(2)整体结构的挠曲变形(挠曲变形中有上拱或下挠及左、右旁弯);

(3)腹板的波浪变形(凸凹度);

(4)难以矫正的扭曲变形等。

3. 实腹式吊车梁的制作工艺过程

实腹式吊车梁的结构如图 14-2 所示。

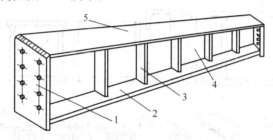

图 14-2　实腹式吊车梁示意图

1—端板;2—下翼板;3—肋板;4—腹板;5—上翼板。

1) 生产工艺流程

生产工艺流程如图 14-3 所示。

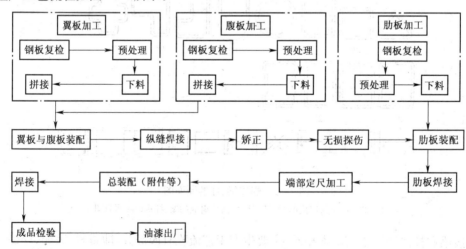

图 14-3　吊车梁生产工艺流程图

2)零件的备料加工

(1)下料前将弯曲和不平度超差的钢板进行矫正。

(2)下料时要考虑加工余量和焊接收缩量。

(3)加工余量包括切割余量、边缘(包括坡口)加工余量。

(4)吊车梁的跨度较大,为保证其上挠度,腹板下料时可预制一定拱度。

228

(5)腹板与上翼板的 T 形接头要求焊透,所以腹板应进行边缘加工或坡口加工。

(6)腹板或翼板如若拼接,其对接焊缝要求焊透。

(7)焊接时应加引弧板和熄弧板,如图 14-4 所示。

(8)腹板和翼板的拼接焊缝至少错开 500mm,避免焊缝交叉。

(9)为了减少焊后翼板的角变形,可考虑对翼板焊前使用翼板反变形机预制反变形。

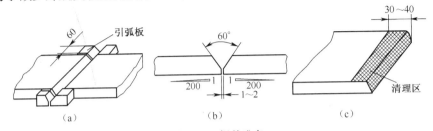

图 14-4　焊前准备

(a)安装引弧、熄弧板;(b)预制反变形;(c)坡口清理区宽度。

3)工字梁的装配

(1)对称的工字断面的梁(或柱)结构简单,制造的程序应是先装配后焊接,即先装配成工字形状并定位焊后再进行焊接。

(2)如果加有肋板(也称筋板)的工字梁,而且是采用焊条电弧焊或半自动 CO_2 气体保护焊,应把肋板装配好后,最后再焊接,否则翼板的角变形影响肋板的装配。

(3)工字梁装配的最简单方法如图 14-5 所示。

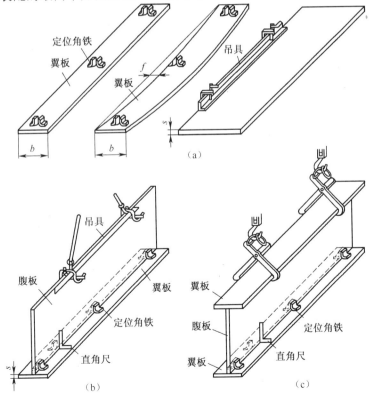

图 14-5　工字梁的装配方法

(a)划线与安装定位角铁;(b)装配 T 形梁;(c)装配工字梁。

(4)定位焊的焊脚尺寸不能超过焊接时焊缝尺寸的一半,反、正面定位焊缝要错开。

(5)定位焊缝长度以 30mm~40mm 为宜,间距视结构尺寸而定。

4)工字梁的焊接

(1)生产中要解决的主要问题是焊接变形和纵向角焊缝的熔透程度,其次是工件的翻转。

(2)对焊接角变形有两种处理方法:一是预防加及时控制;二是焊接时让其自由变形,焊后统一矫正。前者要求有焊接经验,后者要求有矫正经验。

(3)采用自动焊时,经常焊后再矫正。预防角变形的最好方法是反变形法。

(4)断面形状和焊缝分布对称的工字梁(柱),焊后产生的挠曲变形一般较小,其变形方向和大小主要是受四条角焊缝的焊接顺序和工艺参数的影响。通过合理安排焊接顺序和调整焊接工艺参数即能解决,当焊后变形超差时再矫正。

(5)断面形状和焊缝分布不对称的工字梁(柱),焊后除角变形外,还会产生较明显的挠曲变形,且其影响因素较多。因此,在设计与制造过程中,要严格控制此类工字梁(柱)挠曲变形的产生。

(6)为保证四条纵向角焊缝的焊接质量,生产中常采用"船形"位置施焊,其倾角为 45°,如图 14-6 所示。

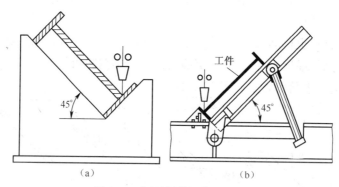

图 14-6　倾斜焊件的简易装置

(7)如果不需要采用"船形"位置焊接时,批量生产的条件下可采用双头自动焊,如图 14-7、图 14-8 所示。

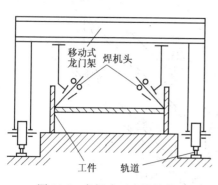

图 14-7　龙门式双头焊接装置

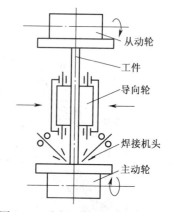

图 14-8　腹板两侧双面焊接示意图

(8)注意焊接时两机头前后要错开一定距离,以免烧穿腹板。

(9)工字梁(柱)四条纵向角焊缝通常采用埋弧自动焊和 CO_2 气体保护焊进行焊接,需安装引弧板和熄弧板,焊前要认真清理焊接区。腹板厚度较大且要求焊透时,需在腹板上开 K 形坡口。

(10)对焊接变形进行矫正,可采用机械矫正或气体火焰矫正。

5)总装配焊接

(1)腹板高度大于 800mm～900mm 就要加装肋板。

(2)肋板的焊接一般为焊条电弧焊或 CO_2 气体保护焊。

(3)为减少焊接变形,可采用如图 14-9 所示的肋板焊接顺序。

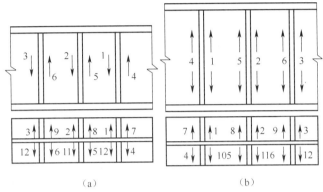

（a）　　　　　　　　　　　　（b）

图 14-9　肋板焊接顺序

当腹板高度小于 1m,按图 14-9(a)所示顺序焊接;如腹板高度大于 1m,按图 14-9(b)所示,从腹板中间分别向上、下两方向焊接;为防止肋板焊缝与纵向角焊缝交叉,肋板两内角要切掉一部分;如短肋板过多,可采用图 14-10 所示的措施,两梁夹紧后焊接,以减少在整个长度方向的弯曲变形。

(4)肋板焊接后,如无变形,吊车梁在长度方向上测量定尺切割后进行端面铣平或磨平,然后装焊端部支承板。端板焊接顺序如图 14-11 所示。

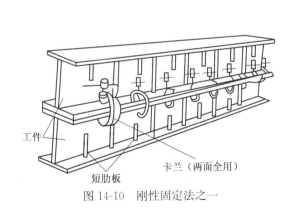

工件

卡兰(两面全用)

短肋板

图 14-10　刚性固定法之一

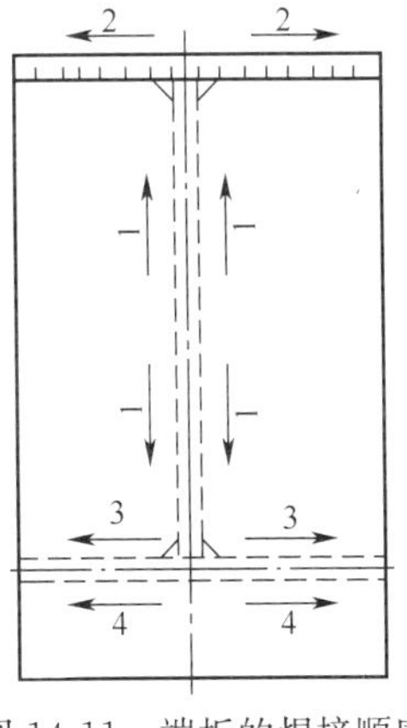

图 14-11　端板的焊接顺序

14.1.2　箱形梁的焊接

以桥式起重机的箱形梁为代表介绍箱形梁的焊接制造工艺。

1. 桥式起重机的结构特点

如图 14-12 所示为常见的桥式起重机,是由桥架、运移机构和载重机构等组成。

大吨位的桥式起重机都是箱形双主梁,再由两端梁连接而成的桥架式结构。

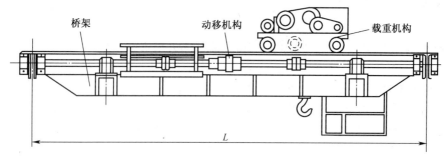

图 14-12　桥式起重机

常见的箱形主梁桥式起重机桥架结构如图 14-13 所示,它是由主梁、端梁、走台、轨道及栏杆等组成,其外形尺寸取决于起重量、跨度、起升高度等。

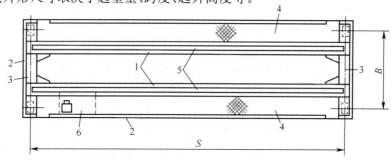

图 14-13　桥式起重机的桥架结构(俯视图)

1—主梁;2—栏杆;3—端梁;4—走台;5—轨道;6—操纵室。

桥式起重机中的主要受力部件是箱形主梁,其结构形式如图 14-14 所示。

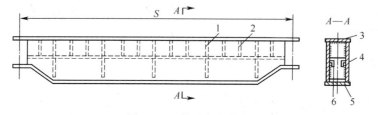

图 14-14　箱形主梁结构

1—长肋板;2—短肋板;3—上翼板;4—腹板;5—下翼板;6—水平肋。

2. 主梁的主要制造技术要求

(1)跨中上拱度应为 $(0.9/1000 \sim 1.4/1000)L$。

(2)轨道居中正轨箱形梁及偏轨箱形梁:水平弯曲(旁弯) $f_b \leqslant L/2000$。

(3)腹板波浪变形,离上翼板 $H/3$ 以上区域(受压区)波浪变形 $e < 0.7\delta_f$,其余区域 e 为 $1.2\delta_f$。

(4)箱形梁上翼板的水平偏斜 $c \leqslant B/200$;箱形梁腹板垂直偏斜值 $a \leqslant H/200$,如图 14-15 所示。

3. 箱形主梁的备料加工

箱形主梁的备料加工与工字形梁、柱的不同点:

1)拼板对接工艺

(1)主梁较长,有的可达 40m 左右,所以需要进行拼接,所有拼接焊缝均要求焊透并无损

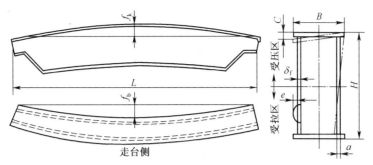

图 14-15　箱形梁制造的主要技术要求

检测合格。

（2）翼板与腹板的拼接接头不能布置在同一截面上，且错开距离不得小于 200mm。

（3）翼板及腹板的拼接接头不应安排在梁的中心附近，一般应离中心 2m 以上。拼板多采用焊条电弧焊（板较薄时）和埋弧自动焊。

2）肋板的制造

（1）肋板多为长方形，长肋板中间一般有减轻孔。肋板可采用整块材料制成，长肋板为节省材料可用零料拼接而成。由于肋板尺寸影响装配质量，故要求其宽度只能小 1mm 左右，长度尺寸允许有稍大的误差。

（2）肋板的四个角应严格保证直角，尤其是肋板与上翼板接触的两个角，这样才能保证箱形梁在装配后腹板与上翼板垂直，并且使箱形梁在长度方向上不会产生扭曲变形。

3）腹板上拱度的制备

制造箱形梁的主要技术问题是焊接变形的控制。从梁断面积形状和焊缝分布看，对断面重心左右基本对称，焊后产生旁弯的可能性较小，而且比较容易控制；但对断面水平轴线上下是不对称的，因小肋板都在上方，即焊缝大部分分布在轴线上部，焊后要产生下挠变形。这和技术要求规定上拱是相反的。因此，为了满足技术要求，腹板应预制出数值大于技术要求的上拱度，具体可根据生产条件和所采用的工艺程序等因素来确定，上拱沿梁的跨度对称跨中均匀分布。

图 14-16 为制备腹板上拱度的两种方法。

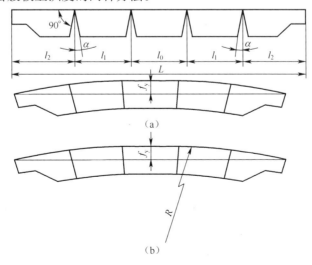

图 14-16　制备腹板上拱度的方法
(a)用剪板机切成若干梯形毛坯后拼接；(b)用气割直接切成。

233

4. 箱形主梁的装配焊接

箱形主梁由两块腹板、上下翼板及长、短肋板组成,当腹板较高时需要加水平肋板(见图14-14),主梁多采用低合金钢(如16Mn)材料制造。

1)焊接工艺流程

由于箱形主梁是一个封闭式结构,所以必须先焊梁内的长、短肋板,然后再焊翼板。具体焊接顺序如下:

(1)先焊接上翼板与长、短肋板间的焊缝,以免产生主梁的扭曲变形,造成矫形困难。

(2)装两侧腹板,焊接箱形梁的内部焊缝,两条较长的纵向焊缝暂不焊接。

(3)装配下翼板后,应先焊下翼板与腹板间的两条纵向角焊缝,要求两面对称同时进行焊接,以减小焊接变形。若下翼板装配后上拱度超过工艺规定,可以先焊上翼板的两条纵向角焊缝。

2)装焊 π 形梁

(1)π 形梁由上翼板、腹板和肋板组成。其组装定位焊多采用平台组装工艺,又以上翼板为基准的平台组装居多。

(2)为减少梁的下挠变形,装好肋板后即进行肋板与上翼板焊缝的焊接,如图14-17所示。

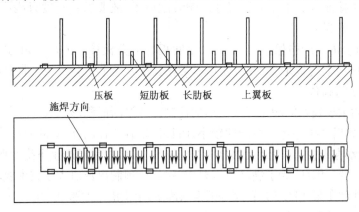

图 14-17 长肋板和短肋板的装配

(3)组装腹板时,先在上翼板和腹板上划出跨度中心线,然后将腹板吊起与上翼板、肋板组装。

(4)腹板装好后,即可进行肋板与腹板的焊接。焊前应检查变形情况以确定焊接顺序。

(5)如旁弯过大,应先焊外腹板焊缝;反之,先焊内腹板焊缝。如图14-18所示。

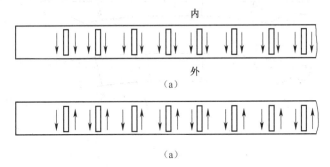

图 14-18 肋板的焊接方向

(a)如果翼板未预制旁弯;(b)如果翼板预制旁弯。

（6）现在较理想的方法是 CO_2 气体保护焊，可减小变形并提高生产率。

（7）为使 π 形梁的弯曲变形均匀，可沿梁的长度方向布置偶数名焊工对称施焊。

3）下翼板的装配

下翼板的装配关系到主梁最后的成形质量。装配时在下翼板上先划出腹板的位置线，将 π 形梁吊放在下翼板上，两端用双头螺杆将其压紧固定，然后检验梁中部和两端的水平度和垂直度及拱度。如图 14-19 所示。

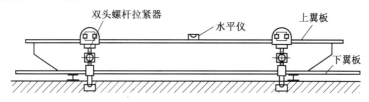

图 14-19 下翼板的装配示意图

下翼板与腹板的间隙应不大于 1mm，定位焊应从中间向两端两侧同时进行。主梁两端弯头处的下翼板可借助吊车的拉力进行装配定位焊。

4）主梁纵缝的焊接

主梁的腹板与翼板间有四条纵向角焊缝，最好采用自动焊方法（在外部）焊接，生产中多采用埋弧自动焊和粗丝 CO_2 气体保护焊。如图 14-20 所示。

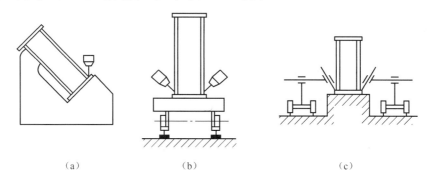

（a）　　　　　　　（b）　　　　　　　（c）

图 14-20 主梁纵缝的焊接

装配间隙应尽量小，最大间隙不可超过 0.5mm。当焊脚尺寸 6mm～8mm 时，可两面同时焊接，以减少焊接变形；焊脚尺寸超过 8mm 时，应采用多层焊。

焊接顺序视梁的拱度和旁弯的情况而定。当拱度不够时，应先焊下翼板两条纵缝；拱度过大时，应先焊上翼板两条纵缝。如图 14-21 所示。

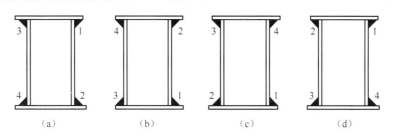

（a）　　　　　　　（b）　　　　　　　（c）　　　　　　　（d）

图 14-21 主梁四条主焊缝的焊接顺序选择方案
（a）上挠偏大、旁弯左拱时采用；（b）上挠偏小、旁弯右拱时采用；
（c）上挠偏小、旁弯适中时采用；（d）上挠过大、旁弯适中时采用。

5）主梁的矫正

箱形主梁装焊完毕后应进行检查，每根箱形梁在制造时均应达到技术条件的要求，如果变形超过了规定值，应进行矫正。矫正时应根据变形情况选择好加热的部位与加热方式，一般采用气体火焰矫正法。

5. 端梁的制造

端梁的截面也是箱形结构，其备料加工及装配焊接工艺与主梁基本相同，不再阐述。

6. 主梁与端梁的装配焊接

主梁与端梁的连接有焊接和螺栓连接两种方案，在此仅介绍焊接连接。

起重机箱形主梁与端梁的连接焊缝主要为搭接和角接，且有立焊和仰焊位置，因此多采用焊条电弧焊和半自动 CO_2 焊，对焊接操作者技术水平要求较高。如图 14-22 所示。

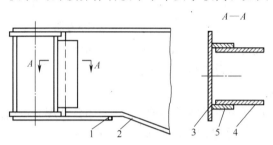

图 14-22 箱形主梁与端梁的连接
1、5—连接板；2—主梁下翼板；3—端梁腹板；4—主梁腹板。

14.2　压力容器的焊接

14.2.1　压力容器的结构及特点

根据《压力容器安全技术监察规程》（国家质量技术监督检验检疫总局质技监局锅发(1999)154 号）的规定，凡具备下列三个条件的容器统称为压力容器：

(1)最高工作压力 $p_w \geqslant 0.1MPa$（不含液体静压力）；

(2)内直径(非圆形截面指其最大尺寸)$\geqslant 0.15m$，且容积 $V \geqslant 0.025m^3$；

(3)盛装介质为气体、液化气体或最高工作温度高于等于标准沸点液体。

1. 压力容器的分类

压力容器的分类方法很多，主要的分类方法如下。

1)按设计压力(p)分类

可分为四个承受等级：

(1)低压容器(代号 L)：$0.1MPa \leqslant p < 1.6MPa$。

(2)中压容器(代号 M)：$1.6MPa \leqslant p < 10MPa$。

(3)高压容器(代号 H)：$10MPa \leqslant p < 100MPa$。

(4)超高压容器(代号 U)：$p \geqslant 100MPa$。

2)按综合因素分类

在承受压力等级分类的基础上，综合压力容器工作介质的危害性(易燃、致毒等程度)，可将压力容器分为Ⅰ类、Ⅱ类和Ⅲ类。

2. 压力容器的结构特点

压力容器有多种结构形式,最常见的结构为圆柱形、球形和锥形三种,如图 14-23 所示。

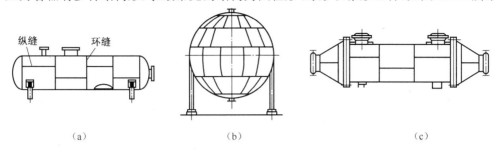

图 14-23 典型压力容器的结构形式

(a)圆柱形;(b)球形;(c)圆锥形。

以圆柱形容器为例,其结构包括筒体、封头(几种常见的封头结构形式如图 14-24 所示)、法兰、开孔与接管、支座。

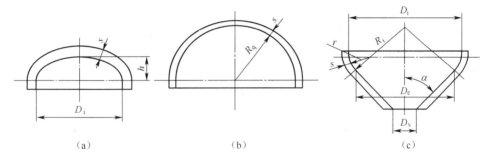

图 14-24 封头的结构形式

(a)椭圆封头;(b)球形封头;(c)带折边锥形封头。

3. 压力容器焊缝规定

按 GB 150—1998《钢制压力容器》的规定,把压力容器受压部分的焊缝按其所在的位置分为 A、B、C、D 四类,如图 14-25 所示。其中,A 类焊缝最为重要。

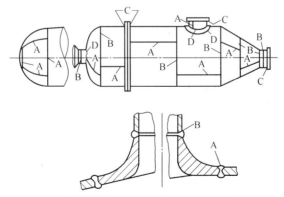

图 14-25 压力容器上焊缝的分类

1)A 类焊缝

受压部分的纵向焊缝(多层包扎压力容器层板的层间纵向焊缝除外),各种凸形封头的所有拼接焊缝、球形封头与圆柱形筒节连接的环向焊缝以及嵌入式接管与圆柱形筒节或封头对接连接的焊缝均属于此类焊缝。

2)B 类焊缝

受压部分的环向焊缝、锥形封头小端与接管连接的焊缝均属于此类焊缝(已规定为 A、C、D 类的焊缝除外)。

3)C 类焊缝

法兰、平封头、管板等与壳体、接管连接的焊缝,内封头与圆筒的搭接角焊缝以及多层包扎压力容器层板的纵向焊缝,均属于此类焊缝。

4)D 类焊缝

接管、人孔、凸缘等与壳体连接的焊缝,均属于此类焊缝(已规定为 A、B 类焊缝的除外)。

14.2.2 薄壁圆柱形容器的制造

典型薄壁圆柱形容器的结构如图 14-26 所示。

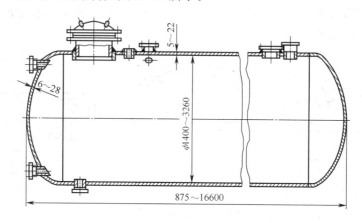

图 14-26 典型薄壁圆柱形容器的结构

薄壁容器一般是指壁厚与直径之比很小的容器。此类容器具有结构成熟、设计理论较完善;工艺成熟,工艺路线(流程)简单;可利用热处理方法提高材料的性能等优点。

薄壁容器的制造难点是:焊接变形的控制,尤其是壳体的波浪变形和焊接区的棱角(失稳变形);焊缝质量要求高;重要结构(如航天用壳体等)还要求很高的密封性。

薄壁卷制容器的生产过程主要有:

(1)焊前准备;

(2)制定工艺流程;

(3)备料加工;

(4)成形加工;

(5)装配和焊接;

(6)检验及成品加工等。

1. 焊前准备

(1)产品加工前应熟悉图纸和技术要求。

(2)压力容器用钢一般均经过各种焊接性试验,以确定与之匹配的焊接材料和焊接工艺的适应性。

(3)压力容器用钢还应当具有适应各种形式热处理的特性。

(4)沸腾钢一般不允许作为压力容器用钢。

(5)所有焊接工艺规范参数均应由焊接工艺评定来确定。

2. 制定工艺流程

典型产品的工艺流程一般如图 14-27 所示。值得注意的是,除了无损探伤外,其实每个生产环节也都应贯穿着质量控制(检验)工作。另外,封头直径较小时,可用一块钢板制成,无需拼接工艺。

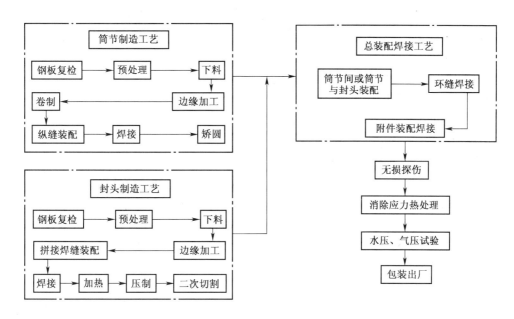

图 14-27　典型单层卷制薄壁容器生产工艺流程图

3. 备料加工

备料加工就是各种零部件毛坯料的准备过程。

1)筒节的备料加工

首先应对所用母材进行复检,内容包括化学成分、各种力学性能、表面缺陷及外形尺寸(主要是厚度)的检验。一般采取抽检的方法,抽检的百分比由容器的种类决定。

划线前要进行展开,可采用计算展开法,考虑壁厚因素,一般按中径展开。具体展开公式为

$$L = \pi(D_g + \delta) + S \tag{14-1}$$

式中　L——筒节毛坯展开长度(mm);

　　　D_g——容器公称直径(mm);

　　　δ——容器壁厚(mm);

　　　S——加工余量(包括切割余量、刨边余量和焊接收缩量等)(mm),如两侧均需刨边,则取 10mm~15mm。

划线后进行下料加工。薄板和宽度较小的毛坯料可用剪板机剪切下料;中厚板(8mm~30mm)的低碳钢和低合金钢板多采用气体火焰切割。奥氏体不锈钢板和铜、铝等有色金属及其合金,则需采用等离子弧切割。现在,由于数控切割机的普及,实际上人工划线工序已被省略,只需将尺寸数据输入数控切割机即可完成划线工序的工作。毛坯料切割好后,要进行坡口的加工,一般采用刨边机完成此工作。

2)封头的备料加工

母材的复检合格后,进行划线下料。倘若封头毛坯直径较大,由于板材宽度的限制,需进行毛坯料的拼接,要求拼接焊缝必须焊透。

4. 成形加工

1)筒节的卷制

可选用三辊或四辊卷板机,对已加工好的筒节毛坯料进行卷制加工。对厚度超过 20mm 的高强钢可考虑热卷。要保证筒节的卷制质量,不可以产生错口、鼓形、锥形及椭圆等缺陷。

2)封头的成形

封头的成形方法主要有三种

(1)借助于胎、模具的冲压成形;

(2)旋压成形;

(3)爆炸成形。

以使用冲压成形(也称压制或压延)方法居多。

对于直径 3000mm 左右的低碳钢和低合金钢中厚板封头,常采用 1000t～1500t 四柱式液压机进行压制。考虑到常温下压制(冷压)时母材变形抗力较大等因素,多采用加热后压制(热压)的方法来加工封头。封头压制成形后,进行二次划线,并借助于焊接回转台进行二次切割。经验收合格后待装配。

5. 装配和焊接

1)筒节纵缝装配焊接

筒节卷制完成后,进行纵焊缝的装配焊接。

(1)筒节纵缝的装配。

①筒节的装配一般在 V 形铁或焊接滚轮架上进行,若成批生产,可设计或选用专门的装配装置来提高生产率。

②通过采用夹具保证纵缝边缘平齐,且沿整个长度方向上间隙均匀一致后,可进行定位焊,定位焊多采用焊条电弧焊,焊点要有一定尺寸,且焊点间距应在 200mm～300mm。

③为防止纵缝装配后在吊运和存放过程中筒节产生变形而导致不圆度,往往可在筒内点焊临时支承。

(2)筒节纵缝的焊接。对重要容器,纵缝焊接时要备有焊接试板。为提高焊接生产率,对结构钢母材制造的筒节常用埋弧焊。中厚板对接焊缝通常有以下几种具体的焊接方法:

①无衬垫双面埋弧焊;

②焊条电弧焊封底的单面埋弧焊;

③焊剂垫或铜垫上单面或双面埋弧焊。

为提高焊接生产率和产品质量,可借助平台式焊接操作机或伸缩臂式焊接操作机进行筒节纵缝的焊接。当板材厚度较大时,多采用双面多层甚至多道焊。靠平台上的焊接小车或伸缩臂沿焊缝线移动来完成焊接。

筒节焊接结束,割去引弧板、熄弧板和试板后需进行无损探伤和矫圆,合格后筒节的成形加工即告完成,等待装配。焊接试板在与筒体一起热处理后,进行力学性能试验。

2)筒体环缝装配焊接

(1)环缝装配。环缝装配分筒节间装配和筒节与封头间装配。

筒节间的环缝装配方法有立式装配法和卧式装配法两种。立式装配法是在装配平台或车间地面上进行,而卧式装配法多在焊接滚轮架或 V 形铁上进行。

立式装配法如图 14-28 所示。立式装配时,除将筒节的端口调整至水平外,还应在距离端口 50mm~100mm 处用水平仪标定一条环向基准线,用作以后各筒节组装的测量基准。

立式装配的主要特点是间隙调整方便,占用车间作业面积小;但要求厂房高度大,焊工高空作业及定位焊为横焊(要求焊工水平高)。一般立式装配法适合大直径薄壁容器筒节的组装。

卧式装配法如图 14-29 所示。卧式装配的主要特点是焊工无需高空作业,定位焊质量好,工作空间不受限制;但间隙调节不方便,占用的作业面积大。卧式装配法适合小直径容器筒节的组装。

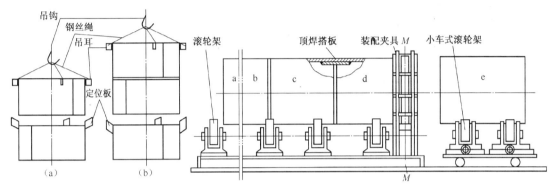

图 14-28　筒节的立式装配法　　　　图 14-29　筒节的卧式装配法

立式装配法和卧式装配法各有所长。但不论采用何种装配方法,施工时都要注意错开筒节间的纵缝以避免焊缝十字交叉,同时要保证筒体的平行度。筒节环缝装配比筒节纵缝装配困难些。

封头的装配焊接程序:一是装配一端封头并焊接全部焊缝后再装配另一封头;二是两封头全装配好后再焊接。不论哪种方法,都应在最后一道环缝装配前开人孔。封头装配最简单的方法如图 14-30 所示。

(2)环缝焊接。筒体装配好之后,就可进行环缝的焊接。环缝的焊接方法有电焊条电弧焊、埋弧焊、气体保护焊、电渣焊和窄间隙埋弧焊等。其中以埋弧焊应用最为广泛,它通常由埋弧焊机或机头与焊接操作机和焊接滚轮架相互配合来完成。焊接时,置于操作机上的焊机或机头固定不动,由焊接滚轮架以焊接速度带动筒体旋转。

环缝埋弧焊技术与筒节纵缝埋弧焊技术类似。为了保证焊接质量,可将电焊条电弧焊打底,改为氩弧焊打底,这样,既可避免电焊条电弧焊打底时在焊缝根部易产生缺陷,又可免去劳动强度较大的清理焊根工作。

环缝焊接的容器直径小于 2000mm 时,如焊丝所处位置不当,将会造成焊缝成形不良。为了防止上述问题的产生,环缝焊接时,焊机机头所处的位置要有一个提前量,其值应在环缝最高点或最低点前移 30mm~50mm,如图 14-31 所示。这样可使熔池大致在水平位置凝固,以得到正常成形的焊缝。

3)总装配焊接

总装配焊接之前对环缝进行无损检测,按规定,容器封头拼接焊缝、环缝和纵缝等对接焊缝应采用射线探伤,执行 JB/T 4730—2005《承压设备无损检测》标准。检测合格后即可加工各种孔(人孔除外)并装配法兰、管件和支座等附件。

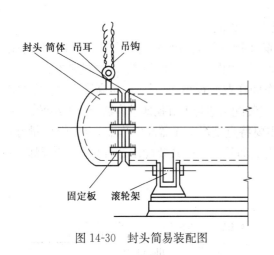

图 14-30 封头简易装配图

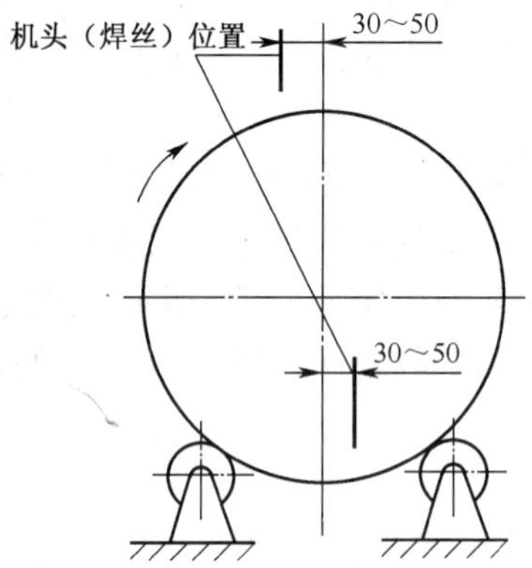

图 14-31 环缝焊接时机头所处位置

14.2.3 球形容器的制造

1. 球形容器的结构及特点

1)球罐的结构形式

球罐主要由球瓣、立柱、拉杆、底盘、梯子等部分组成,如图 14-32 所示。其中球瓣又分为橘瓣式、足球瓣式、混合瓣式。如图 14-33 所示。

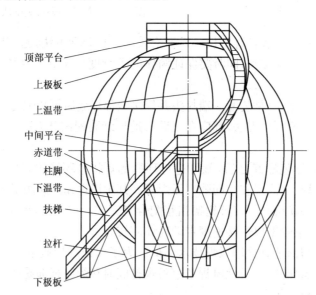

图 14-32 典型球罐结构示意图

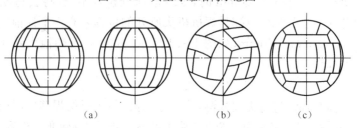

图 14-33 常见球壳板结构分割形式
(a)橘瓣式;(b)足球瓣式;(c)混合瓣式。

2)球形容器的特点

球形容器(俗称球罐)与圆柱形容器相比,具有以下特点:

(1)表面积小,即在容积相同的条件下,球形容器表面积最小,节省材料。

(2)壳板的承载能力比圆柱形容器大一倍,即在直径和应力相等的条件下,球形容器的板厚只需圆柱容器的一半。

(3)占地面积小,且可向空中发展,有利于地表面的利用。

(4)基础工程量少,维修、保养简单。

(5)造型美观。

(6)球壳板加工困难。

(7)焊接工艺复杂,要求严格。

因此,球罐的制作技术比单层卷焊圆柱形容器要难得多,要求也高得多。球罐的散装法现场施工工艺流程如图 14-34 所示。

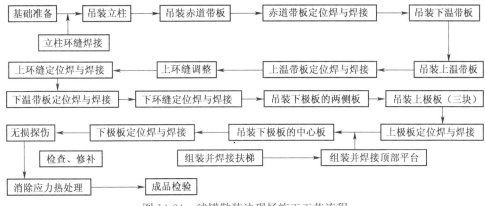

图 14-34　球罐散装法现场施工工艺流程

球瓣加工、组装和焊接是最重要的几道工序,对球罐的加工质量和生产效率影响极大。值得注意的是,球瓣出厂前必须在厂内进行预安装,以检验其尺寸和精度是否达到技术要求。

2. 球瓣的加工

1)对原材料的要求

若钢板的状态与使用状态相符,则应按技术要求从每台球罐中取一块钢板进行拉伸、弯曲和常温冲击试验。当板厚大于 38mm 时,按规定对钢板逐张进行超声波探伤。

2)球瓣的成形

球壳为双曲面,是不可能在平面上精确展开的。因此,球瓣一次精确下料困难很大。通常先近似展开即下荒料,在压制成形后再进行二次切割。

多数球罐分为五带,即赤道带、南温带、北温带、南极板和北极板。

球瓣成形加工后球瓣的主要尺寸公差如下(见图 14-35):

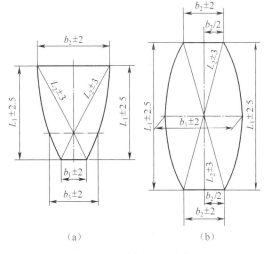

图 14-35　球瓣的尺寸公差
(a)温带板;(b)赤道板。

①长度方向弦长±2.5mm;

②对角线的长度±3mm;

③两条对角线间的垂直距离≤5mm;

④任意宽度方向上的弦长 b_1、b_2、b_3 均为±2.5mm。

(1)热压成形工艺。热压成形具有效率高、成形均匀、能保证钢材性能等优点。但由于冷却收缩不均匀,将直接影响球瓣的曲率精度,加热还带来氧化和烧损问题。为保证热压球瓣的精度,需要进行二次下料。

热压时注意事项有:

①热压温度要严格控制,加热温度过高会造成脱碳和晶间氧化。保温时间要尽量短。始压温度应在大于材料 Ac_3 以上某一适当的温度,终压温度不小于 500℃,以防止冷作硬化。

②胎模球面曲率必须精确,下胎曲率尤为重要。

③板材要求正火处理,如未处理可以用热压时的加热来代替正火处理。

④热压要平稳,冷却时将周边用夹具固定,限制其自由收缩。

(2)冷压成形工艺。冷压成形方法分局部成形和点压成形,前者效率高但需较大功率的冲压设备,后者压延接触面积小,所需压力和设备的功率均小,但效率低。目前应用较多的还是点压成形法。图 14-36 为点压成形模具示意图。它是逐点、逐遍进行压制,加工时不能一次压到底,而要按不同顺序逐点、逐遍压制,如图 14-37 所示。

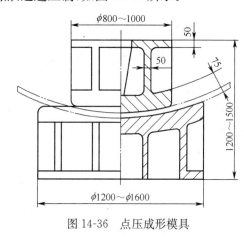

图 14-36　点压成形模具

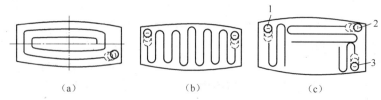

(a)　　　　　　　(b)　　　　　　　(c)

图 14-37　点压成形法

(a)纵向点压法(适用于大曲率);(b)横向点压法(适用于小曲率);(c)综合点压法。

1—第一遍压延轨迹;2—第二遍压延轨迹;3—第三遍压延轨迹。

3)球瓣坡口加工

球瓣成形后都要进行二次下料,用气割切去加工余量的同时开出坡口。球瓣的坡口加工后必须仔细检查表面质量和曲率。经着色和超声波检验,坡口表面不得有分层、裂纹或影响焊接质量的其它缺陷。检验合格后,在坡口上涂上防锈漆,焊接时不必除去。

3. 球罐的组装

出厂前要对加工后的球瓣进行预装配。

球罐在现场装配工艺方法很多,根据球罐的大小和施工条件可采用散装法和环带组装法等。

1)散装法

散装法是将单片球瓣逐一组装成球体,它是国内应用最普遍的一种安装方法。分瓣散装法可以下寒带(或下温带)和赤道带为基准(见图 14-38)两种方式进行。

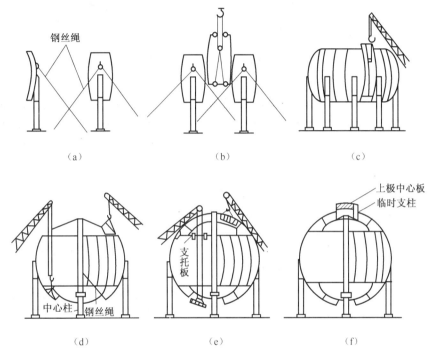

图 14-38　赤道带为基准的散装法

(a)、(b)、(c)赤道带组装;(d)上、下温带组装;(e)、(f)上、下极板组装。

分散组装法的优点:对施工设备要求低,不需要大型平台、大型滚轮架及起吊设施。

分散组装法的缺点:安装精度较差,且焊缝为全位置焊接,对焊接技术要求高,劳动强度大。

2)环带组装法

环带组装法是先分别装焊好各环带(如赤道带、温带等),再用积木式合拢各环带及两极板。此种方法各带适合在工厂内制造施工。

4. 球罐的焊接

球罐的焊接方法主要取决于其组装方法、焊接设备和现场施工条件。目前国内球罐制造中常用的母材有低碳钢、16MnR、15MnVR 和 15MnVNR。常用的焊接方法是电焊条电弧焊和埋弧自动焊,前者在现场焊接尤为普遍。另外,在条件允许的情况下也可以采用气电焊进行球罐的焊接,如采用半自动 CO_2 气体保护焊可代替焊条电弧焊;可用自动 MIG 或 MAG 焊进行球罐纵缝的焊接,并可由药芯焊丝代替实芯焊丝。

为防止焊接变形,缓和残余应力,防止裂纹的产生,应在充分进行工艺评定基础上,选择正确的焊接材料,确定合理的焊接顺序和焊接工艺参数,采取必要的预热和焊后热处理措施等,即制定一套完整的电弧焊工艺。

1)施焊环境

施焊现场若出现雨雪天气、风速超标(大于 8m/s)、环境温度低于 −5℃和相对湿度在90%以上情况时必须采取适当的防护措施,方能进行焊接。注意环境温度和相对湿度应在距球罐表面 500mm～1000mm 处测得。

2)焊前准备

(1)焊接坡口。壁厚 18mm 以下钢板采用单面 V 形坡口,壁厚 20mm 以上的钢板多采用不对称 X 形坡口。一般赤道带和下温带环缝以上的焊缝,大坡口开在里面;下温带环缝及以下的焊缝,大坡口开在外面。

(2)预热。球罐的壁厚一般较大,焊前要求预热。常用液化石油气或天然气作为球罐焊前预热的热源。焊内侧焊缝在外侧预热,焊外侧焊缝则在内侧预热,预热火焰应对准坡口中心。预热温度因材质和规格不同而有所不同,壁厚越大、母材强度级别越高,预热温度也越高,但不超过 200℃。温度测量点在距焊缝中心线 50mm 处,每条焊缝测温点应不少于 3 对。焊接高强钢球罐不能中断预热。

3)焊接工艺

仅介绍焊条电弧焊工艺。采用散装法的球罐是以赤道带为准,故原则上焊接顺序是由中间向两极,先纵缝后环缝,先外后里。为了使焊接收缩均匀,应以对称焊为原则,因此对同一带的各条纵缝要同时焊接。

纵缝和环缝一般都采用单道摆动多层焊,各层焊缝的引弧和熄弧点应错开,以免交界处产生缺陷。所有焊缝均采用分段逆向焊接。

在外侧焊完后,内侧必须用碳弧气刨清根,要将未焊透及根部缺陷等全部清除,并用磨光机磨去碳弧气刨的硬化层,经磁粉或着色检验合格才可预热、焊接。

4)消除应力处理

球罐焊后要进行整体或局部消除应力处理,处理方法如下:

(1)温水超载试验消除法;

(2)低温度场应力消除法;

(3)爆炸法;

(4)红外线加热局部热处理;

(5)内部整体加热热处理等。

内部整体加热热处理技术:将球罐本身作为一个燃烧炉,借助于底部开口(人孔)安装喷火嘴,以燃油或液化石油气为燃料,热处理前球罐外部包覆保温材料如细纤维玻璃棉等,然后进行内部加热热处理。

14.3 船体的焊接

14.3.1 船舶结构的类型及特点

船舶是一座水上浮动结构物;而作为其主体的船体则由一系列板架相互连接而又相互支持构成。船体结构的组成及其板架简图,如图 14-39 所示。

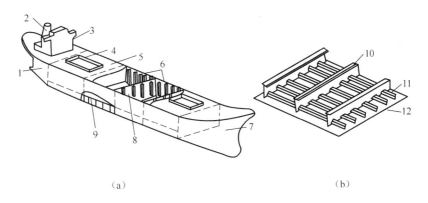

图 14-39　船体结构的组成及其板架简图

(a)船体结构简图；(b)板架结构简图。

1—尾部；2—烟囱；3—上层建筑；4—货舱口；5—甲板；6—舷侧；7—首部；8—横舱壁；9—船底；10—桁材；11—骨材；12—板。

1. 船舶板架结构的类型及使用范围

船体板架结构的类型及特征见表 14-1。

表 14-1　船体板架结构的类型及特征

板架类型	结 构 特 征	适 用 范 围
纵向骨架式	板架中纵向(船长方向)构件较密、间距较小，而横向(船宽方向)构件较稀、间距较大	大型油船的船体，中大型货船的甲板和船底，军用船舶的船体
横向骨架式	板架中横向构件较密、间距较小，而纵向构件较稀、间距较大	小型船舶的船体，中型船舶的弦侧、甲板，民船的首尾部
混合骨架式	板架中纵、横向构件的密度和间距相差不多	除特种船舶外，很少使用

2. 船体结构的特点

(1)零部件数量多。

(2)结构复杂、刚性大。

(3)钢材的加工量和焊接工作量大。各类船舶的船体结构重量和焊缝长度见表 14-2。

(4)使用的钢材品种少。各类船舶所使用的钢材见表 14-3。

表 14-2　各类船舶的船体钢材重量和焊缝长度

项目 船种	载重量 /t	主尺度/m			船体钢材重量 /t	焊缝长度/km		
		长	宽	深		对接	角接	合计
油船	88000	226	39.4	18.7	13200	28.0	318.0	346.0
油船	153000	268	53.6	20.0	21900	48.0	437.0	485.0
汽车运输船	16000	210	32.2	27.0	13000	38.0	430.0	468.0
集装箱船	27000	204	31.2	18.9	11100	28.0	331.0	359.0
散装货船	63000	211	31.8	18.4	9700	22.0	258.0	280.0

表 14-3　各类船舶的使用钢材种类

船舶类型	使用钢种	备　注
一般中小型船舶	船用碳钢	
大中型船舶、集装箱船和油船	船用碳钢 σ_s＝320MPa～400MPa 船用高强度钢	用于高应力区构件
化学药品船	船用碳钢和高强度钢 奥氏体不锈钢、双相不锈钢	用于货舱
液化气船	船用碳钢和高强度钢,低合金高强度钢 0.5Ni、 3.5Ni,5Ni 和 9Ni 钢,36Ni,2Al2 铝合金	用于全压式液罐、半冷半压 和全冷式液罐和液舱

14.3.2　船舶结构焊接的基本顺序

(1)船体外板、甲板的拼接焊缝,一般应先焊横向焊缝(短焊缝),后焊纵向焊缝(长焊缝),见图 14-40。对具有中心线且左右对称的构件,应该左右对称地进行焊接,最好是双数焊工同时进行,避免构件中心线产生移位。

(2)构件中如同时存在对接缝和角接缝时,则应先焊对接缝,后焊角接缝。如同时存在立焊缝和平焊缝,则应先焊立焊缝,后焊平焊缝。

(3)凡靠近总段和分段合拢处的板缝和角焊缝应留出 200mm～300mm 暂不焊,以利船台装配对接,待分段、总段合拢后再进行焊接。

(4)手工焊时长度≤1000mm 可采用连续直通焊,≥1000mm 时采用分中逐步退焊法或分段逐步退焊法。

(5)在结构中同时存在厚板与薄板构件时,先焊收缩量大的厚板多层焊,后焊薄板单层焊缝。多层焊时,各层的焊接方向最好要相反,各层焊缝的接头应互相错开,或采用分段退焊法。焊缝的接头不应处在纵横焊缝的交叉点。

(6)刚性较大的接缝,如立体分段的对接接缝(大接头),焊接过程不应间断,应力求迅速连续完成。

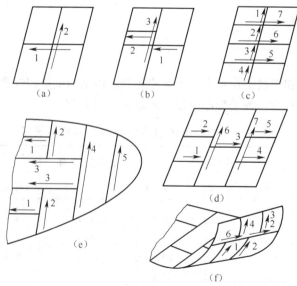

图 14-40　拼接焊缝的焊接顺序

(7)分段接头 T 形、十字形交叉对接焊缝的焊接顺序：T 字形对接焊缝可采用直接先焊好横焊缝(立焊)，后焊纵焊缝(横焊)，见图 14-41(a)。也可以采用图 14-41(b)所示的顺序，在交叉处两边各留出 200mm～300mm，待以后最后焊接，这可防止在交叉部位由于应力过大而产生裂缝。同样焊缝叉开的丁字形交叉对接焊缝的焊接顺序，见图 14-41(d)。十字形对接焊缝的焊接顺序，见图 14-41(c)。

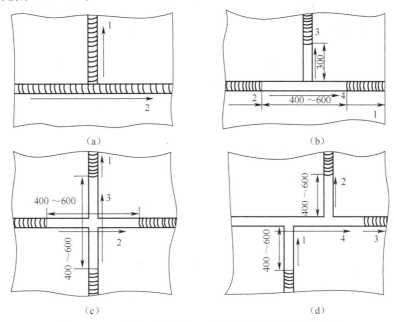

图 14-41　T 字形、十字形交叉对接焊缝的焊接顺序示意图

(8)船台大合拢时，先焊接总段中未焊接的外扳、内底板、舷侧板和甲板等的纵向焊缝，同时焊接靠近大接头处的纵横构架的对接焊缝，接着焊接大接头环形对接焊缝，最后焊接构架与船体外板和甲板的连接角焊缝。

14.3.3　整体造船中的焊接工艺

整体造船法目前在船厂中用得较少，只有在起重能力小、不能采用分段造船法和中小型船厂才使用，一般适用于吨位不大的船舶。

整体造船法，就是直接在船台上由下至上、由里至外先铺全船的龙骨底板，然后在龙骨底板上架设全船的肋骨框架、舱壁等纵横构架，最后将船板、甲板等安装于构架上，待全部装配工作基本完毕后，才进行主船体结构的焊接工作。

(1)先焊纵横构架对接焊缝，再焊船壳板及甲板的对接焊缝，最后焊接构架与船壳板及甲板的连接角焊缝，前两者也可同时进行。

(2)船壳板的对接焊缝应先焊船内一面，然后在外面碳弧气刨扣槽封底焊。甲板对接焊缝可先焊船内一面(仰焊)，反面刨槽进行平对接封底焊或采用埋弧焊。也可采用外面先焊平对接焊缝，船内刨槽仰焊封底。或者直接采用先进的单面焊双面成形工艺。

(3)船壳板及甲板对接焊缝的焊接顺序是：若是交叉接缝，先焊横缝(立焊)，后焊纵缝(横焊)；若是平列接缝，则应先焊纵缝，后焊横缝，如图 14-42 所示。

(4)船首外板焊缝的焊接顺序：待纵横焊缝焊完后，再焊船首柱与船壳板的接缝。顺序如图 14-43 所示。

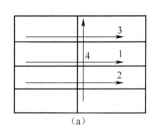 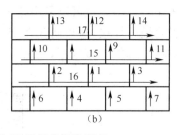

图 14-42 船体外板、甲板的焊接顺序
(a)平列接缝;(b)交叉接缝。

图 14-43 船首外板的焊接顺序

（5）所有焊缝均采用由船中向左右,由中向船首尾,由下往上的焊接顺序,以减少焊接变形和应力,保证建造质量。

14.3.4 分段造船中的焊接工艺

分段造船法的制造工艺流程一般为:钢材下料(切割焊接坡口)→加工成形 →拼板焊接→成形 →小合拢(T 形排焊接,平面构架焊接)→中合拢(分段焊接)→大合拢(船台装焊)→下水。

1. 备料加工

钢材下料是按下料草图或软件程序,将钢板、型钢等加工成零件。大型船厂多采用数控和机械化(半自动)切割机进行切割下料,其切口精度高,并可按要求同时切割出焊接坡口。尽可能将坡口加工与下料同时进行,这样既可提高效率,又可以保证坡口加工精度。

2. 拼板焊接

大型造船厂常用的拼板焊接方法有三种。

1)龙门架埋弧焊

可进行厚度为 3mm～35mm 的平板对接。16mm 厚度以下的钢板采用 I 形坡口,直接对接;厚度为 17mm～35mm 的钢板采用开坡口的对接接头。

2)三丝埋弧焊

单面焊双面成形的三丝埋弧焊是拼板流水生产线的关键工序之一,其生产率高,焊接质量稳定。

3)胎架拼板

在船体分段建造中,通常需将多张曲形板进行拼焊,为保证拼板的圆滑,要求在胎架上进行拼焊(见图 14-44)。焊接可采用单面 CO_2 气体保护焊、双面埋弧焊或 CO_2 气体保护焊打底、埋弧焊盖面的组合工艺。

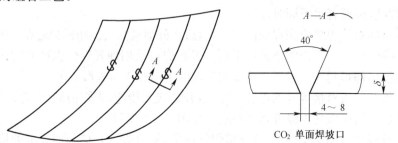

图 14-44 曲形板在胎架上的拼焊

3. 组件焊接

组件合拢是将零件组焊成简单的部件。船舶结构中的零件有 T 形排及平面构架。

1)T 形排的焊接

T 形排焊接时应先焊非定位边,从中间向两边分段退焊。对于可能产生较大焊接变形的 T 形排,可增加临时支撑来刚性固定或将面板轧制出反变形。

2)平面构架的焊接

平面构架一般由钢板和型钢(或 T 形排)组焊而成,其中包括上层建筑围壁、各种平台板、纵横隔舱壁等。平面构架的焊接应尽量采用 CO_2 气体保护焊,以减少波浪变形;焊接顺序应采取对称、分段退焊。某些组件要求端部留出 200mm 的缓焊区,以利分段组装时方便对准组件,如图 14-45 所示。

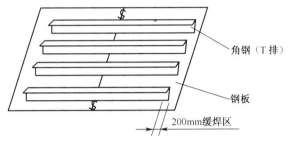

图 14-45　平面构架的焊接顺序

4. 分段焊接

分段焊接包括甲板分段焊接、舷侧分段焊接、舱壁分段焊接、双层底分段焊接等。在此以双层底分段焊接为例介绍船体分段焊接过程。

双层底分段是由船底板、内底板、肋板、中桁板(中内龙骨)、旁桁材(傍内龙骨)和纵骨组成的小型立体分段。根据双层底分段的结构和钢板的厚度不同,有两种建造方法。一种是以内底板为基面的"倒装法",对于结构强、板厚的或单一生产的船舶,多采用"倒装法"建造;另一种是以船底板为基面的"顺装法",它在胎架上建造,能保证分段的正确线型。

1)"倒装法"的装焊工艺

(1)在装配平台上铺设内底板进行拼焊。

(2)在内底板上装配中桁材、旁桁材和纵骨。定位焊后,用重力焊或 CO_2 气体保护焊等方法,进行对称平角焊。焊接顺序如图 14-46 所示。或者暂不焊接,等肋板装好一起进行手工平角焊。

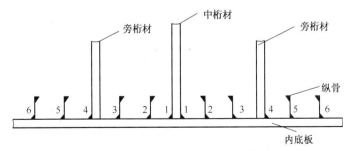

图 14-46　内底板与纵向构件的焊接顺序

(3)在内底板上装配肋板,定位焊后,手工电弧焊或 CO_2 气体保护焊焊接肋板与中桁材、旁桁材的立角焊,其焊接顺序如图 14-47 所示。然后焊接肋板与纵骨的角焊缝。

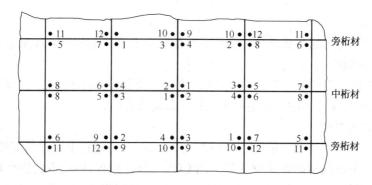

图 14-47　内底板分段立角焊的焊接顺序

（4）焊接肋板、中桁材、傍桁材与内底板的平角焊，焊接顺序如图 14-48 所示。

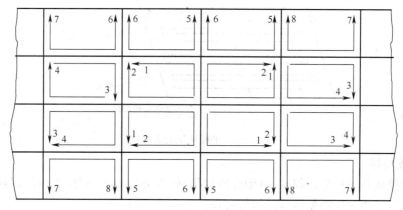

图 14-48　内底板分段平角焊的焊接顺序

（5）在内底构架上装配船底板，定位焊后，焊接船底板对接内缝（仰焊）；内缝焊毕，外缝碳刨清根封底焊（尽可能采用埋弧焊）。但有时为了减轻劳动强度，也可采用先焊外缝，翻转碳刨清根后再焊内缝（两面都是平焊），顺序如图 14-49 所示。

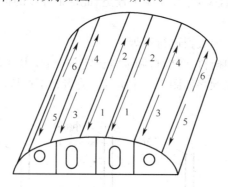

图 14-49　船底外板对接焊的焊接顺序

（6）为了总段装配方便，只焊船底板与内底板的内侧角焊缝，外侧角焊缝待总段总装后再焊。

（7）分段翻转，焊接船底板的内缝封底焊（原来先焊外缝），然后焊接船底板与肋板、中桁材、旁桁材、纵骨的角焊缝，其焊接顺序如图 14-48 所示。

2）"顺装法"的装焊工艺

（1）在胎架上装配船底板，并用定位焊将它与胎架固定，然后焊接船底板内侧对接焊缝。

如果船底板比较平直,也可采用手弧焊打底埋弧焊盖面,如图 14-50 所示。

(2)在船底板上装配中桁材、旁桁材、船底纵骨,定位焊后,用自动角焊机或重力焊、CO_2 气体保护焊等方法进行船底板与纵向构件的角焊焊缝,如图 14-51 所示。焊接顺序参照图 14-46。

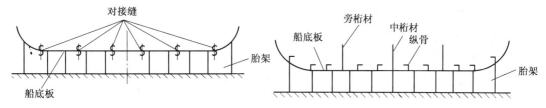

图 14-50 船底外板在胎架上进行对接缝焊接　　图 14-51 船底外板与纵向构件角焊缝的焊接

(3)在船底板上装配助板,定位焊后,先焊肋板与中桁板、旁桁板、船底纵骨的立角焊,然后再焊接肋板与船底板的平角焊缝,如图 14-52 所示。焊接顺序参照图 14-47 和图 14-48。

(4)在平台上装配焊接内底板,对接缝采用埋弧焊。焊完正面焊缝后翻转,并进行反面焊缝的焊接。焊接顺序参照图 14-48。

(5)在内底板上装配纵骨,并用自动角焊机或重力焊焊接纵骨与内底板的平角焊缝。

(6)将内底板平面分段吊装到船底构架上,并用定位焊将它与船底构架、船底板固定,如图 14-53 所示。

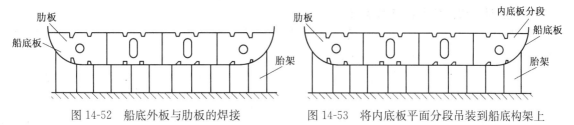

图 14-52 船底外板与肋板的焊接　　图 14-53 将内底板平面分段吊装到船底构架上

(7)将双层底分段吊离胎架,并翻转后焊接内底板与中桁材、旁桁材、船底板的平角以及焊接船底板对接焊缝的封底焊。

"顺装法"的优点是安装方便,变形小,能保证底板有正确的外型。缺点是在胎架上安装,成本高,不经济。"倒装法"的优点是工作比较简便,可直接铺在平台上,减少胎架的安装,节省胎架的材料和缩短分段建造周期。缺点是变形较大,船体线型较差。

5. 平面分段总装成总段的焊接

在建造大型船舶时,先在平台上装配焊接成平面分段,然后在船台上或车间内分片总装成总段,如图 14-54 所示。最后再吊上船台进行总段装焊(大合拢)。平面分段总装成总段的焊接工艺如下:

(1)为了减小焊接变形,甲板分段与舷侧分段、舷侧分段与双层底分段之间的对接缝应采用"马"板加强定位。

(2)由双数焊工对称地焊接两侧舷侧外板分段与双层底分段对接缝的内侧焊缝。焊前应根据板厚开设特定坡口,采用手工电弧焊或加衬垫 CO_2 气体保护焊,焊时采用分中分段退焊法。

(3)焊接甲板分段与舷侧分段的对接

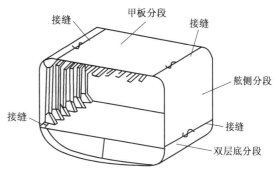

图 14-54 平面分段总装成总段

缝。在采用手工焊时，先在接缝外面开设 V 形坡口，进行手工平焊，焊完后，内面碳刨清根，进行手工仰焊封底；也可以采用接缝内侧开坡口手工焊仰焊打底，然后在接缝外面采用埋弧焊。有条件可以直接采用加衬垫的 CO_2 气体保护焊单面焊双面成形工艺方法。

（4）焊接肋骨与双层底分段外板的角接焊缝，焊完后焊接内底板与外底板的外侧角焊缝，以及肘板与内底板的角焊缝。

（5）焊接肘板与甲板或横梁间的角焊缝。

（6）用碳刨将舷侧分段与双层底分段间外对接缝清根，进行手工封底焊接。

6. 大合拢

船体大合拢一般采用单岛式或双岛式建造法。定位分段，可不留余量，后接留余量端的分段与定位分段。为缩短造船周期，在平行舯体分段中，除嵌补分段外，其余可实现无余量上船台，艏艉分段可部分无余量上船台。

大合拢焊接顺序为：先焊外板、甲板焊缝；再焊内底板、斜板焊缝；最后焊接构架及角焊缝。焊接过程中应注意对称施焊。

14.4　桁架的焊接

1. 桁架的结构特点及技术要求

桁架是主要用于承受横向载荷的梁类结构，可以做机器骨架及各种支承塔架，特别在建筑方面尤为广泛，其结构如图 14-55 所示。

一般来说，当构件承载小、跨度大时，采用桁架制作的梁具有节省钢材、重量轻、可以充分利用材料的优点。

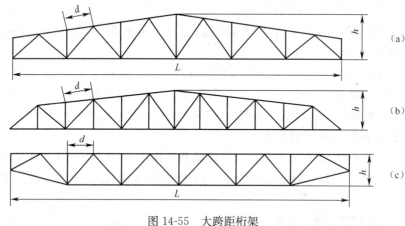

图 14-55　大跨距桁架
(a)、(b)建筑桁架；(c)起重机桁架。

1）桁架的结构特点

（1）呈平面结构或由几个平面桁架组成空间构架。

（2）杆件多，焊缝多而且短，难于采用自动化焊接方法。

（3）整体看来，对称于长度中心；在受力平面内有较大的刚度，在水平平面内，刚度小，易变形，特别容易弯曲。

2）桁架的技术要求

（1）节点处是汇交力系，为保证桁架的平衡，要求各元件中心线或重心线要汇交于一点。

（2）各片桁架要求保证高度、跨度，特别是连接及安装接头处。

（3）要求保证挠度，防止扭曲。

3）型钢桁架节点结构分析

为了保证桁架结构的强度和刚度，桁架杆件截面所用的型钢种类越少越好；杆件所用角钢一般不小于 50mm×50mm×5mm；钢板厚度不小于 5mm；钢管壁厚不小于 4mm。杆件截面宜用宽而薄的型钢组成，以增大刚度。

从桁架的技术要求及生产工艺看，分析桁架节点结构的主要目的是防止在节点处产生附加力矩及减少节点处应力集中。如图 14-56 所示为屋顶桁架 A 处节点结构设计的四种形式。

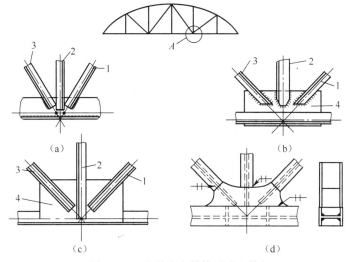

图 14-56　几种节点结构形式比较

图 14-56（a）节点的几何中心线不重合，将产生附加力矩，同时件 1、2、3 间距小，使施焊比较困难。图 14-56（b）节点的几何中心线重合，附加力矩小，但型钢 1、3 与件 4 的过渡尖角大，易在尖角处形成应力集中。

为使焊缝不致太密集，又有足够长度以满足强度要求，桁架节点处应多设置节点板，如图 14-56（b）、（c）、（d）。原则上桁架节点板越小越好；节点结构形式越简单，切割次数越少越好；最好用矩形、梯形和平行四边形的节点板。

要使型钢桁架节点结构合理，必须要做到以下几点：

（1）杆件截面的重心线应与桁架的轴线重合，在节点处各杆应汇交于一点。

（2）桁架杆件宜直切或斜切，不可尖角切割。如图 14-57（a）、（b）、（c）所示较好，图 14-57（d）不宜采用。

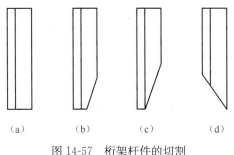

图 14-57　桁架杆件的切割

（3）铆接结构中桁架的节点必须采用节点板，焊接桁架可有可无节点板。当采用节点板时其尺寸不宜过大，形状应尽可能简单。

（4）角钢桁架弦杆为变截面时，应将接头设在节点处。为便于拼接，可使拼接处两侧角钢肢背平齐。为减小偏心可取两角钢的重心线之间的中心线与桁架轴线重合，如图14-58(a)所示。对于重型桁架，弦杆变截面的接头应设在节点之外，以便简化节点构造，如图14-58(b)所示。

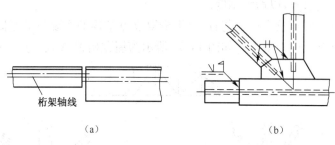

（a）   （b）

图14-58　桁架弦杆变截面

2. 桁架的装配工艺

在工厂生产中，桁架的装配工时占全部制造工时的比例很大，这将严重影响生产率的提高。桁架的装配方法有下列四种：

1）放样装配法

在平台上划出各杆件位置线，之后安放弦杆节点板、竖杆及撑杆等，点固并焊接。这种方法适用于单件或小批生产，生产率低。

2）定位器装配法

在各元件直角边处设置定位器及压夹器。按定位器安放各元件，点固并焊接。这种方法适于成批生产，降低了对工人技术水平的要求，提高了生产率。

3）模架装配法

首先采用放样装配法制出一片桁架，将其翻转180°作为模架，之后将所要装配的各元件按照模架位置安放并定位。在另一工作位置焊接，而模架工作位置上可继续进行装配。这种装配方法，也称为仿形复制装配法，其精度较定位器法差。如将模架法与定位器法结合使用，效果将更好。

4）按孔定位装配法

这种方法适用于装配屋架，如图14-59所示。装配时，先定位各带孔的连接板，这就确定了上下弦杆的位置，并且保证了整个桁架的安装连接尺寸。其它节点处如有水平桁架而带孔者，仍按孔定位；无孔者，则用垫铁或挡铁定位。

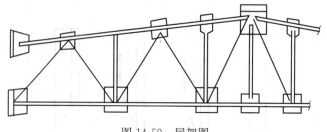

图14-59　屋架图

3. 桁架的焊接工艺

桁架焊接时的主要问题是挠度和扭曲。由于桁架仅对称于其长度中心线，故焊缝焊完后将产生整体挠度(对于单片式桁架,可能有超出平面的水平弯曲);在上下弦杆节点之间,也可能产生小的局部挠度。由于长度大、焊缝不对称等因素也可能产生扭曲。所有这些变形都将影响其承载能力。因此,桁架在装配焊接时,要求支承面要平,尽量在夹固状态下进行焊接。

为了保证焊接质量和减少焊接变形,桁架制造时可遵从下列原则:

(1)从中部焊起,同时向两端支座处施焊。

(2)上下弦杆同时施焊为宜。

(3)节点处焊缝应先焊端缝,再焊侧缝,如图14-60所示。焊接方向应从外向内,即从竖杆引向弦杆处。

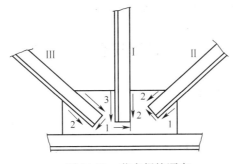

图14-60 节点焊接顺序

(4)焊接节点时,应先竖后斜(按图14-60中Ⅰ、Ⅱ、Ⅲ次序);两端侧缝也可按Ⅰ杆形式焊接,但在焊接焊缝1时,焊缝2应事先点固,以防变形。焊后变形量超出技术要求时,应选用火焰矫正法进行矫正。

第15章 焊接安全防护

违规操作容易引起安全事故,一旦发生安全事故,不仅造成财产损失,还可能造成人员伤亡。焊接生产需要用电、用气等,容易引起触电、火灾、爆炸等安全事故,而且焊接生产环境恶劣,存在弧光、烟尘、噪声等,对操作人员的身心带来危害。因此,对焊接工作人员来说,了解焊接中的安全知识、采取安全防护措施是十分必要的。

15.1 电焊的安全操作要求

15.1.1 焊条电弧焊的安全要求

1. 电焊机

(1)电焊机必须符合现行有关焊机标准规定的安全要求。

(2)电焊机的工作环境应与焊机技术说明书上的规定相符。特殊环境条件下,如在气温过低或过高、湿度过大、气压过低以及在腐蚀性或爆炸性等特殊环境中作业,应使用适合特殊环境条件性能的电焊机,或采取必要的防护措施。

(3)防止电焊机受到碰撞或剧烈振动(特别是整流式焊机)。室外使用的电焊机必须有防雨雪的防护设施。

(4)电焊机必须装有独立的专用电源开关,其容量应符合要求。当焊机超负荷时,应能自动切断电源。禁止多台焊机共用一个电源开关。

①电源控制装置应装在电焊机附近人手便于操作的地方,周围留有安全通道。

②采用启动器启动的焊机,必须先合上电源开关,再启动焊机。

③焊机的一次电源线,长度一般不宜超过 2m～3m,当有临时任务需要较长的电源线时,应沿墙或立柱用瓷瓶隔离布设,其高度必须距地面 2.5m 以上,不允许将电源线拖在地面上。

(5)电焊机外露的带电部分应设有完好的防护(隔离)装置,电焊机裸露接线柱必须设有防护罩。

(6)使用插头插座连接的焊机,插销孔的接线端应用绝缘板隔离,并装在绝缘板平面内。

(7)禁止用连接建筑物金属构架和设备等作为焊接电源回路。

(8)电弧焊机的安全使用和维护。

①接入电源网路的电焊机不允许超负荷使用。焊机运行时的温升,不应超过标准规定的温升限值。

②必须将电焊机平稳地安放在通风良好、干燥的地方,不准靠近高热及易燃易爆危险的环境。

③要特别注意对整流式弧焊机硅整流器的保护和冷却。

④禁止在焊机上放置任何物件和工具,启动电焊机前焊钳与焊件不能短路。

⑤采用连接片改变焊接电流的焊机,调节焊接电流前应先切断电源。

⑥电焊机必须经常保持清洁。清扫尘埃时必须断电进行。焊接现场有腐蚀性、导电性气

体或粉尘时,必须对电焊机进行隔离防护。

⑦电焊机受潮,应当用人工方法进行干燥。受潮严重的,必须进行检修。

⑧每半年应进行一次电焊机维修保养。当发生故障时,应立即切断焊机电源,及时进行检修。

⑨经常检查和保持焊机电缆与电焊机的接线柱接触良好,保持螺帽紧固。

⑩工作完毕或临时离开工作场地时,必须及时切断焊机电源。

(9)电焊机的接地。

①各种电焊机(交流、直流)、电阻焊机等设备或外壳、电气控制箱、焊机组等,都应按现行《电力设备接地设计技术规程》的要求接地,防止触电事故。

②焊机的接地装置必须经常保持连接良好,定期检测接地系统的电气性能。

③禁用氧气管道和乙炔管道等易燃易爆气体管道作为接地装置的自然接地极,防止由于产生电阻热或引弧时冲击电流的作用,产生火花而引爆。

④电焊机组或集装箱式电焊设备都应安装接地装置。

⑤专用的焊接工作台架应与接地装置联接。

(10)为保护设备安全,又能在一定程度上保护人身安全,应装设熔断器、断路器(又称过载保护开关)、触电保安器(也叫漏电开关)。当电焊机的空载电压较高,而又在有触电危险的场所作业时,对焊机必须采用空载自动断电装置。当焊接引弧时,电源开关自动闭合;停止焊接、更换焊条时,电源开关自动断开。这种装置不仅能避免空载时的触电,也减少了设备空载时的电能损耗。

(11)不倚靠带电焊件。身体出汗而衣服潮湿时,不得靠在带电的焊件上施焊。

2. 焊接电缆

(1)焊机用的软电缆线应采用多股细铜线电缆,其截面要求应根据焊接需要载流量和长度,按焊机配用电缆标准的规定选用。电缆应轻便柔软,能任意弯曲或扭转,便于操作。

(2)电缆外皮必须完整、绝缘良好、柔软,绝缘电阻不得小于 $1M\Omega$,电缆外皮破损时应及时修补完好。

(3)连接焊机与焊钳必须使用软电缆线,长度一般不宜超过 20m～30m。截面积应根据焊接电流的大小来选取,以保证电缆不致过热而损伤绝缘层。

(4)焊机的电缆线应使用整根导线,中间不应有连接接头。当工作需要接长导线时,应使用接头连接器牢固连接,连接处应保持绝缘良好,而且接头不要超过两个。

(5)焊接电缆线要横过马路或通道时,必须采取保护套等保护措施,严禁搭在气瓶、乙炔发生器或其它易燃物品的容器材料上。

(6)禁止利用厂房的金属结构、轨道、管道、暖气设施或其它金属物体搭接起来作电焊导线电缆。

(7)禁止焊接电缆与油脂等易燃物料接触。

3. 电焊钳

(1)电焊钳必须有良好的绝缘性与隔热能力,手柄要有良好的绝缘层。

(2)焊钳的导电部分应采用紫铜材料制成。焊钳与电焊电缆的连接应简便牢靠,接触良好。

(3)焊条在位于水平45°、90°等方向时焊钳应都能夹紧焊条,并保证更换焊条安全方便。

(4)电焊钳应保证操作灵便,焊钳质量不得超过 600g。

(5)禁止将过热的焊钳浸在水中冷却后立即继续使用。

15.1.2 钨极氩弧焊安全技术

1. 氩弧焊的有害因素

氩弧焊影响人体的有害因素如下：

(1)放射性。钍钨极中的钍是放射性元素,但钨极氩弧焊时钍钨极的放射剂量很小,在允许范围之内,危害不大。如果放射性气体或微粒进入人体作为内放射源,则会严重影响身体健康。

(2)高频电磁场。采用高频引弧时,产生的高频电磁场强度在$60V/m \sim 110V/m$之间,超过参考卫生标准($20V/m$)数倍。但由于时间很短,对人体影响不大。如果频繁起弧,或者把高频振荡器作为稳弧装置在焊接过程中持续使用,则高频电磁场可成为有害因素之一。

(3)有害气体——臭氧和氮氧化物。氩弧焊时,弧柱温度高。紫外线辐射强度远大于一般电弧焊,因此在焊接过程中会产生大量的臭氧和氧氮化物;尤其臭氧浓度远远超出参考卫生标准。如不采取有效通风措施,这些气体对人体健康影响很大,是氩弧焊最主要的有害因素。

2. 安全防护措施

(1)通风措施。氩弧焊工作现场要有良好的通风装置,以排出有害气体及烟尘。除厂房通风外,可在焊接工作量大、焊机集中的地方,安装几台轴流风机向外排风。

此外,还可采用局部通风的措施将电弧周围的有害气体抽走,例如采用明弧排烟罩、排烟焊枪、轻便小风机等。

(2)防护射线措施。尽可能采用放射剂量极低的铈钨极。钍钨极和铈钨极加工时,应采用密封式或抽风式砂轮磨削,操作者应配戴口罩、手套等个人防护用品,加工后要洗净手脸。钍钨极和铈钨极应放在铝盒内保存。

(3)防护高频的措施。为了防备和削弱高频电磁场的影响,采取如下措施。

①工件良好接地,焊枪电缆和地线要用金属编织线屏蔽。

②适当降低频率。

③尽量不要使用高频振荡器作为稳弧装置,减小高频电作用时间。

(4)其它个人防护措施。氩弧焊时,由于臭氧和紫外线作用强烈,宜穿戴非棉布工作服(如耐酸呢、柞丝绸等)。在容器内焊接又不能采用局部通风的情况下,可以采用送风式头盔、送风口罩或防毒口罩等个人防护措施。

15.1.3 熔化极惰性气体保护焊和混合气体保护焊的安全操作技术

熔化极惰性气体保护焊和混合气体保护焊除遵守焊条电弧焊、气体保护焊的有关规定外,还应注意以下几点:

(1)焊机内的接触器、断电器的工作元件,焊枪夹头的夹紧力以及喷嘴的绝缘性能等,应定期检查。

(2)电弧温度约为$6000℃ \sim 10000℃$,电弧光辐射比手工电弧焊强,因此应加强防护。由于臭氧和紫外线作用强烈,宜穿戴非棉布工作服(如耐酸呢、柞丝绸等)。

(3)工作现场要有良好的通风装置,以排出有害气体及烟尘。

(4)焊机使用前应检查供气、供水系统,不得在漏水、漏气的情况下运行。

(5)高压气瓶应小心轻放,竖立固定,防止倾倒。气瓶与热源距离应大于3m。

(6)大电流熔化极气体保护焊接时,应防止焊枪水冷系统漏水破坏绝缘,并在焊把前加防护挡板,以免发生触电事故。

(7)移动焊机时,应取出机内易损电子器件,单独搬运。

15.1.4 CO_2 气体保护焊安全操作规程

(1)作业前,CO_2 气体应预热 15min。开气时,操作人员必须站在瓶嘴的侧面。

(2)作业前,应检查并确认焊丝的进给机构、电线的连接部分、CO_2 气体的供应系统及冷却水循环系统合乎要求,焊枪冷却水系统不得漏水。

(3)CO_2 气体瓶宜放阴凉处,其最高温度不得超过 30℃,并应放置牢靠,不得靠近热源。

(4)CO_2 气体预热器端的电压不得大于 36V,作业后,应切断电源。

(5)焊接操作及配合人员必须按规定穿戴劳动防护用品,并必须采取防止触电、高空坠落、瓦斯中毒和火灾等事故的安全措施。

(6)现场使用的电焊机,应设有防雨、防潮、防晒的机棚,并应装设相应的消防器材。

(7)高空焊接或切割时,必须系好安全带,焊接周围和下方应采取防火措施,并应有专人监护。

(8)当需施焊受压容器、密封容器、油桶、管道、沾有可燃气体和溶液的工件时,应先消除容器及管道内压力,消除可燃气体和溶液,然后冲洗有毒、有害、易燃物质;对存有残余油脂的容器,应先用蒸汽、碱水冲洗,并打开盖口,确认容器清洗干净后,再灌满清水方可进行焊接。在容器内焊接应采取防止触电、中毒和窒息的措施。焊、割密封容器应留出气孔,必要时在进、出气口处装设通风设备;容器内照明电压不得超过 12V,焊工与焊件间应绝缘;容器处应设专人监护。严禁在已喷涂过油漆和塑料的容器内焊接。

(9)对承压状态的压力容器及管道、带电设备、承载结构的受力部位和装有易燃、易爆物品的容器严禁进行焊接和切割。

(10)焊接铜、铝、锌、锡等有色金属时,应通风良好,焊接人员应戴防毒面罩、呼吸滤清器或采取其它防毒措施。

(11)当消除焊缝焊渣时,应戴防护眼镜,头部应避开敲击焊渣飞溅方向。

(12)雨天不得在露天电焊。在潮湿地带作业时,操作人员应站在铺有绝缘物品的地方,并应穿绝缘鞋。

15.1.5 埋弧焊的安全操作技术

(1)埋弧自动焊机的小车轮子要有良好绝缘,导线应绝缘良好,工作过程中应理顺导线,防止扭转及被熔渣烧坏。

(2)控制箱和焊机外壳应可靠地接地(零)和防止漏电。接线板罩壳必须盖好。

(3)焊接过程中应注意防止焊剂突然停止供给而发生强烈弧光裸露灼伤眼睛。所以,焊工作业时应戴普通防护眼镜。

(4)半自动埋弧焊的焊把应有固定放置处,以防短路。

(5)埋弧自动焊熔剂的成分里含有氧化锰等对人体有害的物质。焊接时虽不像手弧焊那样产生可见烟雾,但将产生一定量的有害气体和蒸气。所以,在工作地点最好有局部的抽气通风设备。

15.2　气焊与气割的安全操作要求

1. 一般规定

(1)严格遵守《焊工一般安全规程》和有关压力调节器、橡胶软管、氧气瓶、溶解乙炔气瓶的安全使用规则及焊(割)的安全操作规程。

(2)工作前或较长时间停工后工作时,必须检查所有设备。氧气瓶、溶解乙炔气瓶、压力调节器及橡胶软管的接头、阀门及紧固件应牢固,不准有松动、破损和漏气现象。氧气瓶及其附件,橡胶软管、工具上不能沾染油脂及油垢。

(3)检查设备、附件及管路是否漏气时,只准用肥皂水试验。试验时,周围不准有明火。严禁用火试验漏气。

(4)氧气瓶、溶解乙炔气瓶与明火间的距离应在 10m 以上。如条件限制,也不准低于 5m,并应采取隔离措施。

(5)禁止用易产生火花的工具去开启氧气或乙炔气阀门。

(6)设备管道冻结时,严禁用火烤或用工具敲击冻块。氧气阀、溶解乙炔气阀或管道要用 40℃ 以下的温水溶化;回火防止器及管道可用热水或蒸汽加热解冻,或用 23%～30% 氯化钠热水溶液解冻、保温。

(7)焊接场地应备有相应的消防器材。露天作业应防止阳光直射在氧气瓶、溶解乙炔气瓶上。

(8)工作完毕或离开工作现场,要拧上气瓶的安全帽,清理现场,把气瓶放在指定地点。

(9)压力容器及压力表、安全阀,应按规定定期送交校验和试验。经常检查压力器件及安全附件状况。

2. 橡胶软管

(1)橡胶软管须经压力试验,氧气软管试验压力为 20 个大气压,乙炔软管试验压力为 5 个大气压。未经压力试验的代用品及变质、老化、脆裂、漏气的胶管及沾上油脂的软管不准使用。

(2)软管长度一般为 10m～20m。不准用过短或过长的软管。接头处必须用专用卡子或退火的金属丝卡紧扎牢。

(3)氧气软管为红色,乙炔软管为黑色(绿色),与焊炬连接时不可错乱。

(4)乙炔软管使用中发生脱落、破裂、着火时,应先将焊炬或割炬的火焰熄灭,然后停止供气;氧气软管着火时,应迅速关闭氧气瓶阀门,停止供气。不准用弯折的办法来消除氧气软管着火。乙炔软管着火时可用弯折前面一段胶管的办法来将火熄灭。

(5)禁止把橡胶软管放在高温管道和电线上,或把重的或热的物件压在软管上,也不准将软管与电焊用的导线敷设在一起,使用时应防止割破。软管经过车行道时应加护套或盖板。

3. 氧气瓶

(1)每个气瓶必须设两个防振橡胶圈。氧气瓶应与其它易燃气瓶、油脂和其它易燃物品分开保存,也不准同车运输。运送时需罩上安全帽,要用专用胶轮小车,放置牢固,轻装轻卸,防止震动,严禁采用抛、滚、滑的方法及用行车或吊车运氧气瓶。禁止人工肩扛手抬搬运。

(2)氧气瓶附件有毛病或缺损,阀门螺杆滑丝时应停止使用。氧气瓶应直立着安放在固定支架上,以免跌倒发生事故。

(3)禁止使用没有减压器的氧气瓶。

（4）氧气瓶中的氧气不允许全部用完,应留有 1kg/cm² 以上的剩余压力,并将阀门拧紧,写上"空瓶"标记。

（5）开启氧气阀门时,要用专用工具,动作要缓慢,不要面对减压表,但应观察压力表指针是否灵活正常。

（6）氧气瓶和乙炔瓶并用时,两个压力表(减压器)不能相对,以防万一其中一只表弹出时击坏另一只表。

（7）气、电焊混合作业的场地,要防止氧气瓶带电,如地面铁板,要垫木板或胶垫加以绝缘。

4. 溶解乙炔气瓶

（1）乙炔气瓶在使用、运输和存储时,环境温度一般不得超过 40℃。

（2）乙炔气瓶的漆色必须经常保持完好,不得涂改。

（3）使用乙炔气瓶时应遵守下列规定:

①不得靠近热源和电气设备,夏季要防止曝晒,禁止敲击、碰撞。

②吊装、搬运时应使用专用夹具和防震的运输车,严禁用电磁起重机和链绳吊装搬运。

③严禁放置在通风不良及有放射性射线的场所,且不得放在橡胶等绝缘体上。

④工作地点不固定且转动较频繁时,应装在专用小车上。同时使用乙炔气瓶和氧气瓶时,应避免放在一起。

⑤使用时要注意固定,防止倾倒,严禁卧放使用。

⑥必须装设专用减压器、回火防止器。开启时,操作者应站在阀口的侧后方,动作要轻缓。

⑦压力不得超过 1.47×10^5 Pa,输气流速不应超过(1.5～2.0)m³/h·瓶。

⑧严禁铜、银、汞等及其制品与乙炔接触;必须使用铜合金器具时,合金含铜量应低于 70%。

⑨瓶内气体严禁用尽,必须留有不低于表 15-1 规定的剩余压力。

表 15-1　规定乙炔气瓶的剩余压力

环境温度/℃	<0	0～15	15～25	25～40
剩余压力/(10^{-1}MPa)	0.5	1	2	3

（4）熔解乙炔气瓶应轻装轻卸,严禁抛、滑、滚、碰,车、船装运时,应妥善固定。汽车装运时,横向排放,头部应朝向一方且不得超过车厢高度,或直立排放,车厢高度不得低于瓶高的2/3。夏季运输要有遮阳设施,防止曝晒,炎热地区应避免白天运输。车上禁止烟火,并应备有干粉或二氧化碳灭火器(严禁使用四氯化碳灭火器)。严禁与氧气瓶及易燃物品同车运输。

（5）在使用乙炔气瓶的现场,储存量不得超过 5 瓶。超过 5 瓶但不超过 20 瓶的,应在现场或车间内用非燃烧体或难燃烧体墙隔或单独的储存间,并有一面靠墙。超过 20 瓶,应设置乙炔气瓶库。

5. 减压器

（1）减压器与气瓶连接之前,应检查减压器上有无油脂,以及外螺帽衬是否正常。

（2）安装减压器时,先要把气瓶上的开关稍稍拧开一点,借气瓶的气冲击附在开关上的尘土和水分。

（3）装上以后,要用扳手把丝扣拧紧,至少要拧 5 扣以上,否则瓶内高压气体会把减压器吹掉。

（4）减压器装好后,开启氧气瓶和减压器的阀门时,动作要缓慢。当压力调到所需的压力后,才允许将气体送到焊枪。

(5)减压器不得任意拆卸,并要定期校验。当压力表不正常、无铅封或安全阀门不可靠时,禁止使用。

(6)各种气体的减压器不能互换使用。

(7)工作结束后,应从气瓶上取下减压器,加以妥善保管。

6. 焊(割)炬操作

(1)通透焊嘴应用钢丝或竹签,禁止使用铁丝。

(2)使用前应检查焊炬或割炬的射吸能力是否良好。

(3)焊(割)炬射吸检查正常后,接乙炔气管时,应先检查乙炔气流正常后,再把乙炔气管接在乙炔接头上。氧气管必须与氧气进气接头连接牢固。乙炔管与乙炔进气接头应避免连接太紧,以不漏气并容易插上拨下为准。

(4)根据焊、切材料的种类、厚度正确选用焊炬、割炬及焊嘴、割嘴。调整合适的氧气和乙炔的压力、流量。不准使用焊炬切割金属。

(5)焊炬(或割炬)点燃操作规程:

①点火前,急速开启焊炬(或割炬)阀门,用氧吹风,以检查喷嘴的出口,但不要对准脸部试风。无风时不得使用。

②对于射吸式焊炬(或割炬),点火时,先开乙炔气阀,点着后再开氧气手轮调节火焰。这样可以检查乙炔是否畅通,以及排除乙炔-空气混合气体。点火应送到灯芯或火柴上点燃。

③进入容器内焊接时,点火和熄火都应在容器外进行。

④使用乙炔切割机时,应先放乙炔气,再放氧气引火。

(6)熄灭火焰时,焊炬应先关乙炔阀,再关氧气阀。割炬应先关切割氧,再关乙炔和预热氧气阀门。

(7)工作中焊、割嘴不准往铁板上按,不要过分接近熔化金属,焊嘴不能过热,不能堵塞。发现有回火预兆时,应停止工作。

(8)回火时,要迅速关闭焊炬上乙炔手轮,再关氧气手轮。等回火熄灭后,将焊嘴放在水中冷却,然后打开氧气手轮,吹除焊炬内的烟灰,查出回火原因并解决后,再继续使用。

(9)短时间休息,必须把焊(割)炬的阀门紧闭。较长时间休息或离开工作地点时,必须熄灭焊炬,关闭气瓶球形阀,除去减压器的压力,放出管中余气,然后收拾软管和工具。

(10)工作地点要有足够清洁的水,供冷却焊嘴用。

(11)氧气和乙炔管不能对调,也不准用氧气吹除乙炔管的污物。当发现乙炔或氧气管道有漏气现象时应及时停火修理。

(12)操作焊炬和割炬时,不准将橡胶软管背在背上操作,禁止使用焊炬或割炬的火焰来照明。

15.3 其它安全防护措施

1. 安全防护措施

(1)焊接作业时,应满足防火要求,可燃、易燃物料与焊接作业点火源距离不应小于10m。

(2)防止由于焊接、切断中的热能传到结构和设备中,使结构和设备中的易燃保温材料,或滞留在结构和设备上的易燃、易爆气体发生着火、爆炸。

(3)焊接场所应有通风除尘设施,防止焊接烟尘和有害气体对焊工造成危害。在狭窄、局部空间内焊接、切割时,应采取局部通风换气措施,防止工作空间内集聚有害或窒息气体伤人,同时还要设专人负责监护焊工的人身安全。

(4)登高焊接、切割,应根据作业高度和环境条件,确定出危险区的范围,禁止在作业下方及危险区内存放易燃、易爆物品和停留人员。焊工在登高或在可能发生坠落的场合进行焊接、切割时,所用的安全带应符合 GB 720 和 GB 721《安全带》的要求,安全带上安全绳的挂钩应挂牢。

(5)电弧焊、切割工作场所,由于弧光辐射,焊渣飞溅,影响周围视线,应设置弧光防护室或护屏。护屏应选用不燃材料制成,其表面应涂上黑色或深灰色油漆,高度不应低于1.8m,下部应留有25cm流通空气的空隙。

2. 安全防护用品

(1)眼睛、头部的防护用品。

①焊工用的面罩有手持式和头戴式两种,其面罩的壳体应该由难燃或不燃的、无刺激皮肤的绝缘材料制成,罩体应能够遮住脸面和耳部,结构牢靠并且无漏光。

②头戴式面罩用于各类电弧焊或登高焊接作业,其质量不应超过500g。

(2)工作服。

①棉帆布的工作服广泛用于一般的焊接、切割工作,工作服的颜色为白色。

②气体保护焊在电弧紫外线的作用下能产生臭氧等气体,所以,应该穿用粗毛呢或皮革等面料制成的工作服。

(3)手套。

①焊工的手套应选用耐磨、耐辐射的皮革或棉帆布和皮革合制材料制成,其长度不应小于300mm,要缝制结实。焊工不应戴有破损和潮湿的手套。

②焊工在可能导电的焊接场所工作时,所用的手套应由具有绝缘性能的材料(或附加绝缘层)制成,并经耐电压5000V试验合格后方能试验使用。

③焊工手套不应沾有油脂。焊工不能赤手更换焊条。

(4)防护鞋。

①焊工的防护鞋应具有绝缘、抗热、不易燃、耐磨损和防滑的性能。

②焊工穿用的防护鞋橡胶鞋底,应经过耐电压5000V的试验合格,如果在易燃、易爆场合焊接时,鞋底不应有鞋钉,以免产生摩擦火星。

③在有积水的地面焊接与切割时,焊工应穿用经过耐电压6000V,试验合格的防水橡胶鞋。

参 考 文 献

[1]诺里斯. 先进焊接方法与技术. 史清宇,王学东,译. 北京:机械工业出版社,2010.

[2]邱葭菲. 焊接方法. 北京:机械工业出版社,2009.

[3]柯黎明,邢丽. 搅拌摩擦焊工艺及其应用. 焊接技术,2000,29(2):7—8.

[4]王家淳. 激光焊接技术的发展与展望. 激光技术,2001,25(1):48—54.

[5]王仲礼. 陶瓷与金属的焊接技术. 焊接技术,1996,7(5):17—19.

[6]周振丰. 焊接冶金学. 北京:机械工业出版社,2004.

[7]中国机械工程学会焊接学会. 焊接手册. 第一卷. 焊接方法及设备. 北京:机械工业出版社,1992.

[8]周振丰,张文钺. 焊接冶金与金属焊接性. 北京:机械工业出版社,2002.

[9]王元良,屈金山. 铝合金焊接性能及焊接接头性能. 中国有色金属学报,1997,7(1):69—74.

[10]李午申. 我国合金结构钢的新发展及其焊接性. 焊接学报,2001,22(5):82—86.

[11]孙景荣. 实用焊工读本. 北京:化学工业出版社,2003.

[12]中国机械工程学会焊接学会. 焊接手册. 第3卷. 焊接结构. 第2版. 北京:机械工业出版社,2001.

[13]宗培言. 焊接结构制造技术与装备. 北京:机械工业出版社,2007.

[14]王云鹏. 焊接结构生产. 第2版. 北京:机械工业出版社,2010.

[15]周浩森. 焊接结构生产及装备. 北京:机械工业出版社,2008.

[16]邓洪军. 焊接结构生产. 第2版. 北京:机械工业出版社,2010.

[17]李莉. 焊接结构生产. 北京:机械工业出版社,2009.

[18]贾安东. 焊接结构与生产. 北京:机械工业出版社,2007.

[19]张文钺. 焊接冶金学——基本原理. 北京:机械工业出版社,2010.

[20]刘会杰. 焊接冶金与焊接性. 北京:机械工业出版社,2007.

[21]杜则裕. 焊接冶金学——基本原理. 北京:机械工业出版社,2007.

[22]李亚江. 焊接冶金学——材料焊接性. 北京:机械工业出版社,2007.

[23]黄石生. 弧焊电源及其数字化控制. 北京:机械工业出版社,2006.

[24]王宗杰. 熔焊方法及设备. 北京:机械工业出版社,2007.

[25]王国凡,等. 钢结构焊接制造. 北京:化学工业出版社,2004.

[26]李亚江,等. 焊接与切割操作技能. 北京:化学工业出版社,2005.

[27]程绪贤. 金属的焊接与切割. 东营:石油大学出版社,1995.

[28]沈惠塘. 焊接技术与高招. 北京:机械工业出版社,2003.

[29]赵熹华. 压焊方法及设备. 北京:机械工业出版社,2007.

[30]熊腊森. 焊接工程基础. 北京:机械工业出版社,2010.

[31]李荣雪. 金属材料焊接工艺. 北京:机械工业出版社,2008.

[32]田锡唐. 焊接结构. 北京:机械工业出版社,1997.

[33]宋天民. 焊接残余应力的产生与消除. 北京:中国石化出版社,2005.

[34]陈祝年. 焊接工程师手册. 北京:机械工业出版社,2002.

[35]曾乐. 现代焊接技术手册. 上海:上海科学技术出版社,1993.

[36]钱在中. 焊接技术手册. 山西:山西科学技术出版社,1999.

[37]张建勋. 现代焊接生产与管理. 北京:机械工业出版社,2006.

[38]游敏. 连接结构分析. 武汉：华中科技大学出版社，2004.

[39]黄正闰. 焊接结构生产. 北京：机械工业出版社，1991.

[40]方洪渊. 焊接结构学. 北京：机械工业出版社，2009.

[41]赵熹华. 焊接检验. 北京：机械工业出版社，2010.

[42]李亚江，等. 焊接质量控制与检验. 北京：化学工业出版社，2006.

[43]徐卫东. 焊接检验与质量管理. 北京：机械工业出版社，2008.

[44]郭继承，等. 焊接安全技术. 北京：化学工业出版社，2004.

[45]刘云龙. 焊工（高级）. 北京：机械工业出版社，2007.

[46]李凤银. 金属熔焊原理与材料焊接. 北京：机械工业出版社，2009.

[47]曹朝霞. 特种焊接技术. 北京：机械工业出版社，2009.

[48]陈倩清. 船舶焊接工艺学. 哈尔滨：哈尔滨工程大学出版社，2005.

[49]李建军. 管道焊接技术. 北京：石油工业出版社，2005.

[50]张赤心，陈专. 焊工培训教程. 北京：中国劳动出版社，1991.

[51]朱思照，张学益，武美清. 焊接操作实例. 太原：山西科学技术出版社，1998.

[52]成汉华. 焊接工艺学. 北京：人民交通出版社，1995.

[53]湖南省职工焊接技术协会. 最新锅炉压力容器焊工培训教材. 长沙：中南工业大学出版社，2000.

[54]大庆油田焊接研究与培训中心. 最新手工电弧焊技术培训. 北京：机械工业出版社，2000.

[55]雷世明. 焊接方法与设备. 北京：机械工业出版社，2004.